AF534285

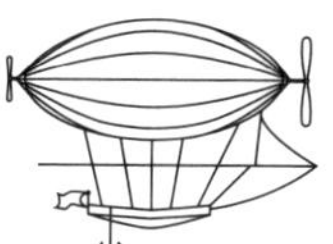

Richard R. Ernst

Nobelpreisträger aus Winterthur
Autobiografie

In Zusammenarbeit mit Matthias Meili

HIER UND JETZT

Stockholm an Pan Am 31!

Es ist der 16. Oktober 1991. Ich sitze im Flugzeug von Moskau nach New York. In Moskau habe ich einen Vortrag gehalten, in New York soll mir ein Wissenschaftspreis, der Louisa-Gross-Horwitz-Preis, überreicht werden, ruhmreich, international, ein grosser Erfolg. Der Preis macht mich stolz, auch wenn ihn ausserhalb der Forschergemeinde kaum jemand kennt. Wir sind schon drei Stunden geflogen und befinden uns irgendwo zwischen Schottland und Irland. Die Triebwerke der Pan-Am-Maschine surren. Ohne Anfang und ohne Ende, im ewigen Blau. Ich sitze in der Businessclass, bereite mich, wie immer im Flugzeug, auf einen Vortrag vor. Doch plötzlich gibt es Bewegung, der Pilot tritt in die Passagierkabine. Was ist los? Ein Notfall oder nur ein Kontrollgang? Nein, der Captain kommt direkt auf mich zu, beugt sich zu mir. «Sie sind Herr Ernst», sagt er. Ich nicke. «Kommen Sie doch mit ins Cockpit, wir haben einen Anruf für Sie, aus Stockholm.» Stockholm? Das kann nur eines heissen: der Nobelpreis!

Kürzlich erzählte mir meine Schwester, dass sie mich schon in meiner Jugend mit dem Ausspruch gefoppt habe, ich würde diese Krone der Auszeichnungen einmal gewinnen. Anders gesagt, ich galt als Streber. Ein unter Heranwachsenden eher zweifelhafter Ruf. Doch für einen Wissenschaftler ist der Nobelpreis die höchste Ehrung. Sie erfüllt einen mit Stolz und Befriedigung. Und neben der Ehre ist er auch mit einem stattlichen Preisgeld verbunden. Man hofft auf ihn

– und erwartet ihn doch nicht. Und wenn es dann so weit ist und man den Anruf erhält, ertappt er einen wie ein Dieb in der Nacht. Natürlich bin ich erfreut, gleichzeitig aber packt mich sofort das schlechte Gewissen. Habe ich ihn verdient, wo Wissenschaft doch Teamarbeit ist? Wer hat ihn noch erhalten, wer hat ihn nicht erhalten? Was denken die anderen? Alle diese Gedanken schwirren mir durch den Kopf in den Sekunden auf dem Weg ins Cockpit.

Der Flugfunk holt mich in die Realität zurück. Der Generalsekretär der Schwedischen Akademie der Wissenschaften teilt mir die freudige Nachricht mit und gratuliert. Dann wird eine Verbindung nach Zürich aufgebaut, wo eine spontane Pressekonferenz zu meinen Ehren auf die Beine gestellt wurde. Die Stimmen sind etwas verzerrt. Jakob Nüesch, Präsident der Eidgenössischen Technischen Hochschule (ETH), ist am Apparat und gratuliert mir. Dann erreichen mich einige Journalisten, sie stellen Fragen. Wie fühlen Sie sich? Was machen Sie mit dem Geld? Schweizer Journalisten haben Vorrang. Plötzlich höre ich gebrochenes Schweizerdeutsch mit italienischem Akzent. Das muss ein Journalist aus dem Tessin sein, denke ich. «Herr Ernst, hier Cotti am Apparat, Flavio Cotti. Gratulazione. Sie sind eine Ehre für unser Land.» Wie ich mich getäuscht habe! Es ist der Schweizer Bundespräsident. In diesem Moment fühle ich mich wirklich geschmeichelt. Langsam steigt Freude auf. Ich denke an meine Mutter Irma, an meine Frau Magdalena, an meine Kinder, Anna, Katharina, Hans-Martin. Sie sind alle zu Hause in Winterthur.

Sie begleiten mich längst nicht mehr auf meinen vielen Reisen für meine wissenschaftliche Karriere. Ich würde nie viel Zeit für die Familie haben, hatte ich Magdalena schon früh, noch am Tag unserer Hochzeit, geradeheraus gesagt – und sie hatte es grosszügig akzeptiert. Jetzt, im Moment meines grössten Erfolgs, bereue ich es. Bizarr, wie nötig ein Mensch seine Liebsten in leidvollen Stunden hat! Aber noch viel grösser ist die Sehnsucht nach Gemeinsamkeit in Momenten überbordenden Glücks. Geteilte Freude ist doppelte Freude, wie wahr! Leider erreiche ich meine Familie nicht mehr, die Funkverbindung ist wieder unterbrochen.

Etwas benommen gehe ich zurück an meinen Platz. Dort wartet das Kabinenpersonal und möchte ein Erinnerungsfoto. Ich fühle mich wie ein Radfahrer bei der Siegerehrung, inmitten hübscher Stewardessen. Ist es wirklich wahr? Noch einmal lasse ich mir den Anruf aus Stockholm durch den Kopf gehen, suche angestrengt nach einem Fehler. Ich seziere jedes einzelne Wort der Begründung, die das Nobelkomitee für die Vergabe des Chemiepreises an mich aufgeführt hat: «für meine bahnbrechenden Beiträge zur Entwicklung der Methoden hochauflösender kernmagnetischer Resonanzspektroskopie». Ursprünglich als Analyseverfahren für die Chemie entwickelt, reicht ihre Bedeutung inzwischen weit darüber hinaus. Heute steht im Untergeschoss eines jeden Spitals ein Magnetresonanzapparat. Zu Tausenden werden weltweit täglich Patienten und Probanden in die Röhre geschickt. Die MRI-Bilder, die dabei entstehen, decken gefährliche Krankheiten auf, entlarven frühzeitig Hirntumore, zeigen, wo Blutgefässe verstopft sind, retten Leben.

Die kurze Begründung wird den vielen brillanten Wissenschaftlern nicht gerecht, die ebenfalls zu dieser hoch potenten Methode beigetragen und meinen Beitrag überhaupt erst ermöglicht haben. Manche erhielten vor mir den Nobelpreis, weil sie die theoretischen Grundlagen erarbeitet hatten, auf denen ich dann aufbaute. Aber viele Forscher, die nach mir entscheidend dazu beitrugen, dass die Methode vom Chemielabor in die Spitäler gebracht werden konnte, bleiben aussen vor. Oder die Kollegen, mit denen ich zusammengearbeitet habe und die nicht oder noch nicht gewürdigt worden sind. Wes Anderson zum Beispiel, mein Freund und früherer Boss bei der kalifornischen Firma Varian Associates in Palo Alto. Tag und Nacht diskutierten und tüftelten Wes und ich in den 1960er-Jahren, bis wir den magischen Trick fanden, der die Kernmagnetresonanz erst zu einer brauchbaren Methode machte. Und meine Kollegen an der ETH Zürich: «Was ist mit Kurt Wüthrich?», werde ich später in der Zeitung zitiert. Hat das Komitee in Stockholm Kurt Wüthrich, der mit der Methode grosse und wichtige Lebensmoleküle erforscht und verstanden hat, einfach übersehen? Als ich wenig später realisiere, dass ich der alleinige Gewinner bin, ist mir der Preis vor allem peinlich.

Kaum in New York gelandet, wird noch in der Flughalle am John-F.-Kennedy-Flughafen eine Pressekonferenz organisiert – mir zu Ehren? Oder weil ich

ausgerechnet auf dem letzten Pan-Am-Flug war, der jemals abhob? Genau in diesem Herbst geht auch die traditionsreiche amerikanische Airline in Konkurs. Später im Hotel begegne ich Kurt Wüthrich, der wie ich mit dem eingangs erwähnten Louisa-Gross-Horwitz-Preis ausgezeichnet wird. Zusammen haben wir es geschafft, die ETH Zürich zu einem internationalen Mekka der Forschung mit Kernmagnetresonanz zu machen. Er, der ehrgeizige Sportlehrer, der Leistungsmensch. Ich, der stille Schaffer, der oft an sich selbst zweifelte. Doch hier in New York ist mir die Begegnung unangenehm. Denn seit einigen Jahren ist unsere Zusammenarbeit, gelinde gesagt, getrübt. Ich bin froh, als ich aus New York wieder abreisen kann. Zum Glück erhält Kurt Wüthrich elf Jahre später ebenfalls den Nobelpreis für Chemie, für seine Kernspinresonanzforschungen im Bereich der Biomoleküle. Auch das ist ein Erfolg für die ETH, vor allem aber beendet es eine lange Eiszeit zwischen uns beiden, die nach meiner alleinigen Ehrung im Jahr 1991 herrschte.

Spitzenforscher sind eigenartige Menschen, mich eingeschlossen. Für den Erfolg ist eine enorme Disziplinierung der eigenen Bedürfnisse notwendig; es gilt, die Ziele vollkommen in den Dienst der Wissenschaft zu stellen. Emotionen, Befindlichkeiten, ja die «Seele» des Wissenschaftlers haben da keinen Platz; es geht einzig und allein darum, die Naturgesetze so «objektiv» wie möglich darzustellen. Deshalb verzichtet ein Wissenschaftler in vielen Dingen auf das Ausleben persönlicher Freiheiten. Trotzdem sind es

Menschen, die im Labor stehen, mitsamt ihrem emotionalen Auf und Ab, den irrationalen Zwischentönen, die in der objektiven Wissenschaft auf den ersten Blick nur zu stören scheinen. Ich bin jedoch überzeugt, dass dieses ganzheitliche Menschsein für den Fortschritt unerlässlich ist. Ein Mensch, der nur auf einem Bein steht, kommt selten schnell vorwärts. Mir war zuerst die klassische Musik, dann die tibetische Kunst sehr wichtig. Ich habe mich in die buddhistische Kultur vertieft und eine Sammlung von kostbaren tibetischen Rollbildern, den Thangkas, aufgebaut. Sie wurde mir zu einem Ausgleich und zuletzt auch zu einer erfüllenden Leidenschaft, die mir über viele Krisen hinweggeholfen hat. Emotional war mein Leben eine wilde Reise voller Höhen und Tiefen. Ich hatte nie das Gefühl, ein Glückspilz zu sein; das Schicksal hat mich nie begünstigt, doch allen Hürden zum Trotz bin ich meinen Weg gegangen. Aber auf keinen Fall wollte ich je nur als «der Wissenschaftler» oder «der Spektroskopiker» gelten.

Inhalt

Kindheit und Jugend
1933–1952

Als ich jung war, wurde mein Denken von der Suche nach der Wahrheit und nach den Gesetzen der Natur beherrscht. Ich war damals, wie fast immer später, ein einsamer Mensch, der an einem tiefen Abgrund zwischen sich und den anderen litt. Erklären lässt sich das kaum. Schon gar nicht, wenn man meine Herkunft und die ziemlich optimalen Startbedingungen betrachtet, unter denen mein Leben begann.

Als ich am 14. August 1933 in eine traditionelle Winterthurer Familie geboren wurde, war das zunächst Anlass zu grosser Freude. Ich war der Erstgeborene, ein Sohn und Stammhalter. Mein Vater war Architekt und Professor am Technikum Winterthur, meine Mutter Hausfrau. Wir lebten in einer alten Backsteinvilla aus der Gründerzeit, mit einem grossen, baumreichen Garten, direkt an der Bahnlinie in die Ostschweiz gelegen. Die Familie Ernst weist einen Stammbaum auf, der sich bis ins 16. Jahrhundert zurückverfolgen lässt. In der eindrücklichen Familienchronik ist alles minutiös notiert. Die Geburt in eine solche Verwandtschaft ist ebenso Privileg wie Verpflichtung.

Winterthur hatte damals bereits eine lange Tradition als Handels- und Industriestadt, deren Wohlstand hauptsächlich im Geschäft mit Baumwolle begründet war – eine Entwicklung, die sich im ganzen industrialisierten Europa beobachten liess. So waren im 19. Jahrhundert die Maschinenfabriken Sulzer und Rieter dank dem Bedarf an Maschinen für die Textilindustrie gross und zu nationalen Ikonen des Industriezeitalters geworden. Aus der Schweizerischen Lokomotiv- und Maschinenfabrik rollten jahrzehntelang die dunkelgrünen Lokomotiven mit dem Schweizerkreuz, die das Land prägten und verkehrsmässig erschlossen. Die Familien Volkart und Reinhart bauten weltweit tätige Handelsimperien auf, die urbanen Wohlstand schufen, der in der schnell wachsenden Stadt auch Kunst und Kultur aufblühen liessen. Banken und Versicherungen wurden gegründet und bildeten die Bindeglieder zwischen investitionsfreudigen Bürgern und den emporstrebenden Fabriken. An etlichen dieser Unternehmungen waren meine Vorfahren beteiligt: Mein Grossvater, Walter Ernst, handelte mit Eisenwaren, einem Grundbedarf des anbrechenden Industriezeitalters. Sein Bruder, Rudolf Ernst-Reinhart, war Ingenieur und Teilhaber der Maschinenfabrik Sulzer und Verwaltungsrat bei der «Bank in Winterthur», aus der später die heutige Grossbank UBS entstand.

So wurde ich in eine Familie hineingeboren, die ein gewisses Standesbewusstsein hatte. Doch mein persönlicher Start war alles andere als einfach. Bis zum Alter von drei Jahren weigerte ich mich, auch nur ein verständliches Wort zu sprechen. Die Einzige, die mich verstand, war meine Schwester Verena. Sie kam ein Jahr nach mir zur Welt. Verena wurde in meinen ersten Lebensjahren meine Gefährtin durch dick und dünn. Die kryptische Geheimsprache, die ich erfunden hatte, verstand nur sie. Erstaunlicherweise kann ich mich noch heute an einzelne Wörter erinnern. Ich sagte zum Beispiel «Ma päng gi-ga-gi». Das bedeutete «Soldaten». «Gi-ga-gi» bedeutete «viele». Meine kaum den Stoffwindeln entwachsene Schwester Verena verstand mich genau und übersetzte meine Worte für meine Eltern, für die Grosseltern und für andere Besucher dieses Unikums. Ich galt ihr das mit Grimassen und Spässen ab. Ich brachte sie oft so sehr zum Lachen, dass sie sich in die Hosen machte. Für die Dritte und Jüngste im Bund, Lisabet, war das nicht einfach. Verena und ich hielten zusammen wie Pech und Schwefel. Wir rannten zusammen durch den Garten, Lisabet lief hinterher und holte uns doch nicht ein. Wir foppten sie, trieben sie auch manchmal zur Weissglut, wie es nur Geschwister können. So lernte sich Lisabet behaupten – und ist bis heute die Rebellischste von uns drei Geschwistern.

Da ich kaum sprechen konnte, befürchteten meine Eltern bereits, mit mir stimme etwas nicht. Sie glaubten, dass ich dringend mit anderen Kindern in Kontakt kommen müsse. So schickten sie mich im Sommer für drei Wochen in ein Ferienheim nach Ägeri, in die Innerschweiz. Das machte die Sache nicht besser. Ich litt furchtbar unter Heimweh und weinte viel. Meine Schwierigkeiten, auf andere Kinder zuzugehen, traten brutal zutage. Ich erfuhr erstmals schmerzhaft, wie alleine ich war, ausgeschlossen von den Kindern im Ferienheim und ihrem Spiel. Ich war überglücklich, als mich meine Eltern wieder nach Hause holten. Doch ich wurde zum Bettnässer. Wegen der Plastikeinlagen in meinem Bett riefen mir andere Kinder den Spottnamen «Gummioberst» nach. Ich schämte mich so sehr dafür, dass ich am liebsten im Erdboden versunken wäre.

Ich hatte immer das Gefühl, dass sich mein Vater mehr um seinen Stammbaum sorgte als um mich. Ich glaube, er hielt mich für geistig behindert, weil ich nicht richtig sprechen konnte. Er hatte in München studiert, war nach dem Ersten Weltkrieg am Wiederaufbau von Strassburg beteiligt gewesen und dann wieder nach Winterthur zurückgekehrt, wo er bald in den Staatsdienst eintrat. Er wurde Professor am Technikum und baute nur wenige Häuser, doch war er in verschiedenen Baukommissionen vertreten. Mein Vater war streng, konservativ, aber als Lehrer nicht unbeliebt. Seine Studenten nannten ihn manchmal «Papa». Sein grosses Vorbild war sein fast dreissig Jahre älterer Cousin, Johann Rudolf Ernst, der zugleich sein Patenonkel war. Johann Rudolf war mit Abstand das erfolgreichste Mitglied der Ernst-Familie. Er war der Sohn des Sulzer-Ingenieurs und -Teilhabers Rudolf Ernst-Reinhart und übertrumpfte seinen Vater sogar noch. Er leitete 1912 den Zusammenschluss der «Bank in Winterthur» und der «Toggenburger Bank» zur Schweizerischen Bankgesellschaft ein und war dann bis 1941 deren Verwaltungsratspräsident, danach Ehrenpräsident auf Lebenszeit bis zu seinem Tod im Jahr 1956. Zudem sass er in den Verwaltungsräten unzähliger grosser Konzerne aus Maschinenindustrie, Bankwesen und Versicherungsbranche, unter anderem bei Sulzer, Brown Boveri, Georg Fischer, der Münchner Rückversicherung, der Schweizerischen National-Versicherung und vielen mehr. Johann Rudolf Ernst war eine grosse Figur im Schweizer Wirtschaftsleben – manche verglichen seinen Einfluss sogar mit demjenigen des Zürcher Eisenbahn- und Bankenpioniers Alfred Escher.

Der Familiensitz dieses so erfolgreichen Ernst-Zweigs war der «Frohberg», ein herrschaftliches Anwesen mit Villa, Garten- und Personalhäusern und einer geschwungenen Auffahrt, etwas ausserhalb der Altstadt und leicht erhöht im Grünen gelegen. Jeweils zu Jahresbeginn war die nähere und fernere Verwandtschaft eingeladen, um das «Neujahr anzuwünschen». Der Anlass gehörte zum sozialen Leben der «Winterthurer Gesellschaft»; die gut betuchten Gäste fuhren mit ihren Autos die breite Auffahrt hoch, es gab Tee und Kuchen, und die Kinder konnten im weitläufigen Park spielen. Unsere Familie jedoch hatte lange kein Auto, sodass wir den Weg zum «Frohberg» zu Fuss gehen mussten und neidvoll die damals immer noch neuartigen Wagen bewunderten. Uns schien,

Mutter Irma Ernst-Brunner und Vater Robert Ernst mit dem einjährigen Richard im Garten ihres Hauses in Winterthur, um 1934.

dass sich mein Vater dem wohlhabenderen «Frohberg»-Zweig der Ernst-Familie immer ein bisschen unterlegen fühlte und stets beweisen wollte, dass seine Familie mit ihrem Kunstverstand ebenso viel wert war.

Meine Mutter, Irma Brunner, stammte aus einfacheren Verhältnissen. Sie war die Tochter des Primarlehrers Heinrich Brunner, ihre Mutter, Bertha Bauer, kam aus einer bodenständigen Bauern- und Gastwirtsfamilie in Ellikon an der Thur, einem kleinen Dorf in der Winterthurer Landschaft. Meine Mutter absolvierte eine Bürolehre und arbeitete vor ihrer Hochzeit als Bürokraft bei der Handelsfirma Volkart in Winterthur.

Sie war sehr stolz darauf, dass sie in die angesehene Familie Ernst einheiraten konnte. Viel später erzählte sie mir, dass sie zuerst in das Haus verliebt gewesen sei, in dem mein Vater wohnte. Mein Grossvater hatte diese stattliche Backsteinvilla an der Gottfried-Keller-Strasse 67 kurz vor der Jahrhundertwende im Jahr 1898 erbauen lassen. Meine Mutter ging jeweils auf dem Weg zur Schule daran vorbei, und die noble städtische Wohnstatt mit dem grossen Garten beeindruckte sie offenbar schon als Mädchen. Aufgefallen sei ihr insbesondere ein Jugendstilfenster zur Strasse hin, das märchenhaft mit Efeu bemalt gewesen sei. «Oh, wenn ich doch auch einmal in einem solchen Haus mit einem gemalten Fenster wohnen könnte», habe sie gedacht. Später lernte sie meinen Vater kennen – und ihr Traum wurde wahr.

Mein Vater und meine Mutter heirateten am 16. August 1932 in der Kirche Kyburg. Die Eltern meines Vaters waren damals schon beide gestorben, doch für die Eltern meiner Mutter, Grossmutter und Grossvater Brunner, war dies ein grosser Moment. Sie waren stolz darauf, dass ihre Tochter eine derart gute Partie machte. Doch für meine Mutter war die Einheirat in die Winterthurer Gesellschaft ein zweischneidiges Schwert. Sie erlebte einen regelrechten Kulturschock und musste sich in eine völlig neue, ungewohnte Lebensart einfügen. Als ihr Traum wahr wurde und sie in die «wunderbare» Villa einziehen durfte, sei sie voller Ehrfurcht und sehr schüchtern gewesen. Sie habe sich kaum getraut, erzählte meine Mutter später, auch nur einen Schrank zu öffnen. Selbst habe sie

Am 16. August 1932 feierten Irma Brunner und Robert Ernst auf Schloss Kyburg Hochzeit. Irma Brunner war damals 23 Jahre, ihr Mann bereits 40 Jahre alt.

nur ein Pult und die Bettwäsche mit in die Ehe gebracht, alles andere sei schon vorhanden gewesen. Sie stiess auf unausgesprochene Erwartungen und eine Etikette, die peinlich genau befolgt werden musste. Das ging von der Kunst, sich richtig in einen Sessel zu setzen, über das korrekte Auftischen eines Gedecks bis zur richtigen Konversation. Sie wusste einfach nicht, wie man sich mit diesem «Edelmann», der 17 Jahre älter und aus der Oberschicht war, unterhalten sollte. Ziemlich genau ein Jahr nach der Hochzeit erblickte ich das Licht der Welt. Endlich hatte mein Vater einen Stammhalter. Das wurde dem Schicksal besonders und nachhaltig verdankt.

Am Tag meiner Geburt konnte mein Vater noch nicht ahnen, dass ihn sein Sohn dermassen enttäuschen würde. Er war bereits 41 Jahre alt. Er leistete im Berner Jura gerade Militärdienst, als ihn meine Mutter anrief und sagte, dass meine Ankunft auf dieser Welt unmittelbar bevorstehe. Er nahm den nächsten Zug und schaffte es gerade noch rechtzeitig, um meiner Mutter bei dem Ereignis die Hand zu halten. So hat es meine Mutter in ihr Tagebuch geschrieben.

Für meinen Vater war es ein kleiner Triumph, aber auch eine Verpflichtung, einen erstgeborenen Sohn zu haben. Seine drei Brüder waren in dieser Hinsicht weniger erfolgreich. Bruder Karl war im Alter von 35 Jahren nach einem Skiunfall unverheiratet gestorben; Bruder Gottfried hatte «nur» vier Töchter, die zusammen ein Weisswäschegeschäft in Frauenfeld zu betreiben hatten; und Bruder Franz hatte zwar mit Lily Rittmeyer eine Frau aus gutem Hause geehelicht – sie war die Tochter des bekannten Architekten Robert Rittmeyer, der das Stadtmuseum Winterthur und viele herrschaftliche Villen in der Stadt erbaut hatte –, und sie hatten drei Söhne, doch Lily starb schon früh. Die beiden Schwestern meines Vaters erlitten ein bemitleidenswertes Schicksal. Tante Emma Lilli blieb zeit ihres Lebens unverheiratet, und als sie später die Treppe vom Dachstock herunterfiel und dabei den Fuss brach, legte sie sich ins Bett und erhob sich nie mehr daraus. Auch Tante Elsbeth hatte ein unglückliches Schicksal. Sie heiratete einen Pfarrer, der später hohe Schulden machte, die unsere Familie dann begleichen musste. Von der Seite meiner Mutter war aus anderen Gründen kein Beitrag zu erwarten; ihre Familie entsprach von vornherein nicht den «Ansprüchen der Winterthurer Gesellschaft». So lag die ganze Verantwortung auf den Schultern meines Vaters – und auf mir kleinem Wurm.

Mein Vater steckte seinen ganzen Ehrgeiz in die militärische Karriere. Seine drei älteren Brüder hatten alle den Dienstgrad eines Oberstleutnants erreicht. Mein Vater übertrumpfte sie noch und wurde Oberst der Genietruppen. Ich erinnere mich, wie er mir am Tag der Mobilmachung im September 1939 stolz den Helm auf den Kopf drückte und den Säbel in die Hand gab. Kein Wunder, prahlte ich im selben Jahr in der Primarschule mit dem Rang meines Vaters.

Während des Zweiten Weltkriegs war mein Vater sehr oft abwesend; er baute Stellungen an der Westfront im Jura. Die Stellung zu Hause hielt meine Mutter. Im Alltag übernahm sie die strenge, in alten Traditionen verhaftete Erziehung, die mein Vater vorgab. Alles lief darauf hinaus, es ihm recht zu machen. Wenn er einmal da war, arbeitete er in seinem Büro hinter verschlossenen Türen. Für uns hiess das vor allem, dass wir mucksmäuschenstill zu sein hatten, um ihn nicht zu stören. Derweil war meine Mutter meistens irgendwo beschäftigt, um den grossen Haushalt in Schuss zu halten, während ich im Wohnzimmer im Laufgitter ausharren musste. Zwar gab es eine Reihe Bedienstete: ein Dienstmädchen, eine Wäscherin, eine Frau, die bügelte und eine, die Kleider flickte. Trotzdem schien meine Mutter immer irgendwo beschäftigt zu sein, sei es mit neuen Anordnungen, die sie geben musste, oder weil sie irgendwo selbst Hand anlegen musste.

Ich habe auch schöne Erinnerungen an unser Familienleben: Abends las uns unsere Mutter zum Beispiel oft Geschichten aus Büchern vor, die sie spontan ins Schweizerdeutsche übersetzte. Sie schärften meinen Sinn für Literatur. Auch mein Vater hatte hinter seiner strengen Fassade eine fürsorgliche Seite. Im Hinblick auf meine Geburt hatte er eine Modelleisenbahn gekauft und im Dachzimmer aufgestellt. Es war eine Märklin-Eisenbahn mit Dampfbetrieb, Spurgrösse 1, die Lokomotiven waren so lang wie eine Küchenschublade. Mit Sicherheit hätte ich damit spielen und die teure Anlage später einmal übernehmen sollen. Doch die Modelleisenbahn interessierte mich nicht besonders.

Mir schien, dass ich den Ansprüchen meines Vaters nie genügen konnte. Sogar als ich viele Jahre später diese Modelleisenbahn an einen reisenden Händler verkaufte, hatte ich ein schlechtes Gewissen, weil ich sie weit unter ihrem Wert gehen liess. Vielleicht war das auch eine späte Genugtuung. Denn ein Lob für mich oder ein ermutigender Zuspruch kamen meinem Vater nie über die Lippen.

In meiner Kindheit fühlte ich mich oft einsam und unglücklich. Ich hätte kaum je gelacht, erzählte mir meine Schwester Verena, ausser wenn ich sie im Kinderspiel zu Spässen reizte. Wir hatten auch nur wenige Freunde, weil in unserer Nachbarschaft nicht viele Kinder aufwuchsen, mit denen wir hätten spielen können. Aber ich hatte einen Lieblingstraum, in dem ich mich frei und unbeschwert fühlte: Ich schwebte dahin, fünfzig Meter über dem Boden, die weite Landschaft überblickend, losgelöst von irdischen Zwängen, befreit vom eigenen Körper und von den Erwartungen anderer Leute. Ich träumte diesen Traum immer wieder, und er war mir sehr kostbar.

Später, als ich dann zur Schule ging, verbesserte sich meine Situation etwas; zuweilen kamen auch Schulkollegen zu uns nach Hause. Und ich wurde immer abenteuerlustiger – wahrscheinlich auf der Suche nach Anerkennung und Liebe, die ich von meinen Eltern nicht spürte. Ich kletterte im dritten Stock auf das Fenstersims und hangelte mich zehn Meter über dem Boden zum nächsten Fenster. Meine Schwester Verena musste Schmiere stehen und aufpassen, dass uns niemand entdeckte. Leider war Mutter fast überall, sie ertappte mich in flagranti – und war geschockt. Sie schalt mich streng aus, doch es half nichts – ich wurde bloss wachsamer, um bei meinen Streichen nicht mehr entdeckt zu werden. Ich balancierte gefährlich über das steile Dach des Hauses, das, vor allem wenn es geregnet hatte, sehr rutschig war. Doch ich fiel nie hinunter.

Das machte mich nur verwegener. Ich entwickelte mich fast schon zu einem «bösen» Jungen. Einmal bekleckerte ich aus Wut und Ärger über eine schlechte Beurteilung absichtlich das Notenheft des Lehrers. Selbst im Gymnasium leistete ich mir einige Streiche. Einmal erhielt mein Vater Post vom Rektor: «Ihr Sohn Richard muss wegen schlechten Betragens mit Arrest bestraft werden», heisst es in einem Verweis vom Juli 1948. «Es zeigt sich, dass der Knabe einen ungünstigen Einfluss auf die Klasse ausübt [...] Ihr Sohn hat sich diesen Samstag, 10. Juli, 14 Uhr zur Absitzung seines Arrestes im Rektorat zu melden.» Mein «Vergehen»: Ein Schulkollege namens Werner Hablützel und ich schwänzten an

Familie Ernst am Tag der Mobilmachung für den Zweiten Weltkrieg am 1. September 1939. Vater und Mutter Ernst mit den Kindern Richard, Verena und Lisabet (v. l. n. r.).

einem sonnigen Sommernachmittag eine Schulstunde, und statt brav dem Unterricht zu folgen, erforschten wir die Ablenkung von Sonnenlicht mit Spiegeln oder Glasscherben. Allerdings machten wir das nicht irgendwo im Garten oder zu Hause, sondern postierten uns an einem strategisch günstigen Standort unweit des Schulhauses, mit freier Sicht ins Klassenzimmer, wo unsere Klassenkameraden gerade sassen. So machten wir uns einen Spass daraus, die tanzenden Lichtstrahlen auf die Pulte und Gesichter unserer Mitschüler zu lenken – eine Störung des Unterrichts, welche die Autoritäten nicht goutierten.

Abenteuer im Reich der Chemie

Die ersten dreissig Jahre meines Lebens verbrachte ich im Familienhaus an der Gottfried-Keller-Strasse 67. Hier erlebte ich meine Kindheit, mit all ihren Freuden und Sorgen. Hier hatte ich aber auch so etwas wie mein wissenschaftliches Erweckungserlebnis. Doch davon später. Das Haus stand in einem grosszügigen Garten mit alten Obstbäumen, mitten in einem grünen Quartier unweit des Hauptbahnhofs von Winterthur. Es war keine frei stehende, riesige Villa wie der «Frohberg». Trotzdem könnte man es eine Stadtvilla nennen, erbaut aus rotem Klinkerbackstein, dreistöckig, mit einem steil abfallenden Dach, das von verschiedenen Erkern durchbrochen war. Es war ein wunderbares Haus, das die Fantasie anregte. Es hatte herrlich hohe Räume mit verzierten Gipsstuckaturen an der Decke, und im repräsentativen Treppenhaus gaben Lampen und geschmückte Glasfenster, die im Jugendstil gestaltet waren, Licht. «S'Anneli wohnt im Schloss», sagten die Freundinnen und Freunde meiner Tochter Anna, als ich später mit meiner Familie eine Zeit lang hier wohnte. Heute steht der Bau als wichtiger Zeuge der Gründerzeit sogar unter Denkmalschutz.

Das abenteuerliche Haus und der grosse Garten liessen uns Jugendlichen viele Freiheiten. Jeder hatte ein eigenes Zimmer, und in jedem befand sich ein kleines Waschbecken mit einem Wasserhahn, der mich zu allerlei Unfug, wie kurzfristig veranstalteten Überschwemmungen, verleitete. Die Villa hatte einen verwinkelten Estrich und geräumige Kellergeschosse. Eigentlich war sie viel zu gross für unsere kleine Familie. Das mittlere Stockwerk wurde deshalb immer vermietet. Der dunkle Dachboden mit seinen verschiedenen Kammern gehörte jedoch uns Kindern. Er war für uns eine Art Geisterschloss voller Geheimnisse, die uns magisch anzogen. Vor einem gotisch geformten Seitenerker stand ein grosses, hölzernes Kreuz, das uns ermahnte, ein gottgefälliges Leben zu führen. Doch eigentlich war dieses Kreuz ein Gewehrständer, in welchem mein Vater und seine drei Brüder in ständiger Erwartung eines nächsten Kriegseinsatzes ihre uralten Langgewehre aufbewahrten.

Im Kellergeschoss hatte sich mein Vater eine Werkstatt eingerichtet. Erst zögerlich, dann leidenschaftlich eroberte ich auch diesen Ort für mich. Bald verdrückte ich mich, so oft ich konnte, in den Keller, energisch darauf bedacht, alleine werken zu können. Ich ertrug es nicht, kontrolliert, angewiesen oder gar korrigiert zu werden, vor allem nicht von meinem Vater. Die Werkstatt wurde allmählich zu meinem Zufluchtsort, wenn ich wieder mal genug von den «normalen» Menschen da oben hatte. Hier konnte ich tun und lassen, was ich wollte.

Wenn ich nicht unten war, lag ich im Zimmer auf meinem Bett und verschlang die Bücher von Karl May sowie abenteuerliche Reisegeschichten aus fernen Ländern Afrikas, Asiens und Südamerikas. Die fremden Welten faszinierten mich und weckten meine Sehnsucht und meine jugendliche Neugierde.

Unser zweites Reich war der Garten, der bis zu den Bahngleisen reichte, die in die Ostschweiz führten. Noch heute kann, wer nach St. Gallen, Romanshorn oder Stein am Rhein fährt, einen Blick darauf erhaschen. Von schweren Loks gezogen, fuhren damals die Züge aus der ganzen Ostschweiz langsam vorbei. Gegen Ende des Zweiten Weltkriegs schleppten sich regelmässig Verwundetenzüge aus dem kriegsversehrten Deutschland von Stein am Rhein nach Winterthur, wo die Soldaten interniert wurden. Sie erschienen uns unheimlich. Manchmal stoppten sie eine Weile vor der Einfahrt in den Bahnhof, sodass wir direkt in die Augen der Soldaten blicken konnten. Wir winkten den Verwundeten zu oder schlüpften sogar durch den Zaun zwischen unserem Garten und der Bahnlinie und warfen den verletzten Männern durch die heruntergelassenen Fenster Orangen, Zigaretten oder Schokolade zu, welche sie dankbar entgegennahmen.

An uns Kindern zog der Zweite Weltkrieg vorbei wie hinter einem Nebelschleier. So erging es wohl den meisten Kindern, die zu dieser Zeit in unserem kriegsverschonten Land aufwuchsen.

Die für uns dramatischste Folge des Krieges war, wie erwähnt, dass unser Vater die meiste Zeit abwesend war. Im Garten hatte meine Familie im Rahmen der «Anbauschlacht» Gemüsebeete angelegt, und wir zogen Kaninchen, mit denen wir spielen konnten, zumindest bis sie als Sonntagsbraten auf den Tisch kamen. So war das damals, aber für uns Kinder war es natürlich ein Schock, zu erfahren, dass unser «Fritzli» gebraten worden war. Uns allen sind auch noch die Nachrichten von Radio Beromünster mit den aufregenden Meldungen zum Stand des Kriegs im Ohr, die wir hörten, sobald unser Vater nach Hause kam. Unausgesprochen klar war jedoch in unserer Familie, wer die «Bösen» in diesem Krieg waren, nämlich unsere nördlichen Nachbarn. Natürlich begriffen wir damals weder die Gründe noch die Bedeutung dieser Ansichten.

Als Bub interessierte mich sowieso mehr die abenteuerliche Seite der Ereignisse als die politische. Wenn ich zum Beispiel abends die Dachluke öffnete und mit dem Feldstecher die GI-Bomber auf ihrem Weg nach Deutschland über uns hinwegdonnern sah, erfasste mich ein Schauer. Dazu beigetragen haben mag auch, dass uns die Eltern diese nächtliche Ausschau strikte verboten, weil eine strenge Verdunkelungspflicht herrschte. Wie sollte ich denn auch wissen, dass von den Fliegern eine reale Gefahr ausging? Erst später erfuhr ich, dass die Stadt Schaffhausen, nur etwas mehr als zwanzig Kilometer von Winterthur entfernt, 1944 von amerikanischen Flugzeugen bombardiert worden war und 37 Todesopfer und Hunderte von Verletzten zu beklagen waren.

Es muss wenige Monate nach Kriegsende gewesen sein, als ich, mit etwa 13 Jahren, eine schicksalhafte Entdeckung machte. Auf einem meiner Streifzüge auf dem Dachboden fand ich eine Kiste voller Glasflaschen mit verschiedenen Chemikalien. Später erfuhr ich, dass diese meinem Onkel Karl gehört hatten, der Ingenieur gewesen war, sich aber auch für Fotografie und Chemie interessiert hatte. Onkel Karl war, lange bevor ich geboren wurde, beim Skifahren tödlich verunglückt, doch einige seiner persönlichen

Richard Ernst im Alter von rund sieben Jahren.

Richard Ernsts Geburtshaus, eine Stadtvilla aus der Gründerzeit, erbaut von Grossvater Walter Ernst im Jahr 1898. Im Keller führte Richard Ernst als Junge gewagte chemische Experimente durch.

Sachen waren auf dem geräumigen Dachboden vergessen gegangen, bis ich neugieriger Junge darauf stiess.

Eine nach der anderen trug ich die Flaschen vom Dachboden in die Kellerwerkstatt hinunter und baute mir ein eigenes kleines Labor auf. Dann begann ich zu experimentieren. Bald entdeckte ich auch einen Bunsenbrenner und durfte diesen an die Gasleitung anschliessen, die das Licht speiste. In der Folge deklinierte ich mich durch die grundlegenden Experimente der Chemie: mischen, schmelzen, verdampfen, destillieren; ich versuchte sogar, Glas zu blasen. Ich erinnere mich, dass im Keller auch mal konzentrierte Salzsäure oder andere gefährliche Chemikalien in unbeschrifteten Apfelsaftflaschen herumstanden. Meines Onkels Koffer war alles andere als ein kindersicherer Chemiebaukasten, wie man ihn heute kennt, mit Anleitung und Warnhinweisen und dem eindringlichen Aufruf, dass jegliche Handhabung «nur im Beisein eines Erwachsenen» ausgeübt werden dürfe.

Fragmentarisches Wissen holte ich mir selbst aus alten Chemielehrbüchern, die ich in der Bibliothek meines Vaters fand oder später in der Stadtbibliothek auslieh. Ich erinnere mich an das Lehrbuch mit dem Titel «Die Schule der Chemie oder erster Unterricht in der Chemie, versinnlicht durch einfache Experimente». Verfasst war es von Dr. Julius Adolph Stöckhardt, «Königlich-Sächsischer Hofrath und Professor an der Königlichen Akademie zu Tharand», erschienen als 16., verbesserte Auflage im Jahr 1870. Wenn ich heute in einem Anflug von Nostalgie die vergilbten Seiten durchblättere, stosse ich auf Kapitel wie «Unorganische Chemie» oder lese in der Einleitung über «Lebenskraft und chemische Vorgänge», Beschreibungen und Erklärungen, die wortwörtlich aus einem anderen Zeitalter stammen. Darin wurden viele Erkenntnisse vermittelt, die eigentlich schon damals überholt waren und die ich mir später wieder abgewöhnen musste.

Doch für mich war diese geheimnisvolle Welt eine Offenbarung. Dass zur gleichen Zeit am anderen Ende der Welt, in Kalifornien, ein aus der Schweiz stammender Physiker namens Felix Bloch mit seinen Experimenten eine Grundlage für die Kernmagnetresonanz schuf, die später zu meinem Spezialgebiet werden sollte, wusste ich noch nicht; dass ich eben diesem Bloch, der für seine Entdeckungen 1952 den Chemie-Nobelpreis erhielt, in wenigen Jahren begegnen und ganz direkt von ihm lernen würde, natürlich auch nicht.

Zunächst einmal kämpfte ich bei meinen Experimenten in meiner kleinen Welt im Kellergeschoss mit unerwarteten Effekten und entdeckte immer neue, erstaunliche Reaktionen. Ich fühlte mich wie ein Seefahrer auf dem Weg zu unbekannten Küsten. Nichts anderes als die letzten Geheimnisse der Natur schienen nur darauf zu warten, von mir entdeckt zu werden. Gepackt von einer unbändigen Neugierde wurde die Chemie zu einem Zeitvertreib, der mich nie langweilte.

Heute ist mir bewusst, dass diese Beschäftigung auch eine Art Flucht aus meinem komplexbehafteten Dasein war. In meiner verzweifelten Sehnsucht und Suche nach Akzeptanz und Anerkennung fand ich etwas, was mir Respekt vor mir selbst verschaffte. Mein Vater verbot mir die Beschäftigung mit Chemikalien im Keller nicht, unterstützte mich allerdings auch nicht. Meiner Mutter waren meine Tätigkeiten nicht ganz geheuer, sie liess mich jedoch gewähren. In der Schule hatte ich ein Fach gefunden, in dem ich mit guten Noten brillieren konnte, ohne dass das den Lehrer sonderlich beeindruckt hätte. So wurde die Chemie zu dem Betätigungsfeld, das nur mir gehörte, in dem ich mich aber auch von allen anderen abhob. Ich wollte der Einzige sein, der sich damit auskannte, und ich wollte der Beste darin, etwas Besonderes sein. Weder meine Eltern noch meine Schulkollegen hatten die geringste Ahnung von Chemie, auch gab es niemanden in meinem Umfeld, der nur im Entferntesten damit zu tun hatte – diese Wissenschaft war allen so fremd, dass ich sie nicht einmal damit beeindrucken konnte, aber das störte mich nicht. Das Abenteuer Chemie war mir selbst gut genug.

Mit Igor Strawinsky am Bahnübergang

Natürlich musste ich als «Sohn von Familie» auch ein Musikinstrument lernen. Ich war acht oder neun Jahre alt, als ich mit dem Flötenunterricht begann. Zuerst spielte ich Sopranblockflöte, dann Altblockflöte. Kürzlich kam eine Vertreterin des Nobelmuseums zu Besuch und bat mich um diese beiden Flöten. Heute sind sie also in Stockholm in der Vitrine «Richard R. Ernst» zu sehen. Eigentlich mochte ich die Blockflöte nie besonders; am liebsten hätte ich Klavier gespielt. Doch das entsprach nicht dem Plan meines gestrengen Vaters. Er hatte jedem seiner Kinder nach dem obligatorischen Blockflötenunterricht ein bestimmtes Instrument zugedacht: mir das Cello, Verena die Geige und meiner jüngsten Schwester Lisabet das Klavier. Wir sollten, so war wohl die Absicht, bei gesellschaftlichen Anlässen ein Hauskonzert geben können, wie es sich in kultivierten Haushalten gehörte. Verena und ich schluckten die Anweisungen klaglos, doch bei meiner jüngsten Schwester Lisabet kam die Order nicht gut an. Sie beherrschte das Klavierspiel nie, und das viele Üben bereitete ihr grosse Mühe. Doch wusste sie sich zu wehren und setzte sich gegen meinen Vater durch: Sie brach das Experiment ab.

In mir jedoch entflammte eine grosse Leidenschaft für die Musik, genährt von der kulturliebenden Atmosphäre meiner Heimatstadt. Heute hat Winterthur bei vielen Schweizerinnen und Schweizern das Image einer glanzlosen Industriestadt. Vielen unbekannt ist ihre andere Seite: die Museen, die Kunstsammlungen und das Musikkollegium, das ich heute noch gerne finanziell unterstütze. Es würde mich nicht wundern, wenn Winterthur einmal zur Kulturhauptstadt Europas ernannt würde. Aber wie war das erst während des Krieges, als viele Künstler und Musiker nirgendwo sonst in Europa mehr auftreten konnten! Winterthur war zu einem Eldorado für Kultur geworden, die Stadt beherbergte ein berühmtes Symphonieorchester, und die grössten Solokünstler gaben sich im Konzertsaal des Stadthauses die Klinke in die Hand. Der legendäre katalanische Cellist Pablo Casals war da, der Komponist und Dirigent Igor Strawinsky, Schöpfer des Balletts «Der Feuervogel» und des Oktetts für Blasinstrumente (das Originalmanuskript befindet sich noch heute bei der Stiftung Rychenberg in Winterthur), oder immer wieder auch die rumänisch-jüdische Pianistin Clara Haskil, die später das Schweizer Bürgerrecht erhielt.

Weihnachten im Familienkreis, um 1946. Vordere Reihe (v.l.n.r.): Onkel Erwin Brunner, Marina Brunner-Sulzer, Grosspapa Brunner, Evi Brunner, Grossmama Brunner, Richard Ernst, Mutter Irma Ernst-Brunner, Georg Brunner. Hintere Reihe (v.l.n.r.): Verena Ernst, Lisabet Ernst, Vater Robert Ernst.

Richard Ernst mit Onkel Erwin Brunner auf dem Zugersee. Die Familie Ernst verbrachte ihre Sommerferien einige Male in einem Kurhaus in Risch.

Und ich als kleiner Junge befand mich mittendrin in dieser ansteckenden Atmosphäre! Oft sah ich die Künstlerinnen und Künstler von Angesicht zu Angesicht, wenn sie nach ihrem Galaauftritt zur Villa Reinhart spazierten, wo sie sich mit ihrem Gönner und Kulturförderer Werner Reinhart zum Stelldichein trafen oder dieser ihnen eine Übernachtungsgelegenheit anbot. Der Weg dahin führte über den Bahnübergang vor unserem Haus, und nicht selten warteten die bekannten Künstler vor der geschlossenen Schranke. Als Kind kannte ich die Musiker nicht, und ich getraute mich auch nicht, mich ihnen zu nähern. Doch allein ihre Präsenz und Ausstrahlung im ehrfurchtgebietenden Konzertaufzug beeindruckten mich.

Meine Flötenlehrerin Linda Bach bewunderte meine Hände und sagte immer wieder, wenn ich zu ihr in die Stunde kam, ich hätte die Finger eines begabten Cellospielers. Das muss mir wohl geschmeichelt haben. Mit elf Jahren begann ich mit dem Cellounterricht. Doch ein Meisterschüler wurde ich nicht, obwohl ich es doch so sehr wollte. Ich schaffte es einfach nicht, die Töne auf den Saiten richtig zu greifen; meine manuellen Fähigkeiten entsprachen zu meiner eigenen Enttäuschung nicht meinem Gehör. Und den Unterricht fand ich langweilig, es schien mir wie ein mühevolles Erlernen eines Handwerks, das dem Hochgefühl, das ich beim Hören empfand, so gar nicht entsprach.

Letztlich war mir die Musiktheorie sowieso lieber. Im Musikunterricht mussten wir Schüler jeweils Musikdiktate üben – und darin war ich regelmässig der Beste. Ich erkannte die Intervalle blitzschnell und konnte sie korrekt notieren. Ich liebte es auch, die Musik zu analysieren – und zu komponieren. Mit zwölf Jahren schrieb ich kleine Stücke für zwei Streichinstrumente, später fügte ich einen Part für Klavier hinzu, und dann führte ich meine «Werke» mit meinen Schwestern an den Geburtstagen unserer Eltern vor deren halb offener Schlafzimmertür auf.

Bald wollte ich auch Klavier spielen lernen, um meine eigenen Kompositionen mehrstimmig testen zu können. Doch mein Vater erlaubte mir nicht, ein «zweites» Instrument zu erlernen; ein Schreibmaschinenkurs schien ihm nützlicher. Dabei könne man auch «Tasten» anschlagen, sagte er. Ich war sehr enttäuscht, aber was sollte ich tun? Ich zeichnete die Klaviertasten auf ein Blatt Papier und übte sozusagen tonlos. Und sobald meine Eltern aus dem Haus waren, setzte ich mich doch an unser familieneigenes

Piano und versuchte, mir das Klavierspiel selbst beizubringen oder meine Kompositionen darauf zu üben.

Die auf Papier gebannten Melodien faszinierten mich fast mehr als die Musik. Von meinem Taschengeld kaufte ich mir die Partituren aller mir bekannten Werke und ging mit diesen in die Hauptproben der Abonnementskonzerte, die wir als Musikschüler kostenlos besuchen durften. Dort verfolgte ich das auf der Bühne Gespielte in meinen Partituren, die ich nicht selten mit ebenso musikbegeisterten Kameraden diskutierte und tauschte. So machte ich mir die Musik zu eigen. Mir gefiel die Idee, mit den Partituren die Musik quasi zu «besitzen» und die transzendente Kraft der Melodien auf diese Weise «fassen» zu können.

Die klassische Musik war mir in meiner Jugend sehr wichtig, sie half mir, trotz meines kümmerlichen Selbstbewusstseins zu «überleben». Mein erstes Berufsziel war sogar Musiker oder Dirigent, doch dafür hatte ich dann doch zu wenig Talent. Heute wage ich zu behaupten, dass mir die Beschäftigung mit den Partituren den Zugang zu den Geheimnissen der Chemie erleichterte. Denn ist die Chemie nicht im weitesten Sinn vergleichbar mit einer Symphonie? Wie hier die einzelnen Instrumente, die Geigen, die Celli, die Hörner und Pauken zu einem sinnvollen Ganzen zusammenfinden, mischen sich dort die Elemente, die Atome und Moleküle, und lassen etwas Neues entstehen. Und wie der Dirigent die einzelnen Partituren, so muss der Chemiker die Materie und deren Eigenschaften vollständig durchdringen, damit statt einem Chaos etwas Schönes entstehen kann.

Die Leidenschaft für die klassische Musik ist mir bis heute geblieben. Noch immer habe ich eine Sammlung von Taschenpartituren, die ich mir als Jugendlicher von meinem Taschengeld gekauft hatte. Heute, in meinem fortgeschrittenen Alter, ist mein Gedächtnis nicht mehr das beste, aber die Melodie einer Solosuite von Bach oder das Oktett von Igor Strawinsky summt mir immer wieder wohltuend durch den Kopf.

«Du wirst einmal den Nobelpreis erhalten, grosser Bruder»

Meine jugendliche Sturm-und-Drang-Zeit endete eines Nachts in Polizeigewahrsam. In Winterthur gab es ein traditionsreiches Restaurant an der Marktgasse: das Restaurant Walfisch. Damals fanden dort regelmässig Volksmusik- und Oberkrainerkonzerte statt. Vor und während des Krieges war das Lokal als Treffpunkt der Fröntler, der Schweizer Nazi-Sympathisanten, berüchtigt gewesen. Nach dem Krieg blieb es vor allem in rechtsgerichteten, konservativen Kreisen beliebt.

Diese waren die «natürlichen» Feinde von uns Kantonsschülern. Deshalb versuchten wir, ihre Versammlungen immer wieder zu stören, mehr aus einer jugendlichen Rebellion heraus als aus politischer Überzeugung. Im Jahr 1951 brachte uns unser Rebellentum in erhebliche Schwierigkeiten. Im Restaurant Walfisch fand wieder einmal eine politische Veranstaltung statt. Ein etwas älterer Kollege hatte sich illegal Tränengaspetarden aus Armeebeständen beschafft. Diese warfen wir durch die Fenster, mitten in den Versammlungsraum. Die Teilnehmenden stoben auseinander und retteten sich mit einem Sprung durch Türen und Fenster auf die Marktgasse. Ob ich selbst eine Granate warf, weiss ich nicht mehr, aber ich war dabei. Mit Genugtuung verfolgten wir das Geschehen, doch unsere Schadenfreude verging uns schnell, als die Polizei eintraf. Passanten hatten uns an die Ordnungshüter verraten, die uns umgehend in Gewahrsam nahmen und aufs Revier brachten. Als sich herausstellte, dass wir aus angesehenen Winterthurer Familien stammten, entschärfte sich die Situation für uns. Eine Busse setzte es dennoch – und mein Vater regte sich mächtig auf, dass sein Sohn in eine solche Affäre verwickelt war und sein Name beschmutzt wurde.

Trotzdem wäre der Eindruck, dass ich ein besonders rebellischer Schüler war, falsch. Mehrheitlich war ich ein ruhiger, eher unauffälliger Gymnasiast. Zu Hause war ich gehorsam, die strenge Erziehung meiner Eltern nahm ich stoisch hin, genauso wie meine Schwester Verena. Wir hatten ja alles, es mangelte uns an nichts, ausser vielleicht an Liebe und Anerkennung. «Dumm geboren und nichts dazu gelernt», schalt mich mein Vater oft, wenn er unzufrieden mit meinen Leistungen war oder schimpfte. Ich litt sehr unter Selbstzweifeln und mangelndem Selbstvertrauen. Ich war nie zufrieden mit mir selbst, und ich weiss nicht, ob das Fluch oder Segen ist. Der Begriff «Zufriedenheit» existiert schlicht nicht in meinem Vokabular, noch heute nicht. Manchmal frage ich mich sogar, ob ich den Nobelpreis überhaupt verdient habe. Mit diesen Zweifeln zu leben, ist nicht einfach – für mich nicht, aber auch nicht für meine Nächsten.

In dieser Zeit interessierte ich mich auch sehr für Literatur. In meiner Jugend fesselten mich zum Beispiel die grossen russischen Romane ganz besonders: «Der Idiot» oder «Die Brüder Karamasow» von Fjodor Dostojewski verschlang ich, die Werke von Leo Tolstoi, Alexander Puschkin oder Boris Pasternak machten mir grossen Eindruck. Aber auch die Romane des schwedischen Autors August Strindberg las ich mit Leidenschaft. Als ich das Gedicht «Im Nebel» von Hermann Hesse las, traf es mich wie ein Blitz. Es drückte genau das aus, was ich fühlte:

Seltsam, im Nebel zu wandern!
Einsam ist jeder Busch und Stein,
Kein Baum sieht den andern,
Jeder ist allein.
Voll von Freunden war mir die Welt,
Als noch mein Leben licht war;
Nun, da der Nebel fällt,
Ist keiner mehr sichtbar.
Wahrlich, keiner ist weise,
Der nicht das Dunkel kennt,
Das unentrinnbar und leise
Von allen ihn trennt.
Seltsam im Nebel zu wandern!
Leben ist Einsamsein
Kein Mensch kennt den anderen
Jeder ist allein.

So erinnere ich mich an die Gymnasiumszeit vor allem als eine Zeit seelischer und intellektueller Qual. Die Dinge, die wir dort lernten, schienen mir sinnlos. Vor allem die Sprachen machten mir Mühe; in Englisch, Deutsch und Französisch pendelten meine Noten zwischen einer ungenügenden Drei und einer knappen Vier. Französisch war meine Hasssprache, in Latein brachte ich kein vernünftiges Wort heraus. In meinen Lieblingsfächern Chemie und Physik war ich den Lehrern jedoch schon weit voraus, sodass ich gezwungenermassen in die Oberrealschule wechseln musste, also in die mathematisch-physikalisch orientierte Abteilung. Im Sprachunterricht konnte ich mir einfach die Wörter nicht merken. Die schwierigsten chemischen und mathematischen Formeln zu behalten, fiel mir hingegen sehr leicht.

Man erkannte in mir einen Legastheniker, der die Sprachen schlecht lernte, keinen geraden Satz hinkriegte, die Buchstaben verwechselte. Auch mein Vater litt an dieser Schwäche. Wenn er einen Brief oder einen Bericht schreiben musste, gab er diesen meiner Mutter, damit sie ihn korrigierte. Heute würde man mir wohl eher ein Aspergersyndrom attestieren, das als schwache Ausprägung im Autismusspektrum eingeordnet wird. Meine Frau Magdalena, die jahrelang Primarlehrerin war, sagt, sie habe bei mir so ziemlich alle Symptome, die dieser Störung entsprechen, entdeckt.

Denn nicht nur Fremdsprachen bereiteten mir Mühe, auch das Sprechen selbst. Ein Gespräch zu führen, vor allem in Gesellschaft, lag mir gar nicht; mir fehlte jegliche Schlagfertigkeit. Deshalb schwieg ich lieber. Meine Kollegen hielten mich für verschroben, vielleicht sogar arrogant, ein Muttersöhnchen aus guter Familie. Im Studium weigerte ich mich, eine Assistenz anzunehmen, obwohl mir eine angeboten wurde. Der Gedanke, vor einer Klasse von Studenten referieren zu müssen, bereitete mir unendlich viel Pein. Meine Mitstudenten glaubten, ich hätte es als Sohn aus wohlhabender Familie nicht nötig. Doch das war nicht der Grund. Ich war ein Einzelgänger, nicht weil ich es wollte. Ich konnte nicht anders.

Die Gesprächskultur in unserer Familie half nicht wirklich. Es gab nämlich keine. Am Mittagstisch hatten wir Kinder ruhig zu sein; das Einzige, was zu hören war, waren die Nachrichten von Radio Beromünster. Gab es einmal Streit unter uns Kindern oder in der Familie, beendete ihn mein Vater mit den Worten: «Streiten gehört sich nicht in unseren Kreisen, das macht man nur in Arbeiterfamilien.» So legten sich das Unausgesprochene, die Wortlosigkeit wie ein zäher Nebel über unser Familienleben. Ich erinnere mich an eine Einladung bei Bekannten. Wir sassen im Wohnzimmer, und niemand wusste, worüber man sich unterhalten sollte. Da

Die Oberrealklasse der Kantonsschule Im Lee von Lehrer Hans Läuchli (4. Reihe, 1. v. r.), 1951. Richard Ernst (2. Reihe, 3. v. l.) sitzt neben seinem Schulfreund Werner Hablützel (1. Reihe, 1. v. l.).

Ausflug mit den Kadetten Winterthur in die Schweizer Alpen, um 1946. Richard Ernst war als Jugendlicher einige Jahre Mitglied der Kadetten, der Jugendorganisation der Schweizer Armee.

nahm mein Vater ein Buch aus dem Regal und las daraus vor. Später gab es dann kaum noch Einladungen. Wir waren meistens für uns alleine. Einzig meine Grosseltern, die Eltern meiner Mutter, kamen jeden Sonntagnachmittag zu Tee und Kuchen. Doch statt bei dieser Gelegenheit etwa wichtige oder unwichtige Familienangelegenheiten zu diskutieren, verschwand mein Vater in sein Büro.

Ich schickte mich in diese Atmosphäre. Meine Schwester Verena sagte allerdings kürzlich, ich hätte sehr wohl darunter gelitten, dass nie diskutiert wurde. Vielleicht passte ich mich an, vielleicht kam mir die Situation aber auch entgegen. Auch ich verzog mich in mein Zimmer und beschäftigte mich mit dem, was mir wirklich Spass machte. Ich vertiefte mich in meine Bücher und arbeitete an meinen Experimenten. Dabei entwickelte ich einen unbändigen Willen, bis zum Ende zu gehen. Einen Versuch vorzeitig abzubrechen oder etwas unerledigt zu lassen, kam für mich nicht infrage. Bei meinen Schwestern galt ich als «Schanzknochen», als Streber, der einsam für sich lernt. «Du wirst einmal den Nobelpreis erhalten!», sagten sie – allerdings meinten sie das eher spöttisch als prophetisch.

Dieser unabdingbare Wille, dieser innere Drang, mich zu beweisen und dafür meine Ziele um jeden Preis zu erreichen, die Fähigkeit, mich zu fokussieren und die Arbeit im Labor fortzusetzen, all dies hat mir auf meinem beruflichen Weg wahrscheinlich nicht unwesentlich geholfen. Viele Jahre später sagte ein Forscherkollege einmal, er kenne niemanden, der so hart und ausdauernd arbeiten könne wie ich. Doch vorerst ging es einmal nur darum, mehr oder weniger unversehrt durch den Orkan der jugendlichen Gefühlswelt zu navigieren. Das pralle Leben draussen, die Versuchungen der Jugend, sie lockten mich weniger, als es mir vielleicht gutgetan hätte.

Bis zur Matura hatte ich meine Probleme in beinahe allen Fächern so weit im Griff, dass ich das Reifezeugnis mit keiner einzigen ungenügenden Note und mit blanken Sechsen in Mathematik, Physik und Chemie erlangte. Der Weg war frei für das Studium der Chemie, was ich schon immer gewollt hatte. Doch bald stellte sich heraus, dass auch das nicht die erhoffte Befreiung von Mühsal bedeutete.

Studium und Dissertation an der ETH Zürich 1952–1962

Im September 1952 bestand ich meine Maturaprüfung, wenige Wochen später nahm ich das Chemiestudium an der ETH Zürich auf. Doch schon ein Jahr zuvor hatte ich meinen Weg zielsicher vorgespurt. Über Beziehungen meines Vaters war es mir gelungen, in den Sommerferien 1951 eine Praktikumsstelle im Labor der Holzverzuckerungswerke Hovag in Ems zu erhalten, der späteren Ems-Chemie. Dieses Unternehmen wandelte ursprünglich die im Bergkanton Graubünden in riesigen Mengen vorhandene Ressource Holz in Ethylalkohol um, der im Zweiten Weltkrieg dem damals knappen Benzin als Treibstoffzusatz beigemischt wurde. Die Firma Hovag war in der Schweiz der Nachkriegsjahre hoch angesehen. Die Holzverzuckerung war in den Augen der Bevölkerung so etwas wie der technische Aspekt der geistigen Landesverteidigung, weil sie während des Kriegs dazu beigetragen hatte, die Unabhängigkeit der Schweiz zu verteidigen.

Im Zweiten Weltkrieg deckte die Hovag etwa dreissig Prozent des Schweizer Treibstoffbedarfs ab und wurde dafür vom Bundesstaat grosszügig unterstützt. Die Fabrik in Domat-Ems, damals noch weit ab vom Dorf auf dem freien Feld gelegen, war in kurzer Zeit zum grössten Arbeitgeber im Kanton Graubünden geworden. Nach dem Krieg fielen die Bundesbeiträge weg, das Unternehmen diversifizierte in die Produktion von Chemikalien und wurde zur Ems-Chemie, die seit 1983 der Familie Blocher gehört. Der Schweizer Politiker und Pfarrerssohn Christoph Blocher ist mit der Ems-Chemie reich und mächtig geworden. Später trimmte er die Schweizerische Volkspartei, die ursprünglich vor allem Bauern und Kleinunternehmer vertrat, auf einen stramm rechtspopulistischen Kurs, feierte damit grosse Wahlerfolge und wurde 2003 sogar in die Schweizer Regierung, den Bundesrat, gewählt. Nachdem ich 1991 mit dem Nobelpreis ausgezeichnet worden war, bekam Christoph Blocher wohl Wind davon, dass ich ebenfalls eine Emser Vergangenheit hatte, und lud mich und meine Frau an die Albisgüetli-Tagung ein. Politisch war ich nie derselben Meinung wie Christoph Blocher. Doch der Einladung an die Albisgüetli-Tagung leisteten wir trotzdem Folge. Wir sassen dann zum Glück neben dem ehemaligen Bundesrat Leon Schlumpf, dem Vater von Eveline Widmer-Schlumpf, die später Bundesrätin wurde und damit Christoph Blocher aus der Landesregierung verdrängte.

In den 1950er-Jahren war ein Praktikum bei der Hovag für einen angehenden Chemiestudenten wie mich eine wunderbare Gelegenheit, experimentelle Erfahrung im Labor zu sammeln. Wochentags machte ich Wasseranalysen in dem damals modernen Industrielabor. Hochreines Wasser war wichtig für die Produktion von Polymerverbindungen. Einen ordentlichen Lohn gab es nicht dafür, nur einen kleinen finanziellen Zustupf von etwa fünfzig Franken pro Arbeitstag. Aber es machte mir Spass, an einer Aufgabe zu arbeiten, die auch in eine praktische Anwendung führte. Zudem konnte ich erstmals direkt von meinen Erfahrungen profitieren, die ich als Knabe mit meinen Experimenten im Keller an der Gottfried-Keller-Strasse 67 gemacht hatte.

Ich genoss den Aufenthalt im Bündnerland. In der Freizeit wanderte ich zusammen mit meinem Winterthurer Schulkollegen Walter Jung durch das Bündnerland – oder wir machten Velotouren, bergauf und bergab. Walter Jung stammte aus der weiteren Verwandtschaft des grossen Zürcher Psychiaters Carl Gustav Jung, ein Umstand, der für mich später noch sehr wichtig werden sollte. Doch erst einmal ging ich den mehr oder weniger geradlinigen Weg eines Chemiestudenten.

Nach der Matura schrieb ich mich wie geplant an der renommierten ETH in Zürich ein. Mit viel Enthusiasmus und hohen Erwartungen trat ich im Herbst 1952 mein Studium an. Damals noch viel mehr als heute war das «Poly» die Fortsetzung der Mittelschule auf einem etwas höheren Niveau. Ein strikter Stundenplan mit vielen Vorlesungen und Übungen im Labor füllte den Tag aus. Die Schüler (Schülerinnen gab es noch kaum) waren in Jahreskurse eingeteilt und genossen nur geringe Freiheit bei der Lehrerwahl. Wer nach vier Jahren als diplomierter «Ingenieur-Chemiker ETH» abschliessen wollte, musste zwei Vordiplome und eine Diplomprüfung bestehen, für Letztere mussten damals noch Diplomarbeiten in vier Prüfungsfächern – der organischen, anorganischen, physikalischen und technischen Chemie – vorgelegt werden. Ich war viel zu brav, um zu schwänzen, und besuchte pflichtbewusst alle Vorlesungen. Sogar für meine geliebte Musik hatte ich nur noch wenig Zeit.

Aus meiner Studienzeit sind mir nur wenige Erinnerungen geblieben – zumeist sind es scheinbare Banalitäten. Ich pendelte jeden Tag mit dem Zug von Winterthur nach Zürich. Ein Kollege aus Winterthur, der den gleichen Arbeitsweg wie ich hatte, nahm immer den langsameren Regionalzug über Kloten, damit er genug Zeit hatte, die NZZ vollständig zu lesen. Ich dagegen fuhr mit dem Schnellzug. Von Zürich habe ich nicht viel mitbekommen, mein Weg führte geradewegs vom Hauptbahnhof hoch zur ETH, hauptsächlich ins alte Chemiegebäude, das heute eine historische Gedenkstätte ist. Dies völlig zu Recht, denn in diesem Backsteinbau aus der Gründerzeit wurde Schweizer Wissenschaftsgeschichte geschrieben. Nicht weniger als sieben Nobelpreisträger studierten, forschten oder lehrten hier, mich eingeschlossen.

Woran ich mich allerdings sehr lebhaft erinnere, sind die abendlichen Zugfahrten. Auf dem Heimweg hatte ich meistens ein Abteil für mich allein. Natürlich war ich in meiner Jugendzeit ein Einzelgänger, aber der Grund war banaler – jeder Chemiestudent kann ein Lied davon singen. Jeden Nachmittag hatten wir praktische Übungen im Labor. Der Umgang mit geruchsintensiven Lösungsmitteln und Chemikalien, wie Ammoniak oder Essigsäure, setzte sich dabei so stark in unseren Kleidern fest, dass wir regelmässig eine eklige Geruchswolke mit uns mit auf den Heimweg nahmen. Sie war offenbar so stark, dass alle anderen Zugpassagiere naserümpfend von mir wegrückten, und so wurde der Chemiestudent Ernst aus Winterthur im Zug ein Einzelgänger und nicht selten ein regelrechter Damenschreck wider Willen.

Im ersten Semester belegte ich die Fächer «Grundzüge der anorganischen Chemie und Analyse», «Grundzüge der organischen Chemie» sowie «Differential- und Integralrechnung». Im zweiten Vordiplom wurden «Grundzüge der physikalischen Chemie und Elektrochemie» geprüft sowie Physik und Mineralogie. Ich hatte überall gute Noten, aber mein Interesse lag klar in der physikalischen Chemie, darin erreichte ich auch sofort die Maximalnote sechs.

Entscheid für die physikalische Chemie

Für Aussenstehende ist die Faszination für die physikalische Chemie vielleicht schwer nachvollziehbar. Während alle die klassische Chemie kennen, weil da im Labor in Reagenzgläsern Stoffe gemischt werden, weil es dabei zischt und knallt und im Optimalfall etwas Neues entsteht, weil diese Art von Chemie sogar als kreative Kunst bewundert wird, ist die mathematisch orientierte physikalische Chemie für viele eine Unbekannte. Von manchen auch «theoretische Chemie» genannt, versucht sie, das Zusammenspiel der Elemente aus den Gesetzen der Physik heraus und mithilfe mathematischer Berechnungen zu erklären. Ihre Grundlagen hat sie in den Gesetzen der Thermodynamik, in den Gasgesetzen und, nach der wissenschaftlichen Quantenrevolution, vor allem in den Gesetzen der Quantenmechanik, die unser Verständnis der Chemie im vergangenen Jahrhundert entscheidend vertieft hatten.

Die physikalische Chemie an der ETH Zürich war in den 1950er-Jahren jedoch nur noch eine akademische Karikatur, wogegen die klassische Chemie, und damit vor allem das Institut für Organische Chemie, zu dieser Zeit eine wahre Blütezeit erlebten. Hier lehrten zwei hochdekorierte Professoren: der kroatisch-schweizerische Chemiker Leopold Ruzicka sowie der in Sarajevo geborene Vladimir Prelog, dem Ruzicka während des Zweiten Weltkriegs zur Flucht in die Schweiz verholfen hatte. Diese beiden Giganten der Chemie waren nicht nur hoch kompetente Forscher, sondern auch faszinierende Menschen. Ruzicka, der bereits 1939 den Nobelpreis für seine Naturstoffforschung erhalten hatte, erlebte ich noch in seinen letzten Jahren als Dozent. Er war vielseitig interessiert und wie ich später ein leidenschaftlicher Kunstliebhaber und -sammler. Sein zwanzig Jahre jüngerer Nachfolger, Vladimir Prelog, war schon damals auf der Höhe seines Schaffens. 1975 sollte auch er den Nobelpreis erhalten. Prelog war ein äusserst bescheidener und zugänglicher Professor, alles andere als ein abgehobener Wissenschaftler. Er hatte immer ein offenes Ohr und fragte seine Doktoranden auch regelmässig nach deren Befinden. Er war es auch, der in den 1950er-Jahren im Organisch-Chemischen Institut als Erster an der ETH das amerikanische Teammodell etablierte. In seiner Forschergruppe sah er sich mehr als «Dorfältesten», nicht als absolutistischen Herrscher eines Instituts, wie es bisher an deutschsprachigen Universitäten üblich gewesen war.

Es hätte also 1000 Gründe gegeben, sich dem Organisch-Chemischen Institut anzuschliessen. Doch ich spürte, dass ich dort nicht die Antworten finden würde, die ich suchte. Die physikalische Chemie dagegen war geprägt von der aufregenden wissenschaftlichen Revolution der Quantenmechanik. Am meisten faszinierten mich die Atommodelle und die dazugehörende Theorie. Sie war zwar schwierig zu verstehen, doch dies beflügelte mich eher, als dass es mich abschreckte. Sie ist ein faszinierendes Gedankengebäude, das im Prinzip logisch nachvollziehbar ist und in ihren radikalen Kernaussagen über das Wesen der Materie, aber auch über Wahrnehmung und Wahrheit unser Weltbild in seinen Grundfesten erschüttert hat.

Davon war in den frühen Vorlesungen der physikalischen Chemie an der ETH jedoch wenig zu spüren. Dort wurden vor allem Themen der klassischen Thermodynamik und der Elektrochemie behandelt. Es schien, als hätte die Quantenrevolution der Chemie hier gar nicht stattgefunden, obwohl Zürich vor dem Krieg darin eine herausragende Rolle gespielt hatte. In den goldenen 1920er-Jahren zum Beispiel, die nicht nur gesellschaftlich, sondern auch wissenschaftlich regelrechte Boomjahre gewesen waren, hatte der österreichische Physiker Erwin Schrödinger während seiner Zeit als Professor an der Universität Zürich seine berühmten Wellengleichungen entwickelt, welche die Chemie radikal beeinflussten. Und zu meiner Zeit in den 1950er-Jahren lehrte mit Wolfgang Pauli ein anderer Gigant der Quantenrevolution immer noch an der ETH Zürich. Ich erinnere mich sogar schwach an seine Vorlesungen in theoretischer Physik, die ich bei ihm belegte – diese erschienen mir damals eher wie liturgische Andachten. Vorne an der Wandtafel stand dieser Meister der Quantenphysik mit seiner imposanten Statur, minutenlang tief sinnierend, den Kopf hin- und herwiegend und dabei auf seine Formeln blickend, die er über die ganze Wandtafel gekritzelt hatte – und die er dann plötzlich ergänzte, korrigierte oder auch nur weiterentwickelte, ohne zu bemerken, dass hinter ihm eine Reihe wissbegieriger Studenten in staunender Ratlosigkeit seinen Gedankengängen zu folgen versuchten.

Wer weiss, vielleicht hat mir das lückenhafte Studium auf lange Sicht sogar geholfen. Mir blieb ja nichts anderes übrig, als in die Bibliothek zu gehen und mir mein Wissen selbst zu erarbeiten, genau so wie ich es schon früher getan hatte. Ich wollte mehr wissen! Aber niemand konnte mir auf die Sprünge helfen oder auch nur einen Hinweis darauf geben, in welchen Büchern ich denn die Antworten auf meine drängenden Fragen suchen könnte. So musste ich auch diese Auswahl selbst treffen. Mein Lieblingswerk in dieser Zeit wurde ein Lehrbuch von Samuel Glasstone mit dem Titel «Theoretical chemistry». Darin lernte ich die Grundlagen der Quantenmechanik, der Spektroskopie, der statistischen Mechanik und der statistischen Thermodynamik kennen. So ging ich damals schon durch das Stahlbad der mathematischen und physikalischen Grundlagen meines auserwählten Fachgebiets.

Eine Ausnahme unter den staubtrockenen Vorlesungen an der ETH waren die freiwilligen Kurse in physikalischer Chemie bei Hans Heinrich Günthard. Günthard war ein junger und enthusiastischer Dozent mit einer erstaunlichen Karriere. Ursprünglich hatte er eine Lehre als Elektriker gemacht und danach Chemie am Technikum in Winterthur studiert. Während und nach dem Zweiten Weltkrieg arbeitete er einige Jahre in der Industrie und beschäftigte sich mit militärischer Funktechnik. Erst danach nahm er ein Studium an der ETH auf. Dort absolvierte er dann aber parallel ein Chemie- und ein Physikstudium. Schliesslich wurde er 1947 Assistent im Institut für Organische Chemie bei Leopold Ruzicka und schloss 1949 seine Doktorarbeit im Bereich der Spektroskopie ab. Schon 1951 wurde er Privatdozent für physikalische Chemie, und 1952 wurde er zum ausserordentlichen Professor ernannt. Seine Vorlesungen beeindruckten mich als Studenten sehr, sie schienen mir brillant und klar. Bald hatte ich mir in den Kopf gesetzt, meine Doktorarbeit, der logische nächste Schritt einer Forscherkarriere, bei Günthard zu machen.

Befreiende Tragödie

Doch dann, in den Sommerferien 1955, geschah etwas, was mich aus dem gewohnten Tritt riss. Ich war mit meiner jüngeren Schwester Lisabet unterwegs. Als Kind hatten wir oft gestritten, doch inzwischen verstand ich mich gut mit ihr. Sie war jetzt im Gymnasium, und ich half ihr oft geduldig bei den Hausaufgaben. In diesem Sommer fuhren wir für einige Tage mit Faltboot und Zelt die Donau hinunter. Wir befanden uns schon in Österreich, als wir einem Boot begegneten, das wie unseres mit einem Schweizer Fähnchen geschmückt war. Sommertourismus war noch kein Massenphänomen, und so war es ganz normal, dass sich Landsleute im Ausland grüssten. Doch diese Leute winkten heftig, riefen uns, fragten, ob wir die Geschwister Ernst aus Winterthur seien. Wir waren erstaunt, dass sie uns beim Namen kannten. Wir bejahten, und sie überbrachten die traurige Nachricht: Wir sollten sofort heimkehren, es gäbe einen Todesfall in der Familie, wir würden europaweit gesucht, sie hätten das im Radio gehört. Damals

war es üblich, dass Menschen über Radio gesucht wurden, es gab auch noch nicht viele Sender.

Wir wussten, dass unsere Eltern in Bad Nauheim kurten. Meinem Vater war es zuvor schon schlecht gegangen, er hatte bereits einen Herzinfarkt gehabt. Ich erinnere mich, dass er beim Spazieren immer sehr langsam ging – und oft stehen blieb, um, wie er sagte, die Blumen am Wegrand zu bewundern und zu bestimmen. So kaschierte er wahrscheinlich den schlechten Zustand seines Herzens. Vor den Sommerferien hatte ihm sein Arzt eine Badekur verschrieben. So fuhren meine Eltern nach Bad Nauheim. Doch als er eines Tages im Park spazieren ging, ereilte ihn wieder ein Herzinfarkt, von dem er sich nicht mehr erholte.

Als meine Schwester und ich auf der Donau, nahe von Linz, die Nachricht erhielten, packten wir im nächsten Dorf sofort unsere Sachen zusammen und reisten mit dem Zug nach Hause. Ich weiss nicht mehr, wie ich mich fühlte. Vielleicht hofften wir noch, dass es unseren Grossvater mütterlicherseits betraf, der schon sehr alt und krank war. Genaueres hatten uns die Bootsausflügler nämlich nicht mitteilen können. Doch als wir in Winterthur ankamen, lag mein Vater bereits im Sarg. Es war beinahe unwirklich, ihn da liegen zu sehen – immer noch mit seinem imposanten Schnurrbart, den meine Mutter in diesem Moment so gerne gekämmt hätte.

Mein Vater starb am 2. August 1955 in Bad Nauheim, im Alter von erst 63 Jahren. Natürlich war es ein Schock. Doch mein Verhältnis zu ihm war nicht besonders innig gewesen. Sein Tod löste deshalb einen Wirbelsturm gemischter Gefühle in mir aus. Einerseits fühlte ich mich wie aus dem Gefängnis väterlicher Wachsamkeit befreit. Andererseits spürte ich auch eine neue Last auf meinen Schultern. Plötzlich hatte ich die ganze Verantwortung für die Familie; dies gebot das patriarchale Familienbild der 1950er-Jahre. Schliesslich war ich der einzige Sohn und zudem der Erstgeborene. Ich rückte automatisch nach. In meinem Pflichtbewusstsein und Bemühen, es immer allen recht zu machen, wollte und konnte ich mich dieser Aufgabe nicht entziehen. Nun lag es an mir, im und ums Haus herum alles Notwendige zu erledigen. In gewisser Weise wurde ich aber auch für meine verhältnismässig junge Mutter zu einer Art Partnerersatz in alltäglichen Dingen. Sie litt sehr

Richard Ernst mit den Schwestern Lisabet (l.) und Verena, um 1957, während seiner Ausbildung zum Leutnant der Infanterie.

unter dem Tod ihres Mannes, obwohl er zu Lebzeiten kaum ein idealer Familienmensch gewesen war.

Die emotionale Ambivalenz nach dem Tod meines Vaters spiegelt sich am deutlichsten in meiner Militärkarriere wider. Für meinen Vater war das Militär einer der wichtigsten Pfeiler seines Selbstverständnisses gewesen, möglicherweise wichtiger als die Familie. Wie seine Verwandten hatte er in diesem Bereich Karriere machen wollen und hatte es auch bis zum Obersten der Genietruppen geschafft. Diesen Ehrgeiz wollte er auch auf seinen Sohn übertragen. Am Tag der Mobilmachung im Jahr 1939 drückte er mir den Helm auf den Kopf und den Säbel in die Hand. In meinen rebellischen Jugendjahren wehrte ich mich jedoch nach Kräften gegen diese Erwartungen. Vielleicht bildete ich sie mir auch nur ein; jedenfalls hatte ich mir geschworen, nicht denselben Weg wie mein Vater zu gehen. Wenn man mir ein Gewehr in die Hand drücke, so rief ich einmal aus, würde ich es wegwerfen! Ich war grundsätzlich gegen das Militär, hatte eine pazifistische Ader. Doch nach dem Tod meines Vaters fühlte ich mich irgendwie verpflichtet, sein Erbe anzutreten. So trat ich doch noch in seine Fussstapfen und schlug ebenso eine Offizierslaufbahn ein – vor allem aus Gewissensbissen.

Nachdem ich im August 1956 das Diplom als «Ingenieur-Chemiker ETH» erhalten hatte, besuchte ich mehr als ein Jahr lang die Offiziersschule und wurde Leutnant bei der Infanterie. Als Chemiker wurde ich AC-Offizier, also Spezialist für den Schutz vor Atom- und Chemiewaffen. Man nannte uns «Gasonkel». Meine Erinnerungen an diese Zeit sind jedoch nicht besonders gut, pendeln irgendwo zwischen Langeweile und Widerwillen gegen die Tumbheit des Militärbetriebs mit seinen stundenlangen Märschen, die wir schwer bepackt absolvieren mussten. Rückblickend wird mir klar, dass sich durch diese ausserordentliche Situation meine innere Zerrissenheit schmerzhaft kundtat. Einerseits setzte ich mich ein, wurde Sportoffizier einer Infanterieauszugskompanie und musste dafür zahlreiche Wettkämpfe bestehen. Auch als Pistolenschütze war ich dank meiner Bedächtigkeit und Schwerfälligkeit recht erfolgreich. Andererseits hatte ich schlaflose Nächte und Albträume. Der Titel «Gummioberst», den ich als Kind hatte ertragen müssen, weil ich ein Bettnässer gewesen war, stieg wieder aus meinem Unterbewusstsein hoch, und mein Vater erschien mir regelmässig im Traum. Ich fühlte mich auf einer Gratwanderung zwischen «himmelhoch jauchzend, zu Tode betrübt», vielleicht Ausdruck einer tief sitzenden Schizophrenie, ein Charakterzug, der mich wohl bis zu meinem Ende begleiten wird. Aber ich lernte im Militär auch, mich nicht ganz «ernst» zu nehmen, und das ist mir bis heute geblieben.

Was ist NMR?

Meine erste wissenschaftliche Publikation erarbeitete ich, noch bevor ich mit der Doktorarbeit überhaupt begonnen hatte, während eines Industriepraktikums beim Chemiekonzern Ciba in Basel. Dort arbeitete ich im Frühling 1955 – also noch vor dem Tod meines Vaters – während sechs Wochen auf dem Gebiet der Farbenchemie. Die Arbeit hatte noch nichts mit meinem späteren Fachgebiet, der Kernmagnetresonanz, zu tun. Gemäss dem von der Ciba ausgestellten Praktikumszeugnis war ich mit «präparativen und physikalisch-chemischen Arbeiten» beschäftigt. Es ging um reine Laborchemie.

Dass daraus jedoch gleich eine wissenschaftliche Veröffentlichung im damals in der Schweiz sehr angesehenen Fachblatt *Helvetica Chimia Acta* resultieren würde, war natürlich ein schöner und für einen Studenten nicht selbstverständlicher Erfolg. Die Publikation war, wie damals üblich, in Deutsch geschrieben. Ich war der Erstautor, mein Betreuer war Heinrich Zollinger, damals Gruppenleiter in «meinem» Ciba-Labor.

Mit Heinrich Zollinger als Chef hatte ich grosses Glück. Ich schätzte ihn sehr, und ich erinnere mich an viele gute Diskussionen über das, was mich eigentlich am meisten beschäftigte: die Chemie. Später wurde Zollinger als Farbstoffchemiker an die ETH Zürich berufen und war in den 1970er-Jahren sogar deren Rektor. Zudem präsidierte er einige Jahre den Stiftungsrat des Schweizerischen Nationalfonds und erhielt von der japanischen Regierung den «Orden der aufgehenden Sonne» verliehen. In einer Jubiläumsschrift der ETH aus dem Jahr 2005 erinnerte sich Heinrich Zollinger an unsere Publikation von damals und schmeichelte mir mit einer ausdrücklichen Erwähnung. Im selben Jahr starb er im Alter von 86 Jahren.

Im Arbeitszeugnis, das mir die Ciba nach dem Praktikum ausstellte, wurde mir bescheinigt, dass ich die mir gestellten Aufgaben zur vollsten Zufriedenheit bearbeitet und mich als «fähiger angehender Chemiker» erwiesen hätte. «Auch in Bezug auf die charakterlichen Eigenschaften machte uns Herr Ernst einen ausgezeichneten Eindruck», heisst es weiter; dieser Schlusssatz lässt mich heute noch schmunzeln.

Wie um Himmels willen konnten die Chemiker der Ciba dies in sechs Wochen beurteilen? Wahrscheinlich war ich einfach angepasst, dienstbeflissen, freundlich und scheu in allen Belangen. Meine Probleme, auf andere zuzugehen oder vor anderen aufzutreten, waren nach dem Abklingen der Pubertät keineswegs verschwunden; ich trug sie weiterhin mit mir herum. Ich hasste es regelrecht, im Mittelpunkt zu sein; lieber war mir, wenn ich für mich alleine arbeiten konnte. Auch lag es mir überhaupt nicht, mich mündlich auszudrücken; vor anderen Menschen aufzutreten, war mir ein Gräuel und versetzte mich regelmässig in Panik – nicht gerade die besten Voraussetzungen für jemanden, der im Haifischbecken des Wissenschaftsbetriebs Karriere machen wollte. Es gab nur eine Lösung: Ich musste besser und anders als die anderen sein.

Vor allem nach dem Gewinn des Nobelpreises musste ich oft darüber Auskunft geben, wie ich zu meinem Thema, der Kernmagnetresonanz, gekommen war und wieso ich mich ausgerechnet für dieses Gebiet entschieden hatte. Immer wieder betonte ich bei solchen Gelegenheiten, wie sehr mich die Vorlesungen von Hans Heinrich Günthard fasziniert hatten. Aber das war nur ein Teil der Wahrheit. Ich glaube, dass ich mir unbewusst ein sehr schwieriges Thema aussuchte, um mich vor mir selbst und vor allen anderen zu beweisen, aber auch um meine Probleme, die ich mit mir selbst hatte, zu vergessen. Ich kokettierte mit dem Scheitern, nur um mir dann versichern zu können, dass nicht ich, sondern die Schwierigkeit der Aufgabe daran schuld war. Es ging mir darum, meine Probleme nach aussen zu projizieren und die Umwelt dafür verantwortlich zu machen, dass ich nicht so erfolgreich war, wie ich es eigentlich sein wollte. Denn ich war überzeugt, dass ich von allen überschätzt wurde und gar nicht so gut war, wie ich vorgab.

Dass mich Hans Heinrich Günthard trotz meiner Zweifel als Mitarbeiter aufnahm, war wohl ein Wink des Schicksals. Aufzugeben oder einen Rückzieher zu machen, war infolge meiner Erziehung keine Option, obwohl ich während meines gesamten Vordiplomstudiums an der ETH den Begriff «Kernmagnetresonanz» kein einziges Mal gehört hatte. Als ich meine Doktorarbeit begann, wusste ich nicht viel mehr darüber als die allereinfachsten Grundlagen: nämlich, dass Moleküle aus Atomkernen und Elektronen bestehen und dass gewisse Atomkerne nicht einfach starre Kugeln sind, sondern dass sie magnetisch geladen sind. Setzt man sie einem Magnetfeld aus, dann richten sie sich wie Kompassnadeln danach aus und beginnen, um ihre eigene Achse zu kreiseln. Wie schnell die Atomkerne kreiseln, also ihre Frequenz, ist zum einen abhängig von der Stärke des angelegten Magnetfelds, aber auch von den spezifischen Eigenschaften des Atomkerns. In der Chemikersprache sagt man: Die Atomkerne haben einen Spin. Wenn man diese kreiselnden Kernspins mit Radiowellen einer bestimmten Frequenz – der Resonanzfrequenz – bestrahlt, absorbieren sie diese Strahlung und geben sie nachher wieder ab. Dieses Signal gibt viele Informationen über den Atomkern preis. Hans Heinrich Günthard stellte das Kreiseln der Kerne in einem berühmt gewordenen Foto eindrücklich und auf seine eigene Art charmant dar: Mit einem lockeren Hüftschwung lässt er darauf einen Hula-Hoop-Reifen um seine Hüften kreiseln.

Diese Erkenntnisse waren jedoch 1955, zu Beginn meiner Dissertation, noch ziemlich neu. Erst 1939 war es dem Amerikaner Isidor Rabi und 1946 seinem Landsmann Edward Purcell sowie gleichzeitig dem gebürtigen Schweizer Felix Bloch gelungen, das magnetische Moment und die Resonanzfrequenz bestimmter Atomkerne zu messen. Sie alle erhielten dafür den Physik-Nobelpreis. Doch damals war diese neu entdeckte Kernresonanzmethode, auch NMR(Nuclear Magnetic Resonance)-Spektroskopie genannt, noch pure Grundlagenforschung, in der es vor allem darum ging, den physikalischen Aufbau der Materie besser zu verstehen.

Noch war nicht absehbar, dass mit dieser Methode nicht nur die Zusammensetzung chemischer Substanzen, sondern auch deren Aufbau und Aussehen präzise erkannt werden könnte und dass sie später sogar die Bildgebung in der Medizin revolutionieren würde. Noch fehlte das technische Know-how, das der Kernmagnetresonanz den Weg zur praktischen Anwendung weisen würde. Die Grundlage dafür lieferte erst die Kriegsforschung, vor allem in den USA und in Grossbritannien. Schon ziemlich früh im Zweiten Weltkrieg forcierten die Alliierten die Entwicklung leistungsfähiger Radargeräte, um im U-Boot-Krieg mit Deutschland die Oberhand zu gewinnen. 1940 initiierte das amerikanische Verteidigungsministerium am renommierten Massachusetts Institute

of Technology (MIT) nahe Boston das sogenannte Radiation Laboratory, später nur noch «Rad Lab» genannt. Die besten Wissenschaftler wurden ans Rad Lab berufen, um die Radargeräte zu entwickeln, die letztlich den U-Boot-Krieg im Atlantik zugunsten der Amerikaner entscheiden sollten. Die Forscher und Techniker lernten so unter strikter Geheimhaltung die praktische Handhabung elektromagnetischer Wellen. Sie entwickelten Vakuumröhren, bauten Vorverstärker und Verstärker, sie erfanden Sender und Empfänger, mit denen Radiowellen bestimmter Frequenzen und Energien ausgestrahlt und empfangen werden konnten. Diese Erkenntnisse strahlten in die Chemie aus, wo gewaltige Fortschritte bei der Entwicklung von Spektrometern aller Art, von der Infrarot- über die Mikrowellen- bis zur UV-Spektrometrie erzielt wurden. Auch die Grundlagen für das anbrechende Computerzeitalter wurden in diesen Jahren gelegt. Ab Herbst 1944 war Schluss mit der Geheimhaltung. Die umfangreichen Forschungsergebnisse und das technische Know-how, so war es die Absicht des damaligen Forschungsdirektors des Rad Lab – keines Geringeren als des Entdeckers der Kernmagnetresonanz, Nobelpreisträger Isidor Rabi –, sollten künftig für friedliche Zwecke allen zugänglich gemacht werden. Rabi schuf eine Publikationsreihe, die unter Fachleuten begierig aufgenommen wurde: die Bücher der sogenannten «Radiation Laboratory series», bekannt geworden als die «Roten Bücher».

Mit einigen Jahren Verzögerung gelangte das Wissen nach dem Ende des Zweiten Weltkriegs auch nach Europa und in die Schweiz. Aus Kalifornien war 1949 mit Hans Staub ein ehemaliger Mitarbeiter Felix Blochs an die Universität Zürich zurückgekehrt und hatte hier erste Aufbauarbeit geleistet. An der ETH Zürich war es vor allem Hans Heinrich Günthard, der diese aufregenden Entwicklungen eng verfolgt hatte und zu Beginn der 1950er-Jahre – anfangs zusammen mit Hans Staub – den Bau eines Spektrometers lancierte. Die «Roten Bücher», von denen in rascher Reihenfolge 28 dicke Bände erschienen, wurden in Günthards Institut zu viel gelesenen Standardwerken. Er hatte die Zeichen der Zeit erkannt und setzte sich dafür ein, dass die spektroskopischen Methoden auch an der ETH erforscht und gelehrt wurden.

Hans Heinrich Günthard demonstriert die Grundeigenschaft des Kernspins mit einem Hula-Hoop-Reifen, um 1958.

Unterstützt wurde Hans Heinrich Günthard von seinem Chef, dem Chemiker Leopold Ruzicka. Dieser war schon früh von der Nützlichkeit der physikalischen Analysemethoden für die Chemie überzeugt und setzte Hans Heinrich Günthards Anstellung bei den Hochschulbehörden sowie den Vertretern der Chemieindustrie durch, die bereits damals einen beträchtlichen Teil der Forschung finanziell unterstützte. Schritt für Schritt holte Günthard die ganze Palette der spektroskopischen Methoden an die ETH und förderte deren Entwicklung und Einsatz zugunsten der Chemie, von der optischen Spektroskopie über die Infrarot- bis zur UV-Spektroskopie. Und 1953 entschied der zielstrebige Forscher, auch die hochkomplexe Kernmagnetresonanz-Spektroskopie zu erforschen.

Viele dieser Hintergründe waren mir als Student natürlich nicht bewusst, aber die Aussicht, in «Günthards Spektroskopieuniversum» mit den brandneuen Methoden zu arbeiten, war aufregend und verlockend. Hans Heinrich Günthard gab mir jedoch zu Beginn ein Thema vor, das mich mehr verwirrte, als dass es klärte: «Von zu irreduziblen Darstellungen zugehörigen Linearkombinationen von Spineigenfunktionen». Ich hatte meinen Professor zwar tatsächlich um eine theoretische Arbeit gebeten, weil mich die Theorie besonderes interessierte, doch was mit dieser Aufgabe bezweckt werden sollte, blieb mir schleierhaft – und inspirierte mich auch nicht allzu sehr.

Mein Retter im Labor

Als ich am ersten Tag im Labor eintraf, war ein Mitarbeiter von Hans Heinrich Günthard daran, an einer Werkbank elektronische Bauteile zu verlöten. Bald erhielt auch ich einen Lötkolben in die Hand gedrückt und machte mich an die Arbeit. Nicht nur einmal verbrannte ich mir meine Fingerspitzen am Lötkolben oder musste einen 300-Volt-Stromschlag einstecken. Doch Schritt für Schritt lernte ich die Geheimnisse von Vakuumröhren zur Verstärkung von Frequenzsignalen und andere elektronische Bauteile von Kernmagnetresonanz-Spektrometern kennen.

Besagter Mitarbeiter von Hans Heinrich Günthard war Hans Primas, ein ausserordentlich begabter junger Wissenschaftler. Schnell stellte sich heraus, dass Primas mein direkter Vorgesetzter und Doktorvater sein würde – und das war in mehrfacher Hinsicht ein grosses Glück. Mir fällt noch heute kaum ein anderer Forscher ein, der ein derart breit gefächertes Interesse in diesem Bereich der Naturwissenschaften hat – von der praktischen Arbeit als Chemieingenieur über die theoretische Physik bis hin zu den verwinkeltsten Gedankengängen der Wissenschaftsphilosophie. Primas trieben später die ganz grossen Fragen um, doch als ich ihn das erste Mal sah, war er tatsächlich an einer Werkbank beschäftigt.

Primas, der aus Zürich stammte, war mit seinen dreissig Jahren nur fünf Jahre älter als ich. Er war ein Quereinsteiger und hatte nicht einmal die Matura gemacht. Als 14-Jähriger war er an Typhus erkrankt und hatte mehrere Wochen im Spital gelegen, gefolgt von einer ausgedehnten Höhenkur in Arosa. So hatte er eine grosse Menge Schulstoff verpasst, und ihm war nichts anderes übrig geblieben, als eine Lehre als Chemielaborant im analytischen Labor der Maschinenfabrik Oerlikon zu absolvieren. Danach hatte er, wie Hans Heinrich Günthard, Chemieingenieur am Technikum Winterthur studiert und dort derart brilliert, dass ihn sein Lehrer seinem ehemaligen Studenten Günthard, der inzwischen Privatdozent an der ETH war, empfahl. 1953 schliesslich stellte ihn Hans Heinrich Günthard als wissenschaftlichen Mitarbeiter an, obwohl Primas ohne Matura die Vorlesungen am «Poly» nur als Fachhörer belegen konnte. Später machte Primas eine grosse Karriere als Professor für theoretische Chemie, war ein führender Forscher im Bereich der Quantentheorie und Vordenker im Bereich der Wissenschaftsphilosophie.

Anfang 1950er-Jahre war Günthard schnell von den Fähigkeiten seines unkonventionellen Mitarbeiters überzeugt und beauftragte ihn, die damals brandneue Forschung im Bereich der Kernmagnetresonanz voranzutreiben und einen entsprechenden Apparat zu bauen. Das schaffte der technisch versierte Primas auch, obwohl er als Chemieingenieur wenig Erfahrung in der Elektronik mitbrachte. In kürzester Zeit holte er dieses Wissen nach. Bis er mich als Doktorand unter seine Fittiche nahm, hatte Primas schon einige praktische Erfahrung gesammelt und mit seinen Mitarbeitern ein erstes Kernmagnetresonanz-Spektrometer von Grund auf neu gebaut, inklusive aller seiner Teile: des Probenkopfs, in dem die chemische Substanz, die man erforschte, möglichst störungsfrei untersucht werden konnte; starker Magnete, welche die winzigen Kernspins zuverlässig ausrichteten und kreiseln liessen, sowie der ganzen Elektronikkonsole mit Radiowellensender, Modulatoren, Vorverstärker und Verstärker sowie natürlich der Empfänger, welche die feinen Signale der kreiselnden Kerne genügend empfindlich detektieren konnten. Zwar gab es damals in den USA schon kommerziell erhältliche Apparate, doch es gehörte damals zum nationalen Forscherehrgeiz, diese auch in der Schweiz zu entwickeln.

Vor allem aber beeindruckte mich Primas in menschlicher Hinsicht. Er war sozusagen mein Rettungsanker in einem Labor, das mich sonst womöglich in eine tiefe Depression gestürzt hätte. Als Student war ich tatsächlich begeistert von Günthards brillanten und klaren Vorträgen zur Spektroskopie. Er hatte mich für meine intensive Beschäftigung mit der physikalischen Chemie motiviert, und er war der einzige meiner Lehrer, der in meinen Augen uneingeschränkten Respekt verdiente. Er war jung und modern und versprühte eine Aufbruchstimmung, die mich packte. Doch kurz nachdem ich meine Doktorarbeit unter Hans Heinrich Günthards Oberleitung begonnen hatte, musste ich feststellen, dass es sehr schwierig war, an ihn heranzukommen und mit ihm zu diskutieren.

Ich fühlte mich in seiner Gegenwart immer wie der kleine Junge, der nicht versteht, was der grosse Meister zu sagen meinte. Die Hälfte seiner Worte war wissenschaftlicher englischer Slang. Ich erinnere mich, wie ich neben Primas und Günthard stand und Letzterer auf der Wandtafel ein theoretisches Problem darlegte. Ich wagte es nie, ein Wort zu sagen. Nur Primas, der «Insider», reagierte. Ich dagegen fühlte mich wie ein Aussenseiter. Vor diesen Diskussionen hatte ich richtig Angst und verabscheute sie zutiefst.

Die wöchentlich stattfindenden Gruppentreffen mit drei oder vier Doktoranden waren etwas erträglicher, selbst wenn der Professor dabei war. Wir sassen eng beieinander an einem Schreibtisch, vor uns ein leeres Blatt Papier, auf dem wir ein theoretisches Thema entwickelten. Vorgängig hatten wir einen Text erhalten, auf dem unsere Diskussionen basieren sollten. Darauf konnte ich mich wenigstens vorbereiten, und ab und an gelang es mir auch, einen einigermassen relevanten Diskussionsbeitrag zu leisten. Einen unreifen Gedanken, einen spontanen Einfall, auch eine vermeintlich nur halbwegs perfekte Aussage – all das hätte ich nie zu äussern gewagt. Im Zentrum dieser Sitzungen standen mathematische Gruppentheorien, Koordinatentransformationen und -rotationen, hoch abstrakte Berechnungen und theoretische Betrachtungen. Sie waren herausfordernd, aber sie trainierten unser Gehirn im mehrdimensionalen Denken – eine unabdingbare Voraussetzung für das Verständnis der Chemie.

Regelmässig gingen wir auch zusammen mit dem Institutsleiter zum Mittagessen in der Chemiebar. Dort führten wir allerlei Diskussionen über politische Themen, über die führende Rolle der USA etwa in der Wissenschaft und insbesondere in der Technologie, die Günthard sehr beeindruckte. Und wir glaubten ihm. Ich erinnere mich, dass er nie ein positives Wort über die Verhältnisse in der Sowjetunion fallen liess. Es war die Zeit, als sich der sogenannte Kalte Krieg zwischen Ost und West zusammenbraute. Doch als im Oktober 1957 der Sputnikschock die westliche Welt aufrüttelte, weil die Sowjetunion mit dem ersten Erdsatelliten das Rennen in den Weltraum kurzzeitig für sich entschieden hatte, anerkannte auch Günthard ihre militärische Stärke. Doch das bestärkte ihn nur in seiner technokratischen Sicht der Dinge: Auch die sowjetischen Erfolge begründete er mit den Fortschritten in der Technologie und dem offenbar unerschöpflichen Reservoir an Arbeitskräften.

Bis zum Ende meiner Doktorarbeit hatte ich eigentlich nie eine offene Diskussion mit Günthard, weder privat noch wissenschaftlich. Er war zielstrebig und ehrgeizig, sein Motto war: «Man kann alles tun, wenn man nur will». Günthard war auch sehr sportlich. Das lag wohl in der Familie, denn sein Bruder war der in den 1970er- und 1980er-Jahren bekannte Kunstturner Jack Günthard. Seine Doktoranden und Mitarbeiter hatten sich seinen Zielen vollständig unterzuordnen; ihre persönlichen Bedürfnisse und Gefühle schienen ihn nicht zu interessieren. Er gab das Thema meiner Doktorarbeit quasi diktatorisch vor, und selbst in den 1970er-Jahren, als ich nach meinem USA-Aufenthalt an die ETH zurückgekehrt war und schon Professor war, duzte er mich und rief mich immer noch «Richi», während ich ihn mit «Herr Professor» ansprach. In seinem Reich waren wir Doktoranden die Arbeitssklaven. Vielleicht tue ich Hans Heinrich Günthard damit unrecht, vielleicht projiziere ich auch nur mein jugendliches, aber unverdautes Vaterbild auf seine Person. Mit Sicherheit hatte sich Hans Heinrich Günthard grosse Verdienste um die physikalische Chemie und insbesondere die Spektroskopie an der ETH Zürich erworben; er legte hier die Grundlage für die weltweit

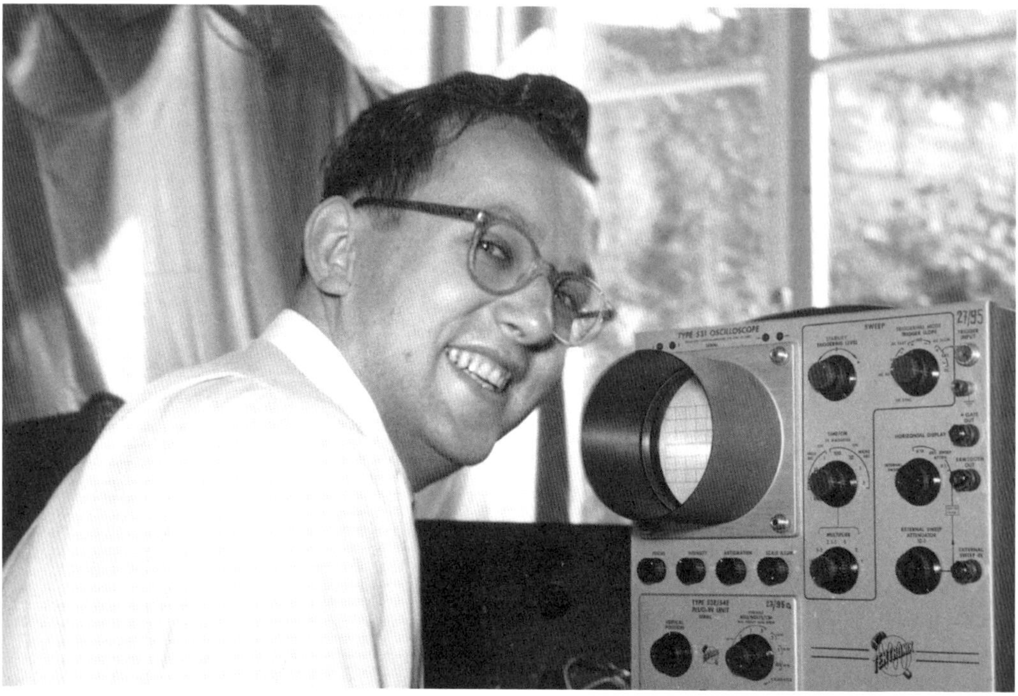
TYPE 531 OSCILLOSCOPE
SWEEP
27/95

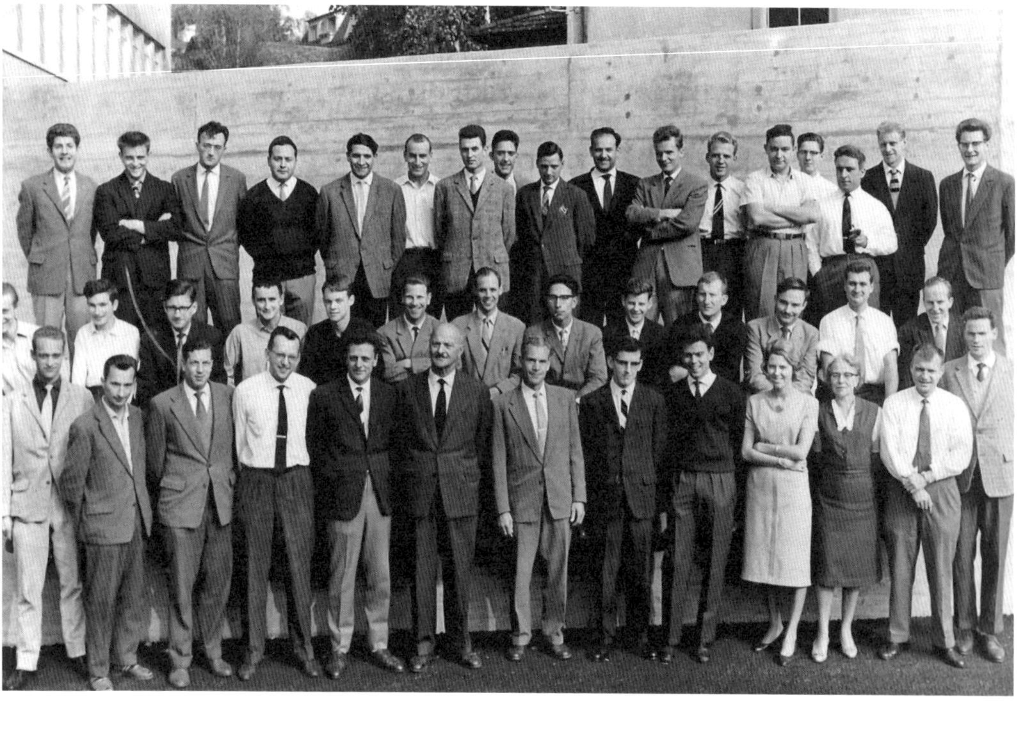

herausragende Bedeutung unserer Schule auf diesem Gebiet. Aber die Atmosphäre in der täglichen Forschungsarbeit war alles andere als kreativitätsfördernd. Bis zum Ende meiner Doktorarbeit wusste er sehr wenig über mich und schien sich offensichtlich nicht um meine Gedanken zu kümmern. Das bedrückte mich. Ich war froh, Hans Primas zu haben. Er wurde zu meinem Vorbild, in fachlicher und menschlicher Hinsicht. Daran änderte auch nichts, dass wir uns sowohl damals in jungen Jahren als auch nachher das ganze Leben mit Nachnamen ansprachen und nie per Du waren.

Mit Hans Primas verstand ich mich sehr gut, fast könnte man sagen, dass wir damals auf der gleichen Wellenlänge waren – und vielleicht lag dies auch daran, dass wir mit der Leidenschaft für die klassische Musik ein gemeinsames Thema hatten, das über die reine Wissenschaft hinausging. Wir waren beide Bastler, waren beide mit den technischen und elektronischen Baukästen der damaligen Zeit aufgewachsen – dem «Technikus», dem «Elektronischen Experimentierbuch», dem «Elektromann», dem «Radiomann» und anderen. So gab es zum Beispiel keine Neuheit im Bereich der gehobenen Unterhaltungselektronik, die wir nicht eingehend durchdiskutiert hätten. Eines Tages beschaffte er sich elektrostatische Lautsprecher, die in den 1950er-Jahren erfunden wurden und damals der letzte Schrei waren. Bald darauf kaufte ich mir ebenfalls solche Dinger. Sie waren das Beste, was es gab, teuer zwar und nicht so lautstark, aber von herausragender Wiedergabequalität. Hans Primas strebte in allen Bereichen nach Perfektion, da ging er keine Kompromisse ein.

Im Labor hatte er immer Zeit für einen Witz, aber auch für Diskussionen. Die Knochenarbeit hatte er offenbar über Nacht oder an den Wochenenden erledigt, denn er war sehr kreativ und schnell. Seine Labors waren zu richtigen Elektronikwerkstätten

Hans Primas vor der elektronischen Konsole eines frühen NMR-Spektrometers, an dessen Entwicklung Richard Ernst am Rande mitbeteiligt war. Aufnahme um 1958.

Forschergruppe des Laboratoriums für Physikalische Chemie der ETH Zürich, 1959: Richard Ernst (2.Reihe, 3.v.l.), Hans Primas (1.Reihe, 4.v.l.), Hans Heinrich Günthard (1.Reihe, 7.v.l.), Hans Kummer (2.Reihe, 8.v.l.), Fredi Bauder (2.Reihe, 2.v.r.), Peter Bommer (2.Reihe, 1.v.r.).

geworden. Überall standen Messgeräte, Verstärker, Lötkolben, Kupferdrähte und andere elektronische Bauteile herum. Immer in Griffnähe waren die erwähnten «Roten Bücher» aus dem Rad Lab, insbesondere Band 18 über die «Vacuum Tube Amplifiers», der damals zu so etwas wie unserer Elektronikbibel wurde.

Neben mir hatte Primas nur wenige weitere Doktoranden. Zum einen war da Rolf Arndt. Er gilt als Urheber des «Satzes von Arndt»: «Jede Schraube hat ein Rechtsgewinde mit Ausnahme der Linksschrauben.» Ein anderer Doktorand, Hans Kummer, wurde später sogar mein Trauzeuge; danach verlor sich der Kontakt. Mit Fredi Bauder machte ich Skiausflüge, oder wir wanderten durch die Bündner Berge. Wir fuhren mit dem Auto oder der Eisenbahn gemeinsam an die jährlichen wissenschaftlichen Kongresse, die schon damals zu den herausragendsten Höhepunkten im akademischen Kalender zählten. Auf riskante Experimente pflegten wir Wetten abzuschliessen. Auf dem Spiel stand entweder eine Flasche Campari oder ein Whisky. In der Folge nannten wir Proben, die gute Resultate lieferten, «Campari-Röhrchen».

Begegnung mit Roswith

Wenn Sie mich jetzt nach den wilden Partys und den langen Zürcher Nächten fragen, wie sie andere berühmte Wissenschaftler erlebten – Erwin Schrödingers amouröse Abenteuer und Wolfgang Paulis Eskapaden im Niederdorf sind ja legendär –, muss ich Sie enttäuschen. Ich war wohl eher ein ruhiger Typ. Das hat mir kürzlich Roswith Tauber bestätigt. Sie war eine meiner ersten Freundinnen, und wir haben heute noch einen guten Kontakt. Fast hätten wir geheiratet, aber wir waren noch nicht so weit, ich wahrscheinlich noch weniger als sie.

Meine Beziehungen zum anderen Geschlecht waren ziemlich schwierig und meistens auch schmerzhaft. In gewisser Weise glaube ich zwar schon, dass die Freud'sche Psychologie nicht unrecht hat, wenn sie behauptet, dass die sexuellen Wünsche eines Menschen zu den wichtigsten Antriebskräften im Leben gehören. Ist es nicht so, dass uns ein begehrtes Gegenüber zu kreativsten und höchsten Leistungen antreibt? Und selbst unser stetes Streben nach Ansehen und Stand in der Gesellschaft soll doch vor allem unsere Chancen beim anderen Geschlecht erhöhen – darin sind auch die so hochgelobten Wissenschaftler keine Ausnahme. Ich war jedoch ein Spätzünder. Das hatte sich schon im Gymnasium gezeigt. Für die regelmässigen Tanzveranstaltungen ein Mädchen zu finden, das mich begleiten würde, wurde jedes Mal zu einer generalstabsmässig vorbereiteten Übung. Meinen Kollegen fiel es dagegen immer leicht, ein Mädchen aus der Klasse zu engagieren, oder sie hatten schon eine Freundin. Und wenn ich dann doch ein Mädchen als Begleitung gewonnen hatte – meistens erst mit der Hilfe meiner Mutter und aus der weiteren Verwandtschaft –, begannen die Probleme erst richtig. Auf dem langen Weg ins Tanzlokal wusste ich schon mal überhaupt nicht, worüber ich mich mit meiner Begleiterin unterhalten sollte. So begann ich, mir alle möglichen Konversationsthemen vorgängig auf einen Spickzettel zu notieren. Ich hielt mich dann peinlich genau an diesen Plan, aber Sie können sich vorstellen, dass daraus kaum je lebhafte Gespräche entstanden.

Die Tanzveranstaltungen waren nicht minder quälend. Manchmal organisierten wir diese in einem Restaurant in der Nähe der Stadt. Oft waren es auch Hausbälle, die bei Kolleginnen oder Kollegen zu Hause stattfanden, sofern eine genügend grosse Wohnstube oder ein geeigneter Kellerraum vorhanden war. Zuerst wurde diskutiert, oder Gedichte wurden rezitiert, aber bald schon ging es ans Eingemachte. Männer und Frauen standen sich an den Wänden gegenüber, und dann hiess es, eine Tanzpartnerin auszuwählen. Ich war meistens zu scheu und drückte mich vor der Entscheidung. Es kam, wie es kommen musste – zum Missfallen des unglücklich übrig gebliebenen Mädchens, das allzu hart damit bestraft wurde, mit mir tanzen zu müssen, dem unattraktivsten, aber einzig verbliebenen Partner. Ich war nicht unsportlich, im Militär war ich Sportoffizier, und in der Freizeit war ich viel auf herausfordernden Bergtouren unterwegs. Aber beim Tanzen hatte ich zwei linke Beine, ich war ein richtiger «Gschtabi». Zwar übte ich fleissig – und notierte mir die Schritte auf einen Notizzettel. Während der Anlässe schlich ich mich dann auf die Toilette davon, um mir dort die richtigen Tanzschritte noch einmal genau einzuprägen. Doch wenn es dann auf der Bühne ernst galt, tanzte ich uns doch wieder einen Knoten in die Beine. Und so endeten die meisten dieser Veranstaltungen in einer mittleren Katastrophe.

Ich hasste diese Tanzstunden fast genauso sehr wie den Lateinunterricht. Beide waren schmerzhaft und ergaben für mich keinen

Sinn! Ich erinnere mich noch an die Tage danach, als ich meine Unzulänglichkeit am stärksten spürte. Ich hätte mir den Kopf einschlagen können. Meine mentalen Krämpfe lähmten mich regelrecht, und ich litt deswegen oft an Bauch- oder Kopfschmerzen. Ich hatte niemanden, mit dem ich über meine schweren Probleme sprechen konnte. Ich dachte sogar über verschiedene Möglichkeiten nach, auf dramatische Weise ganz aus dieser Welt zu verschwinden. Aber ich machte mich nie wirklich daran, es zu tun.

Die Beziehung zu Roswith Tauber entwickelte sich hingegen unkompliziert, denn unsere Familien kannten sich bereits. Zudem hatte ich am Ende des Gymnasiums viel Zeit mit ihrem Cousin Walter Jung verbracht, als wir gleichzeitig ein Praktikum in der Holzverzuckerung Ems absolvierten. Meine Schwester Verena machte nach einer unglücklichen Liebesbeziehung eine Psychoanalyse bei Roswiths Vater, dem Hausarzt und Psychiater Ignaz Tauber. Dabei wurde vor allem die nicht einfache Kinder- und Jugendzeit aufgearbeitet, unter der auch sie litt. Zwischen beiden Familien entwickelten sich so sehr freundschaftliche, bis heute andauernde Beziehungen.

Roswiths Familie hatte über ihre Mutter verwandtschaftliche Beziehungen zum berühmten Zürcher Psychoanalytiker Carl Gustav Jung. Ihre Mutter durfte C. G. Jung hie und da besuchen, ihn um Rat fragen, später sogar über Synchronizität mitforschen. Als Jung bereits im hohen Alter war, luden ihn Roswiths Eltern einige Male zu sich nach Winterthur ein, wo er sich auf Fragen aus ihrem erweiterten Freundeskreis einliess. Wir waren zwar nie dabei, doch gibt es von diesen Fragestunden sogar eine veröffentlichte Aufnahme, die wir später natürlich erstanden. Auf Roswiths Wunsch besuchte C. G. Jung die Familie Tauber später auch privat, und die Kinder durften ihm dann ihre Fragen stellen. So entstand ein Vertrauensverhältnis von Roswith zu Jung, der in einem freundschaftlichen Briefaustausch gipfelte, in dem sie ihm Fragen über das Leben stellte, die Jung immer ausführlich beantwortete.

Die Taubers waren so anders als unsere Familie. Der Vater war jung, modern und unternahm viel mit den Kindern. Im Sommer

Im September 1959 trafen sich die NMR-Wissenschaftler an einem Meeting in Bologna. Hintere Tischreihe: Richard Ernst (mit Brille), rechts neben ihm Hans Heinrich Günthard und Mitdoktorand Rolf Arndt.

fuhren sie gemeinsam zum Baden an die Thur, im Winter gingen sie Schlittschuhlaufen auf dem Greifensee. Abends lasen sich die Eheleute gemeinsam durch die Werke von C. G. Jung, und in der Erziehung legten sie sehr viel Wert auf die Persönlichkeitsentwicklung ihrer Kinder; alle sollten die Möglichkeit haben, sich selbst zu verwirklichen. Die Atmosphäre bei Taubers war offen und diskussionsfreudig, den im Althergebrachten verhafteten Gewohnheiten und der sprichwörtlichen Ernsthaftigkeit in der Familie Ernst diametral entgegengesetzt.

Roswith war eine hübsche junge Frau mit dunkelblonden Haaren und dunklen Augen. Meine Beziehung zu ihr war ruhig, zurückhaltend, platonisch; und sie lenkte mich nicht von meiner Arbeit an der ETH ab – oder ich liess mich nicht ablenken. Als sie mich einmal besuchen wollte, während ich mich auf eine Eingabe für den Ruzicka-Preis vorbereitete, der an der ETH für Nachwuchsforscher ausgeschrieben war und den es heute noch gibt, wies ich sie unumwunden ab. Ich sei schon damals sehr zielbewusst gewesen, erzählte mir Roswith neulich.

Wir fanden uns vor allem auch in unserer Leidenschaft für die klassische Musik. Sie war Rhythmiklehrerin und studierte seit 1960 in Kopenhagen bei Gerda Alexander an deren internationaler Schule für Eutonie. Eutonie kann vom Wortsinn her am besten mit dem Begriff «Spannungsbalance» umschrieben werden. Dabei soll sich die Entwicklung des Körperbewusstseins positiv auf Haltung und Bewegung auswirken, indem mit einem Minimum an Kraft ein Maximum an Effizienz herausgeholt wird. So erklärte es mir Roswith. Wir schrieben einander Briefe – in denen sie von ihrer schwierigen Situation in der Fremde erzählte und ich ihr Notenzeilen aus klassischen Partituren schickte, was ihr unheimlich viel Freude machte.

Roswith beeinflusste mich auch in meinem Weltbild und brachte mich C. G. Jungs Gedankenwelt näher. Ich kaufte mir sogar Jungs Lehrbuch «Psychologie und Alchemie» und schmökerte darin. Ich las es nie ganz durch, wie ich sowieso nie ein Buch vollständig durchgelesen habe. Aber ich liess mich bereitwillig von Titel, Zusammenfassung und einzelnen Kapiteln inspirieren. Die Sprache Jungs war mir dann doch zu fremd und erschien mir abgehoben. Aber seine Gedanken und Erkenntnisse zeigten mir, dass selbst die kalte Wissenschaft der Chemie ganzheitlich begriffen werden muss, ja dass auch der Chemiker ein beseelter Mensch ist.

Jung zeigte mir, dass die Chemie eine historische und menschliche Dimension hat. Auch seine Schriften über den Symbolismus östlicher Religionen und Philosophien beeinflussten mich nachhaltig und bahnten wahrscheinlich auch den Weg für meine spätere Begeisterung für die buddhistische Kunst aus Tibet.

Als Roswith einmal Urlaub in der Schweiz hatte, besuchten wir zusammen einen Ball im Dolder. Da geschah er, der erste Kuss, den ich aber sogleich wieder bereute. Ich hätte ihr kundgetan, erinnert sich Roswith, dass man sich nur küssen solle, wenn wirklich schon alles ganz klar sei. Ich war offenbar auch in solchen Dingen sehr gewissenhaft, vielleicht auch zu scheu. Roswith bat Jung in einem Brief aus Kopenhagen um Rat: «Ich habe einen Freund, mit dem ich mein Erleben – brieflich – teile.» Sie fragte ihn, ob die Sündenfallgeschichte für uns noch Bedeutung habe, und schloss: «Nun möchte ich mit allen meinen Kräften diese Beziehung gedeihen lassen.» Der Seelenarzt antwortete ihr, auch wenn er zu dieser Zeit schon schwer krank war, dass die Geschichte vom Sündenfall immer noch gültig sei, denn sie sei ein Mythos, und was im Mythos ausgesagt werde, sei zeitlos und gelte immerdar. Er zitierte dann aus Goethes «Wilhelm Meister» ein Gedicht vom alten Weisen: «Ihr führt in's Leben ihn hinein / und lasst den Armen schuldig werden! / Dann überlasst Ihr ihn der Pein, / denn alle Schuld rächt sich auf Erden!» Am Schluss fügte er an, man könne nichts schuldlos gestalten, und nur der könne etwas zustande bringen, der auch die Kosten bezahle. Diese Worte prägten sich mir tief ein.

Später wollte ich Roswith in Kopenhagen besuchen, doch es wurde nicht möglich. Dafür reiste sie aus der dänischen Hauptstadt nach Amsterdam an, wo ich vom 29. Mai bis zum 3. Juni 1961 an einem dreitägigen wissenschaftlichen Kongress für Spektroskopie teilnehmen durfte. Wir verbrachten einige schöne Tage in Amsterdam, besichtigten zwischen meinen Vorträgen Kunstmuseen, um Roswiths Lieblingsmaler Rembrandt zu bewundern, und schliesslich verlobten wir uns sogar. Voller euphorischer Freude sandten wir an unserem letzten gemeinsamen Tag in Amsterdam eine Grussbotschaft an C. G. Jung. «Lieber, lieber Herr Professor Jung!», schrieb Roswith. «Ihre Antwort hat uns begleitet an unserem Verlobungstag! ... Mit ganz herzlichen Grüssen aus Amsterdam – morgen fahren wir jedes wieder an seinen Arbeitsplatz! Ihre Roswith.» Ich fügte unten links hinzu. «Ich grüsse Sie herzlich in Dankbarkeit. Ihr Richard Ernst.» Vielleicht war es der letzte Brief,

den der damals schon schwer kranke C. G. Jung erhielt, denn nur drei Tage später, am 6. Juni 1961, schied er in seinem Haus in Küsnacht aus dem Leben.

Doch auch meine Beziehung zu Roswith ging schon ihrem Ende entgegen. Die Trennung war hart und lief nach alter Väter Sitte ab. Unsere Beziehung war wie ein zartes Pflänzchen herangewachsen, genährt von vielen Briefen und gelegentlichen Besuchen – bis wir sogar von Heirat sprachen. Wie den ersten Kuss nahm ich aber auch diese Frage nicht auf die leichte Schulter. Meine Mutter, die nach dem Tod meines Vaters zu meiner wichtigsten Bezugsperson geworden war, riet mir von einer Heirat ab. Sie schrieb mir einen Brief, in dem sie darlegte, dass das junge Fräulein Tauber noch zu unreif sei und wohl keine sehr gute Hausfrau werden würde. Ich sträubte mich gegen diesen Rat, schickte den Brief aber weiter an Roswith – ein Schock für sie. Beim nächsten Heimaturlaub kam sie zu uns zu Besuch, meine Mutter und ich sassen ihr im Salon gegenüber. Da fragte ich Roswith ernsthaft, ob sie mich nun heiraten wolle und dafür die Ausbildung in Kopenhagen aufgeben würde. Den Hintergedanken, sie nach meinem Abschluss nach Amerika mitzunehmen, legte ich ebenfalls bereits offen. Wie konnte sie anders – zumal in der Gegenwart meiner Mutter –, als mir eine Absage zu erteilen. Vielleicht, sagte sie mir später, hätte sie sich anders entschieden, wenn meine Mutter nicht dabei gewesen wäre.

Aber auch Roswith hatte Zweifel. Sie war damals von einer Freundin in einen Kreis eingeführt worden, den eine junge Frau namens Dorothea leitete. Diese Dorothea beeinflusste Roswith stark und sagte ihr, dass sie noch nicht reif für eine Heirat sei. Amerika sei schon gar nicht das Land für ihren inneren Weg. So brachen wir die Beziehung ab. Roswith stürzte ins Nichts und war bitter enttäuscht, weinte tagelang; sie hat später auch nie geheiratet. Die Trennung schien beide Familien zu berühren, auch Roswiths Eltern waren traurig darüber. Ich schrieb der Familie Tauber einen Brief, in dem ich versuchte, tröstende Worte zu finden: «Ich bin davon überzeugt», schrieb ich wörtlich, «dass Roswith auf dem richtigen Weg ist. Wer von einem solch tiefen Glauben an

Roswith Tauber beim Skifahren in St. Moritz. An Weihnachten 1960 trafen sich die Familien Ernst und Tauber im Winterurlaub im Engadin.

die Zukunft beseelt ist, kann das Ziel nicht verfehlen.» Wenn ich zurückdenke, berührt mich das sehr, aber ich akzeptiere, dass es so gekommen ist. Die Trennung war für mich damals auch eine Art Erlösung, denn so richtig sicher war ich mir nie. Trotzdem sind Roswith und ich gute Freunde geblieben. Für sie wurde die Eutonie die Grundlage ihrer Arbeit in Kunst, Therapie und Pädagogik. Sie entwickelte ein Zusammenspiel von Rhythmik und Eutonie für Kinder und förderte so deren Individualität und Lernbegierde. Kinder waren das Forschungsgebiet, das sie erfüllte. Heute erscheint mir diese Geschichte wie ein verblassender Traum, doch die wirklichen Schlachten meines Lebens mussten damals eindeutig im Labor geschlagen werden.

Geheimnisse im Signalrausch

Während Hans Primas und ich zu Beginn viel Zeit an der Werkbank verbrachten, um die wesentlichen Teile eines neuen, besseren NMR-Spektrometers zu planen und zu konstruieren, driftete meine Arbeit immer mehr in eine theoretische Angelegenheit ab. Dies war unabdingbar, wenn man verstehen wollte, was in den Experimenten geschah.

In diesen Experimenten bringen Sie ein Glasröhrchen, gefüllt mit einer chemischen Substanz, zwischen zwei Magnete. Eine solche Substanz ist ja meistens ein Molekül, in dem verschiedene Atome aneinandergebunden sind. Einige davon – aber nicht alle – haben einen magnetischen Kernspin. In der Praxis sind vor allem die Wasserstoff- und die Kohlenstoffkerne wichtig. Diese richten sich wie Kompassnadeln entlang des Magnetfeldes aus und beginnen zu kreiseln. Sendet man nun einen Radiowellenpuls auf die Probe, absorbieren die betreffenden Atomkerne die Energie dieser elektromagnetischen Wellen und geben sie nachher wieder ab – allerdings nur, wenn die Radiowellen die gleiche Frequenz haben wie die Kerne, die im Magnetfeld kreiseln. Und genau das ist die viel zitierte Resonanzfrequenz. Der Vorgang ist mit dem Klavierspiel vergleichbar. Wenn man eine Saite anschlägt, beginnt sie mit der ihr eigenen Resonanzfrequenz zu schwingen und gibt einen Ton wieder, den Sie benennen können. Sie könnten sogar, wenn Sie wollten, auf die Eigenschaften der Saite schliessen. Bei der Kernspinresonanz absorbieren die magnetischen Atomkerne also die Energie der Radiowellen, die mit dieser Resonanzfrequenz einstrahlen, und geben sie mit derselben Frequenz wieder ab, sobald man den Radiowellenpuls wieder abschaltet. Mit einer geeigneten Empfängerspule können sie jedoch die abgegebene Energie als Signal aufzeichnen. Das Wesentliche ist aber, dass die Resonanzfrequenzen dieser Kernsorten, wie des Wasserstoffs oder des Kohlenstoffs, durch die Umgebung der Kerne im Molekül minim verändert werden. Es sind nur kleine Unterschiede, aber man kann sie messen und aufzeichnen. Sie erhalten dann das, was wir Chemiker ein Spektrum nennen, in unserem Fall also ein Kernmagnetresonanz-Spektrum oder NMR-Spektrum: eine Reihe verschiedener Resonanzfrequenzen, die viel Information über die chemische Umgebung der gemessenen Kerne enthalten. Ich habe diese magnetischen Kerne deshalb immer als eine Art Spione angesehen, die uns alle Informationen über das Molekül mitteilen, in das sie eingebunden sind. Wenn Sie sukzessive alle Resonanzfrequenzen messen, können Sie daraus sogar ein dreidimensionales Modell des ganzen Moleküls zeichnen, wie man es heute kennt. Die Methode ist so genial, weil man die Substanz, die man untersuchen möchte, nicht zerstört, wie zum Beispiel bei der Massenspektrometrie. Auch radioaktive Strahlung, wie bei der Röntgenkristallanalyse, kommt nicht zur Anwendung. Alles, was es braucht, sind Magnetfelder und Radiowellen.

Mit unseren an der ETH gebauten Apparaten konnten wir bereits einige Spektren einfacher chemischer Stoffe messen. Doch allzu oft mussten wir unsere Kollegen von der organischen Chemie enttäuschen, wenn sie, allen voran Vladimir Prelog und sein neuer junger Mitarbeiter Albert Eschenmoser, wieder einmal an unsere Labortür klopften und endlich brauchbare Resultate sehen wollten.

Das Grundproblem in dieser frühen Zeit der NMR-Spektrometrie war, dass das eigentliche Resonanzsignal oft vom Rauschen anderer elektromagnetischer Signale übertönt wurde. Ein Grund dafür war, dass die Messwerte der magnetischen Kerne rund 1000-mal schwächer als bisher bekannte elektromagnetische Signale waren; schliesslich handelt es sich um Grössenordnungen im atomaren Bereich. Ein grosser Teil des störenden Rauschens war aber auch der noch unausgereiften Elektronik der damaligen Zeit geschuldet – wie bei einem alten Radio, bei dem die Stimme des Nachrichtensprechers nur bruchstückhaft aus dem allgemeinen

Rauschen herauszuhören ist. Das menschliche Gehirn ist in der Lage, noch die leisesten Töne herauszuhören und ihnen die richtige Bedeutung zuzuordnen. In der Physik, zum Beispiel in der Optik oder der Akustik, gibt es viele mathematische Methoden, mit denen es gelingt, das Rauschen der Elektronik zu unterdrücken oder die wichtigen Signale herauszufiltern. Diese Berechnungen, die sich vor allem auf die Pionierarbeiten des amerikanischen Mathematikers und Philosophen Norbert Wiener stützten, waren der Hauptteil meiner Doktorarbeit; wir münzten sie auf unser Problem um. Ausserdem konstruierten wir die Messgeräte und entwickelten darauf Experimente, anhand derer wir diese Berechnungen bestätigen oder verwerfen konnten.

Die Auswertungen waren theoretisch interessant, aber praktisch hatten diese für die Anwendung der NMR-Methode kaum Folgen. Wir hatten noch keine Computer, die eine schnelle Berechnung ermöglicht hätten. Doch ich lernte, die Frage der Kernspinresonanz aus systemtheoretischer Sicht zu betrachten, so wie es mir Primas vormachte. Dies bedeutet, dass man über die exakte Analyse von Input- und Outputsignalen viele Informationen darüber herausholen kann, was dazwischenliegt. Das Rauschen war so gesehen nur mehr ein Teil des Outputsignals, dem man durch gründliche Analyse auf die Spur kommen konnte, und nicht mehr nur der Feind, den es zu besiegen galt.

Mit meiner Dissertation holte ich mir das experimentelle und mathematische Rüstzeug, um die NMR-Signale zu beherrschen. Meine Doktorarbeit mit dem Titel «Kernresonanz-Spektroskopie mit stochastischen Hochfrequenzfeldern» wurde dann von der ETH Zürich mit der Silbermedaille ausgezeichnet, und ich erhielt einen Geldpreis von 1000 Franken. Allerdings war mir dies fast peinlich, denn schon bei der Niederschrift meiner Doktorarbeit hatte ich entdeckt, dass ich in der Berechnung einen numerischen Fehler gemacht hatte – nur einen kleinen Vorzeichenfehler, der das

Arbeitsplatz von Richard Ernst, um 1958. Das Labor der NMR-Forscher war mehr Elektronikwerkbank als Chemielabor; überall standen und lagen Messgeräte, Lötkolben, Drähte und anderes.

Richard Ernst während seiner Dissertation, hier zu Hause in Winterthur. Im Hintergrund eine Klarinette, eines der Instrumente, die der leidenschaftliche Liebhaber klassischer Musik beherrschte.

theoretische Ergebnis nicht wesentlich beeinflusste. Doch es lief mir heiss und kalt den Rücken hinunter – nach jahrelanger hartnäckiger Arbeit ein derart unnötiger Fehler! Noch heute ärgere ich mich darüber und kann es nicht glauben. Es zeigte aber auch, dass wir damals mehr an einer eleganten mathematischen Herleitung und an einer schönen Formel interessiert waren als an den effektiven praktischen Folgen.

Am Ende schien mir die ganze Arbeit unnütz und ohne Relevanz zu sein. Ich glaubte, damit Fragen beantwortet zu haben, die gar nie gestellt worden waren. Enttäuschenderweise verhallten die Ergebnisse dann auch im Blätterwald, ohne auf grosse Resonanz von Forscherkollegen zu stossen. Ich hatte genug von irrelevanten Geistesübungen im Labor, ich wollte mit meinen Erkenntnissen zur NMR-Methode endlich etwas Nützliches tun. Ich schwor mir aber, niemals mehr an die Universität zurückzukehren, und bewarb mich in den USA für eine Postdoc-Stelle. Primas verliess kurze Zeit später ebenfalls das Gebiet der Kernmagnetresonanz und widmete sich wieder der Quantenchemie. Deren Grundlagen und Konsequenzen, auch deren philosophische Bedeutung interessierten ihn mehr als die simple Anwendung oder die blosse Optimierung bereits bekannter Technologien. Wenn ihn etwas reizte, waren es die absoluten Wahrheiten, eine «Welt-Formel» für das experimentelle Design spektroskopischer Methoden vielleicht, die alles erklärt und ermöglicht. Er zweifelte auch an meinem Entschluss, der NMR die Treue zu halten. «Hier können Sie sich keine Meriten mehr holen. Auf diesem Gebiet ist doch schon alles abgegrast», sagte er später einmal.

Ich blieb bei meinem Entschluss. Mir schien, als hätte ich meine Ziele im Bereich der Kernmagnetresonanzmethode noch nicht alle erreicht. So bereitete ich mich auf meine Zeit in den USA vor. Doch vorerst galt es noch, eine Frau zu finden, um eine Familie zu gründen.

Silberstreifen über dem Pazifik
1963–1968

Als ich meine Doktorarbeit abschloss, fühlte ich mich bezüglich meiner wissenschaftlichen Arbeit wie ein Hochseilakrobat ohne Zuschauer. Beide, Hans Primas und ich, waren wir an unsere Grenzen gekommen, konnten am Schluss aber immerhin ein schlüssiges theoretisches Konzept für unsere Experimente präsentieren. Nur schien dies keine konkreten Auswirkungen zu haben. Weder konnten wir damit den Chemikern bessere NMR-Spektren liefern, noch interessierten sich die Quantenphysiker für unsere Arbeiten. Zwar hatten Primas und seine Mitarbeiter an der ETH ein eigenes NMR-Spektrometer konstruiert, mit dem einfache chemische Analysen möglich waren, und ich hatte geholfen, dieses zu optimieren. Die Geräte waren sogar von der damaligen Zürcher Elektrotechnikfirma Trüb, Täuber & Co. AG kommerziell nachgebaut und an einzelne Forschungsinstitute und chemische Unternehmen in ganz Europa verkauft worden. Doch liessen die Geräte eine Umsetzung meiner theoretischen Bemühungen nicht zu. Und auf dem Weltmarkt hatte inzwischen die kalifornische Firma Varian Associates ein Produkt hervorgebracht – das legendäre A-60-Spektrometer –, das die NMR-Methode in den Chemielabors rund um die Welt als wichtigstes chemisches Analyseverfahren zu etablieren begann.

Daneben bedrückte mich auch die Atmosphäre an unserer ETH. Verlangt wurde Leistung nach Fahrplan; die Struktur war streng hierarchisch, und die Unterordnung der eigenen Ziele unter die Ziele des Institutsvorstehers war ein ungeschriebenes Gesetz. Das widersprach so ziemlich allem, was meiner Meinung nach kreative Forschung ermöglicht. Kreativität als Folge ungebrochener Entdeckerfreude, das kindliche Element, war so nicht möglich. Verbote, vor allem Denkverbote, aber auch strikte Konventionen sind Gift für die Kreativität. Wer sich an Konventionen hält, ist kein Forscher, und wer keine Verbote übertritt, ebenso wenig. Wer das Selbstverständliche nicht hinterfragt und alles akzeptiert, kann nicht kreativ sein. Diese Elemente vermisste ich damals an der ETH. Wir gingen stur voran, ohne nach links und rechts zu schauen. Dass ich dadurch eine hervorragende Grundausbildung erlangte – die natürlich auch zu den Grundvoraussetzungen für kreative Forschung gehört –, wusste ich damals noch zu wenig zu schätzen.

Der Weg in die USA war für ambitionierte Forscher in den naturwissenschaftlichen Fachgebieten bereits üblich; selbst in der Industrie war eine entsprechende Karriere ohne Postdoc in Übersee schwierig geworden. Ich hatte genug vom Elfenbeinturm und schrieb deshalb nur Unternehmen an. Rund zwanzig Bewerbungsbriefe verschickte ich. Darunter waren so bekannte Firmen wie Hewlett Packard oder der damalige Elektronikriese Radio Corporation of America (RCA), die Bell Labs, aber auch Ölkonzerne in Texas, die an der Analyse organisch-chemischer Stoffe natürlich hoch interessiert waren. Diese Unternehmen luden mich zu einem Vorstellungsgespräch ein und bezahlten mir sogar die Reisekosten. Also plante ich für Februar 1963 eine grosse Bewerbungsreise in die USA. Die kalifornische Firma Varian Associates, die mich im Rahmen eines Postdoc-Programms anstellen und bei der ich auch meinen wissenschaftlichen Durchbruch schaffen sollte, war noch nicht unter diesen Unternehmen.

In diesem Moment, es muss gegen Ende 1962 gewesen sein, erhielt ich eine schriftliche Einladung von Arnold «Noldi» Renold, an einem musikalischen Abend in dessen Haus teilzunehmen. Solche «Singstubeten» wurden damals – lange vor der Zeit der Diskotheken – regelmässig von jungen Leuten aus den Kreisen, in denen wir verkehrten, veranstaltet und waren vor allem unter Lehrerinnen und Lehrern beliebt. Da wurde leidenschaftlich diskutiert, aber auch gesungen und musiziert. Noldi Renold war ein junger, vielseitig interessierter Lehrer; er hatte in Winterthur ein grosses Netzwerk, war sehr musikalisch und in einem Singkreis engagiert. Ich war erfreut und ängstlich zugleich, wie immer bei solchen Gelegenheiten. Heimlich schwebte mir vor, eine Begleiterin zu finden, die mit mir in die USA reisen und mir in dem fremden Land das Mittagessen zubereiten würde. Ich hatte Angst, allein gehen zu müssen und von aggressiven amerikanischen Damen überrascht zu werden, die in meiner Vorstellung das genaue Gegenteil von mir waren. Natürlich waren das kindische Vorurteile, und mit Sicherheit spielte auch meine Angst vor unvorbereiteten zwischenmenschlichen Begegnungen eine Rolle. Ein Schweizer Mädchen aus meiner Heimatstadt schien mir diesbezüglich ein weit kalkulierbareres Risiko zu sein.

Vorgesehen war, dass ich an dem Abend ein Stück auf meinem Cello beitragen würde. Ich stimmte also mein geliebtes Instrument und fuhr mit dem Bus Nummer 3 an die Bettenstrasse 153 in Winterthur-Veltheim, wo Noldi Renold in einem Zweifamilienhaus wohnte, wie es damals für Lehrer typisch war. Zu dieser Singstubete waren wohl etwa zehn Leute eingeladen; heute würde man sagen, es war eine Party. Wir sangen miteinander, und ich spielte Cello. Ich weiss nicht mehr, wer sonst noch ein Instrument mitgebracht hatte. Nach Hause fuhr ich dann wieder per Bus, doch nicht alleine: Eine junge Primarlehrerin namens Magdalena Kielholz, die Noldi Renold aus der Schule oder dem Singkreis kannte, war in denselben Bus eingestiegen. Es war das erste Mal, dass wir zusammen plauderten, ich nehme an, über Musik und Gesang. Als Magdalena zwei Stationen früher als ich ausstieg, begleitete ich sie und bewältigte den restlichen Heimweg samt meinem Cello zu Fuss.

«Dochtig» sei ich gewesen, als sie mich 1962 kennenlernte. Mit diesem eigenartigen Mundartausdruck beschreibt meine Frau die Art, wie ich damals auf sie wirkte. Ich sei zurückhaltend, scheu, «gschtabig» und fast etwas depressiv gewesen. Unsere Telefonate verliefen zäh. Solche Anrufe waren damals ein wichtiger Bestandteil einer Beziehung, weil es noch nicht üblich war, sich jederzeit zu treffen, bevor man verheiratet war. Weil ich mich nur schwer spontan ausdrücken konnte, notierte ich mir vor den Telefonaten mit Magdalena alles, was ich sagen wollte, auf einem Notizzettel. Und daran hielt ich mich – ich legte jedes Wort auf die Goldwaage. Magdalena dagegen sprudelte spontan drauflos. Wenn es mir zu viel wurde, hielt ich den Hörer eine Armlänge von mir weg und wartete ein Weilchen, bevor ich das Gespräch wieder aufnahm. Dann hielt ich mich wieder an meine Notizen, bis ich am Schluss nicht mehr wusste, was ich sagen sollte.

Tag für Tag sei ich im Zug nach Zürich gefahren, dort den Weinbergfussweg hochgestiegen und hätte mich in meinem Labor verkrochen, um an meinen weltfremden Problemen herumzugrübeln, erinnert sich Magdalena an unsere erste Zeit. Mein Blick sei fast sehnsüchtig immer wieder zum Frauenspital geschweift, wo hübsche Pflegerinnen ein- und ausgingen und mir vor Augen führten, dass ich immer noch ohne Frau war, die ich mir so sehr wünschte. Meine Beziehung mit Roswith Tauber war ja schon einige Monate vorbei. Ich war scheu, so scheu, dass ich sogar eine Forschungsassistenz an der ETH ablehnte, nur weil ich mir nicht vor anderen Leuten eine Blösse geben wollte. Ich hatte zu grosse Angst davor, vor Studenten zu sprechen oder einen Vortrag zu halten. Allen, die mich nach meiner Arbeit fragten, sagte ich nur, dass keine vier Menschen auf der Welt diese verstehen würden. Und sowieso sei alles nur Spielerei, deren Sinn selbst ich nicht einsähe; ich sei nichts als ein nutzloser Akademiker.

Ich war tatsächlich ein richtiger Einzelgänger geworden. Ich wohnte mit knapp dreissig Jahren immer noch bei meiner Mutter. Sie kochte mir das Essen und wusch meine Kleider, ich erledigte die nötigen Handwerksarbeiten in diesem grossen Haus an der Gottfried-Keller-Strasse 67. Meine rebellische Schwester Lisabet war inzwischen ausgezogen. Sie ging, so schnell sie konnte. Gleich nach der Matur machte sie sich für eine Weiterbildung nach Florenz auf. Lisabet sagte einmal, sie habe meine Art, wie ich die Nachfolge meines Vaters interpretiert hatte, überhaupt nicht goutiert. Ich sei in dieser Zeit etwas zu «herrisch» geworden. Verena, meine engste Begleiterin in Kinderjahren, wurde Krankenpflegerin und arbeitete im Rahmen eines Auslandsaufenthalts irgendwo in Skandinavien. Zudem hatte sie bereits ihren künftigen Mann kennengelernt, ihre Hochzeit war schon geplant. Meine Mutter wollte, dass auch ich heiratete, aber kaum hatte ich eine Kandidatin ernsthafter in Betracht gezogen, war sie ihr doch nicht recht. Ihre zukünftige Schwiegertochter musste viele Kriterien erfüllen, und meine erste Kandidatin, Roswith Tauber, hatte ihren hohen Anforderungen nicht entsprochen.

Magdalena gefiel mir sehr gut, aber natürlich musste ich vorsichtig vorgehen. Zuerst liess ich ihr per Post kleine Aufmerksamkeiten zukommen. Zu Weihnachten schickte ich ihr ein Pergament mit dem Anfang der Johannes-Passion, in lateinischer Sprache geschrieben. Magdalena war begeistert. Im Januar oder Februar machte ich mich dann in die USA auf, um meine Bewerbungstour hinter mich zu bringen. Die Reise war recht erfolgreich, ich erhielt einige Zusagen. Magdalena konnte ich auf der Reise jedoch nicht vergessen. Irgendwo besuchte ich wohl ein Kunstmuseum und schickte ihr eine Postkarte mit einem Selbstbildnis von Rembrandt. Mag sein, dass ich das Gefühl hatte, alle musikbegeisterten Frauen würden Rembrandt lieben, schliesslich war dieser auch Roswith Taubers Lieblingsmaler. Mit meiner Einschätzung lag ich nicht so falsch, Magdalena jedenfalls war erfreut und berührt. Ein Mann, der nicht nur «Sport im Kopf», sondern auch einen Sinn für Musik und Kunst hatte, schien ihr aussergewöhnlich und anziehend genug.

Magdalena ist drei Jahre jünger als ich. Sie stammt aus einer Stadtzürcher Lehrerfamilie. Ihre Eltern waren Lehrkräfte, ihre Geschwister, ein Bruder und drei Schwestern, erlernten ebenfalls den Lehrerberuf, wie auch Magdalena. Der Vater, Paul Kielholz, war eine bekannte Figur, zumindest in Lehrerkreisen. Weil er meine Frau – wie natürlich seine anderen Kinder auch – sehr geprägt hat, vor allem über seine Ideenwelt und die Ziele, die er hatte und vermittelte, möchte ich hier auf ihn eingehen. Denn über meine Frau hatte er natürlich auch einen Einfluss auf die spirituelle und ideelle Atmosphäre in unserer Familie.

Paul Kielholz wurde 1908 in Zürich in eine arme Familie geboren. Sein Vater war Buchbinder, hatte jedoch bei einem Arbeitsunfall einen Arm verloren, sodass er zuletzt nur noch als Telegrammausträger arbeiten konnte. Paul Kielholz lernte zuerst Bauzeichner und arbeitete in einem Architekturbüro. Nach der damals üblichen Wanderschaft trat er ins Lehrerseminar Küsnacht ein. Dort machte er die Bekanntschaft von Magdalenas Mutter, Ida Meierhofer, die er dann auch heiratete. Sie war eine Bauerstochter aus Weiach im Zürcher Unterland, das älteste von sieben Geschwistern. Als einziges der Geschwister erhielt sie eine bessere Ausbildung, und die Familie musste dafür ordentlich Kost- und Schulgeld aufbringen. Sie hätte dann, so war der Plan, als Lehrerin Geld verdienen und so ermöglichen sollen, dass auch ihre jüngeren Geschwister etwas «Rechtes» lernen könnten.

Am Lehrerseminar in Küsnacht wurde Paul Kielholz schnell zum Meinungsführer in seiner Klasse, nur schon deshalb, weil er älter als seine Mitschüler war. Da er sehr musikalisch war, organisierte er in den Mittagspausen Musizierzirkel und sang zur Gitarre Lieder, die er auf seiner Wanderschaft gelernt hatte. Nach einer Aushilfsstelle an einer ländlichen Sekundarschule trat er eine Stelle im Stadtschulkreis Limmattal an, wo er 1937 zum Lehrer gewählt wurde. Hier blieb er bis zu seiner Pensionierung im Jahr 1975. Von Beginn an setzte er sich sehr für kindergerechte Lehrmethoden ein. So lag ihm viel daran, den Unterricht möglichst lebensnah zu gestalten. Botanik unterrichtete er am Beispiel der Unkräuter im Schulhof, für den Geschichtsunterricht organisierte er heimatkundliche Exkursionen, und Mathematik veranschaulichte er durch viele alltägliche Beispiele. Viele dieser Methoden, die aus der europäischen Reformpädagogik stammten, wurden in seinem Schulhaus erst erprobt und dann im Lehrerkollegium vorgeschlagen und umgesetzt. So erhielten die Methoden einen schweizerischen Charakter und wurden besser akzeptiert. Die Lehrergruppe aus dem Zürcher Arbeiterquartier wandte sich gegen zu hohe, logische Anforderungen oder eine kalte, gläserne Sprache in den Lehrbüchern. Die fortschrittlichen Pädagogen kämpften für mehr Anschaulichkeit und mehr Bezug zum Leben der Kinder, die sie unterrichteten. Bei den traditionelleren Lehrerinnen und Lehrern galt Paul Kielholz bald als Pazifist und Kommunist, doch dieser liess sich davon nicht entmutigen.

Magdalena war das älteste der fünf Geschwister. Weil ihre Mutter kurz nach der Geburt ihrer jüngsten Schwester wieder zur Arbeit ging, was damals ungewöhnlich genug war, musste Magdalena ihre jüngeren Geschwister hüten und umsorgen – eine Tradition, die mit der bäuerlichen Herkunft ihrer Mutter zu tun hatte, wo das gang und gäbe war. Für Magdalena war dies keine leichte Bürde. Vater und Mutter hatten zwar eine italienische Gastarbeiterin als Kindermädchen engagiert, doch viel Verantwortung lastete auf den Schultern der ältesten Tochter, und dies zu einer Zeit, als sie noch die herausfordernde Maturaprüfung – den Typus mit Griechisch – absolvieren musste. Zu ihrer Mutter hatte sie deshalb ein schwieriges Verhältnis. Diese war einerseits sehr fortschrittlich – heute würde man sagen feministisch – eingestellt, doch als Magdalenas Bruder geboren wurde, war dieser doch das Lieblingskind. Erleichterung und einen Ausgleich fand Magdalena vor allem in einem Singkreis, wo sie mit viel Leidenschaft und Engagement musizierte. Auch in der Familie hätten sie immer viel gesungen, manchmal fünfstimmig, wie Magdalena noch heute mit einem Leuchten in den Augen erzählt.

Als wir uns kennenlernten, arbeitete und wohnte Magdalena bereits in Winterthur. Sie hatte eine Anstellung im Schachen-Schulhaus gefunden. Fünf Jahre lebte sie alleine in Winterthur, obwohl sie ursprünglich lieber in Zürich geblieben wäre. Doch sie war glücklich in der Eulachstadt, machte wieder in einem Singkreis mit, studierte Violine bei der berühmten Aida Stucki und durfte im Berufsschülerchor am Konservatorium Winterthur aushelfen. So kam sie auch mit Noldi Renold in Kontakt, der sie an die erwähnte Singstubete einlud, wo wir uns das erste Mal trafen. Noldi Renold verriet uns später, dass er mit seiner Einladung durchaus im Sinn gehabt habe, Magdalena und mich zusammenzubringen, denn er wusste von meiner gescheiterten Beziehung mit Roswith, und er wusste, dass auch Magdalena eine unglückliche Liebesgeschichte hinter sich hatte.

Nicht lange nach unserem ersten Treffen eröffnete ich Magdalena, dass ich bald nach Amerika auswandern und sie gerne mitnehmen würde. Sie war schockiert, fragte ihre Mutter. Diese ermunterte sie jedoch: «Geh doch nach Amerika, nutze diese Chance!»

Als ich von meiner Bewerbungstour aus den USA zurückkehrte und ihr vom Land der unbegrenzten Möglichkeiten vorschwärmte, war Magdalena jedoch noch immer nicht überzeugt. Sie schwärmte von Israel, denn kurz bevor wir uns kennengelernt hatten, war sie mit dem Singkreis auf eine Konzerttournee in den jungen jüdischen Staat gereist, wo die Sänger Kibbuzim besuchten und Konzerte gaben. Magdalena war begeistert von Land und Leuten – die positive Stimmung gegenüber Israel war damals in der Schweiz weitverbreitet. Nach Amerika blickte sie eher skeptisch; ihr graute vor der schnellen und oberflächlichen Lebensweise, die sie dort, so dachte sie, erwarten würde.

Am 5. Oktober 1963 heirateten Magdalena und ich in der Kirche Oberwinterthur. Der Singkreis gab ein paar tolle Lieder zum Besten. Das Hochzeitsfest mit den geladenen Gästen fand in der Drachenburg in Gottlieben am Untersee statt, ein in der Ostschweiz schon damals beliebter Ausflugsort. Zuvor hatte meine Mutter meine zukünftige Frau natürlich eingehend geprüft. Einmal sei ihr Vater, Grosspapa Brunner, der auch Lehrer war, unangemeldet in ihr Schulzimmer hereingeplatzt, erinnert sich Magdalena. Er wollte wohl kontrollieren, wie sie mit den Schülerinnen und Schülern umging, welche Art Unterricht sie gab, ob sie geeignet sei. Wie das Urteil meiner Mutter ausfiel, weiss ich nicht mehr, aber offensichtlich hinderte es mich nicht daran, Magdalena einen Antrag zu machen. Allerdings sagte ich ihr gleich, dass ich nie viel Zeit für die Familie haben werde. Sie akzeptierte dies, denn plötzlich schien ihr unsere Heirat ein Ausweg aus ihrer belastenden Familiensituation.

Ich erzähle dies hier so ausführlich, weil mir bewusst ist, wie sehr diese Verbindung auch meine wissenschaftliche Arbeit beeinflusste. Magdalena hielt mir den Rücken frei, verstand

Richard Ernst und Magdalena Kielholz bei ihrer Verlobung an Pfingsten 1963 in Konstanz.

meine manchmal sture Arbeitswut, übernahm klaglos die Arbeit im Haushalt und mit den Kindern. Im Rückblick scheint es, dass unsere Kennenlernphase, unsere Heirat und unsere Abreise in die USA so schnell verliefen, dass wir gar keine Zeit für Verliebtheit hatten. Es war, als hätten wir die Phase der Schwärmerei direkt übersprungen – blitzartig stellte sich der Alltag ein. Meine Frau sagt immer, wir seien wie zwei Steine in einem wilden Bergbach aneinandergeraten und einfach beieinander liegen geblieben. Diese Verbindung hält nun seit über fünfzig Jahren. Magdalena war glücklich, einer schwierigen Familiensituation entronnen zu sein, und neugierig auf das Neue. Ich war zufrieden, eine Frau zu haben, mit der ich eine Familie gründen konnte. Und allein die Tatsache, dass ich endlich geheiratet hatte, ermöglichte mir, mich auf das Wesentliche zu konzentrieren. Dafür kann ich ihr nicht genug dankbar sein. «Endlich kann ich so arbeiten, wie ich will», hätte ich ihr in Kalifornien mehr als einmal gesagt.

Ankunft im «Land des Plastiklächelns»

Magdalena stellte vor unserer Hochzeit eine einzige Bedingung: Die Überfahrt in die USA sollte per Schiff erfolgen. Nur so könne ihre Seele dem Tempo der Auswanderung folgen, sagte sie, zumal die Reise in ein Land ging, von dem sie erwartete, dass alles hektischer sein würde als in der Schweiz, dass es oberflächlicher zugehen würde: Amerika sei das «Land des Plastiklächelns», meinte sie. So fuhren wir einige Tage nach unserer Hochzeit mit dem Zug nach Rotterdam und schifften uns auf dem Passagierschiff SS Rotterdam ein. Es war unsere Hochzeitsreise, doch weil wir im letzten Moment gebucht hatten, konnten wir nur noch eine Kabine ergattern, in der man dauernd das Gebrumm des Schiffsmotors hörte. Die Überfahrt dauerte sieben Tage. An einem Tag gab es einen

Am 5. Oktober 1963 heirateten Richard Ernst und Magdalena Kielholz in der Kirche Oberwinterthur: Ida Kielholz, Magdalena und Richard Ernst-Kielholz, Irma Ernst, Paul Kielholz (v.l.n.r.).

Richard und Magdalena an der abendlichen Hochzeitsfeier. Richard Ernst war kein talentierter Tänzer, aber den traditionellen Hochzeitstanz mit seiner Braut liess er sich nicht nehmen.

derart gewaltigen Sturm, dass der Kapitän den Hauptantrieb abschalten musste, um das Schiff auf Kurs zu halten. An diesem Tag war endlich Ruhe in unserer Kabine. Nur, jetzt wurde ich seekrank. Auf dieser Reise, sagt meine Frau, hätten wir wohl auch für lange Zeit zum letzten Mal miteinander getanzt, einen Cha-Cha-Cha. Mir ist das natürlich entfallen, wahrscheinlich wegen meiner Seekrankheit. Ich war heilfroh, als wir in New York endlich wieder festen Boden unter den Füssen hatten. Per Flugzeug reisten wir dann nach San Francisco weiter, wo wir an einem sonnigen Nachmittag landeten.

Nach der Landung rief ich Weston Anderson, meinen zukünftigen Chef bei Varian Associates, an. Er hatte zwar anerboten, uns am Flughafen abzuholen, doch ich hatte geantwortet, das sei nicht nötig, wir hätten einen Stadtplan, das reiche. Ich wollte unabhängig sein und den Weg alleine finden. So kauften wir noch am selben Tag bei einem zwielichtigen Autohändler in San Franciscos damals berüchtigter Van Ness Avenue einen Gebrauchtwagen, einen Ford Falcon, für 3700 Dollar. Mir war mulmig zumute dabei, denn ich hatte die Autoprüfung erst wenige Wochen zuvor bestanden – beim zweiten Versuch. Mein Schweizer Fahrlehrer hatte mir beschieden, ich sei technisch unbegabt. Das war nur einen Tag nachdem ich bei meiner Doktorfeier die Silbermedaille für eine Dissertation erhalten hatte, in der ich eine Technologie gemeistert hatte, die ihrer Zeit wohl Jahrzehnte voraus war und von der der Fahrlehrer noch nicht einmal wusste, dass es sie überhaupt gab. Und selbst zu Hause war es ja immer ich, der die handwerklichen Reparaturen machte. Kein Wunder, verletzte mich die trockene Feststellung des Fahrlehrers ein bisschen in meinem Stolz.

Die Fahrt von San Francisco nach Palo Alto in unserem neu erstandenen Ford Falcon war abenteuerlich. Dies lag vor allem am erbärmlichen Zustand unseres Gebrauchtwagens. Ziemlich bald hatten wir einen Platten; nicht viel später machte die Batterie

Ankunft im Land der unbegrenzten Möglichkeiten: Magdalena Ernst auf der Brücke der «SS Rotterdam» bei der Einfahrt in New York im November 1963.

Magdalena Ernst bei einem Ausflug in Kalifornien. Den Ford Falcon hatte Richard Ernst gleich nach der Ankunft in San Francisco gekauft. Der Wagen erwies sich als sehr reparaturanfällig.

schlapp, und nach einer Woche leckte auch noch der Motor und verlor Öl. Kaum in Palo Alto angekommen, mussten wir den Wagen in die Werkstatt zur Reparatur bringen. Bei der Rechnungsstellung mussten wir erkennen, dass uns der Autohändler in San Francisco ordentlich über den Tisch gezogen hatte. Wir hatten zwar eine Versicherungsprämie bezahlt, aber dass darin nur die Ersatzteile inbegriffen waren, hatten wir nicht gewusst.

Palo Alto war damals eine kleine amerikanische Vorstadt entlang des palmenbestandenen Camino Real, des historischen Wegs, der die ehemals spanischen Missionen an der Pazifikküste verband. Schon damals war diese Strasse ein viel befahrener Highway, an dem sich eine Tankstelle an die andere reihte. Die Stadt liegt etwas mehr als fünfzig Kilometer südlich von San Francisco. Hier befindet sich die weltberühmte Universität Stanford, vor deren Toren der Hauptsitz der Firma Varian Associates, das Ziel meiner Reise, angesiedelt war. Heute liegt der Ort mitten im Silicon Valley, dem Epizentrum der Computerrevolution, doch damals war dieser Umbruch erst für wenige spürbar. Wir wurden von Weston Anderson und seiner Frau Jeannette herzlich begrüsst. Weston Anderson wurde von allen nur Wes genannt. Er ist ein unglaublicher Mensch: unabhängig, frei, liebenswürdig – und ein hervorragender und kreativer Wissenschaftler. Vom ersten Tag an waren Wes und Jeannette unsere Freunde, und sie sind es bis heute geblieben. Ich erinnere mich an eine Episode auf einem Flughafen. Ich hatte Wes das Flötenspiel beigebracht, und einmal, als wir auf den Flug warteten, packte er seine Flöte aus und spielte frisch drauf los, ungeachtet der vielen Menschen, die aufhorchten und zuschauten. Oft waren wir auch zusammen wandern, in der Sierra Nevada oder in den überwältigenden kalifornischen Nationalparks – Ausflüge, die ich sehr genoss.

Keimzelle des Silicon Valley

Dass ich bei der Firma Varian Associates unterkam, war wohl eine jener glücklichen Fügungen in einem Forscherleben, die man

Weston Anderson, Leiter der wissenschaftlichen Abteilung bei Varian Associates und Chef von Richard Ernst. Aufnahme um 1969.

kaum beeinflussen kann. Das Unternehmen hatte ich zwar angeschrieben, doch auf meiner Bewerbungstour Anfang 1963 war ich nicht in deren Hauptsitz nach Palo Alto eingeladen worden. Erst später kontaktierte mich der Varian-Vertreter in Zürich, wo die Firma an der ETH ein sogenanntes Anwendungslabor betrieb. Besagter Vertreter, Warren Proctor, war selbst Wissenschaftler und wollte ausloten, ob ich möglicherweise doch Interesse daran hätte, an einem Postdoc-Programm der Firma teilzunehmen. Er lud mich und Magdalena zu einem Nachtessen ins Zunfthaus Rüden ein, um die Details zu besprechen – eine noble Adresse. Vom Juni 1963 datiert eine für mich überaus erfreuliche Empfehlung von Hans Primas, die mir schmeichelte. Sieben Jahre lang hatten wir an der ETH eng zusammengearbeitet und uns schätzen gelernt. «Während dieser Zeit», so schrieb Primas über mich, «lernte ich seinen ernsthaften Charakter, seine Integrität und seine herausragenden wissenschaftlichen Fähigkeiten kennen.» Und weiter: «Seine Forschungsarbeiten zeichnen sich aus durch eine exzellente Kombination von hohen experimentellen Fähigkeiten und profundem theoretischem Können.» Primas verschwendete sogar noch einen lobenden Satz über meine Teamfähigkeit, die offenbar damals schon gefragt war. Im Privatleben war ich zwar sehr wohl ein Einzelgänger. In der Forschung dagegen war ich immer ein Teamplayer, sofern die richtigen Bedingungen herrschten. Während der Dissertation bildete ich ein Team mit Hans Primas, später in Kalifornien vor allem mit Wes Anderson und dann an der ETH in Zürich mit meiner eigenen Forschungsgruppe.

Hans Primas' Empfehlungsschreiben und der Eindruck, den ich bei Warren Procter hinterliess, fruchteten: Varian Associates wollte mich für sich gewinnen und machte mir ein Angebot für eine Stelle in der Instrument Division, der damaligen Entwicklungsabteilung für NMR-Geräte. Varian entsprach so ziemlich genau dem, was mir vorschwebte. Ich konnte dort weiterarbeiten, wo ich in Zürich aufgehört hatte, mit dem einzigen Unterschied, dass Varian ein klares kommerzielles Ziel hatte. Das motivierte mich zusätzlich, denn nach meinen Elfenbeinturmerfahrungen an der ETH wollte ich endlich etwas tun, was mir auch für die Gesellschaft nützlich erschien.

Das Unternehmen Varian spiegelte geradezu beispielhaft den Aufbruch in eine hoch technisierte Naturwissenschaft in der ersten Hälfte des vergangenen Jahrhunderts wider. Hand in Hand mit der Entwicklung von Computern hatten die von Varian zunehmend erfolgreich entwickelten NMR-Spektrometer die Chemie auf eine neue Grundlage gestellt. Das Unternehmen ist aber auch ein Paradebeispiel für die gegenseitige Befruchtung von universitärer und industrieller Spitzenforschung in der frühen Nachkriegszeit. Deshalb lohnt sich ein kurzer Blick auf die Geschichte dieser einzigartigen Firma.

Der Name Varian geht auf Russell Varian und seinen jüngeren Bruder Sigurd zurück, Kinder irischer Einwanderer. Russell war der Erfinder, Sigurd der Pilot. Russell Varian hatte in den 1920er-Jahren am Physikdepartement der Universität Stanford studiert, doch war seine akademische Karriere danach stecken geblieben. Weil er unter einer Leseschwäche litt, kein Deutsch und Französisch sprach und auch in Mathematik nicht brillierte, wurde er nicht in das Doktoratsprogramm der Universität aufgenommen. Trotzdem blieb er Forschungsassistent am Institut. Sein Bruder Sigurd hatte zuerst Elektriker gelernt und wurde später Pilot bei der Fluggesellschaft Pan Am. Als solcher waren ihm die damals noch ungelösten Probleme der Flugsicherheit bei schlechten Sichtbedingungen aus eigener Erfahrung vertraut. Sein Bruder Russell erkannte dann, dass Radiowellen, welche die Wolken durchdringen können und auch das Fliegen bei Nacht ermöglichen, eine Lösung für Sigurds Probleme sein könnten. Zusammen mit Russells Studienkollegen Bill Hanson, der inzwischen Physikprofessor in Stanford war, erfanden die Brüder Varian 1937 das sogenannte Klystron, eine Elektronenröhre, die elektromagnetische Signale verstärkt und zum Beispiel für Radaranwendungen genutzt werden kann. Das Interesse in den USA selbst war anfangs allerdings begrenzt. Doch gelangte die Kunde schnell nach England, wo die Wissenschaftler bereits intensiv am Radar forschten und die Innovation aus Kalifornien gerne aufnahmen. Schliesslich wurden die Klystrone in den Bordradars verwendet, mit denen die Briten ihre Kampfflugzeuge ausrüsteten und so die Luftschlacht um England gegen die Nazis entscheidend zu ihren Gunsten wendeten. Später folgten Anwendungen in Teilchenbeschleunigern, in der Telekommunikation oder in der Mikrowellentechnik.

Das Klystron brachte den Gebrüdern Varian und der Universität, die sich mittels Vertrag einen Anteil am Gewinn gesichert hatte, erste Einkünfte. Erst 1948 aber gründeten Russell und Sigurd zusammen mit gleichgesinnten Wissenschaftlern aus der sogenannten Mikrowellenforschungsgruppe der Universität Stanford ihr eigenes Unternehmen: Varian Associates. Die Forscher hatten sich während des Krieges in den Dienst der Nation gestellt und waren über das ganze Land verstreut. Als sie danach zurückkehrten, waren die Stellen an den Universitäten plötzlich rar, und ihre Erkenntnisse schienen im Friedensfall nicht mehr relevant. Doch umtriebige Forscher und geschäftstüchtige Ingenieure merkten schnell, dass das Wissen, das durch die kriegsbedingte Forschung erschaffen worden war, fortan auch der Allgemeinheit und dem Fortschritt der Gesellschaft zugutekommen konnte. «Schwerter zu Pflugscharen» war jetzt das Schlüsselwort, in der Mikrowellentechnologie nicht weniger als in der Atomforschung.

Im Kern wurde das Unternehmen Varian deshalb ein Sammelbecken für Wissenschaftler und Ingenieure des Physikdepartements der Universität Stanford, die nicht mehr so stark von der öffentlichen Forschung profitieren konnten. Die Beziehungen zur akademischen Forschung blieben aber sehr eng. Dank der Zusammenarbeit mit dem gebürtigen Schweizer Wissenschaftler Felix Bloch, der seit 1934 an der Universität Stanford forschte und lehrte, spezialisierte sich die Firma auf NMR-Spektrometer. Felix Bloch hatte 1946 die Kernmagnetresonanz entdeckt und dabei bereits die Möglichkeit der chemischen Analyse erwähnt. Dafür erhielt er 1952 den Nobelpreis für Chemie. Sein Interesse lag aber mehr in der Grundlagenforschung; für ihn war die kernmagnetische Induktion, wie man das Phänomen damals nannte, vor allem ein Weg zu neuen Erkenntnissen in der Kernphysik. Doch Russell Varian drängte Bloch zur Patentierung von dessen Erfindung und erwähnte im Patent bereits den Nutzen dieser Methode für die chemische Analyse. Das Patent wurde ein wichtiges Standbein der Firma, obwohl eine praktische Anwendung in den ersten Jahren noch ausser Reichweite war. Varian Associates kann deshalb auch als eines der frühestens Spin-offs einer Universität betrachtet werden.

Das Unternehmen siedelte sich 1953 als erste Firma im von der Universität Stanford neu gegründeten Stanford Industrial Park an, der als Keimzelle des Silicon Valleys gilt. Heute heisst das Gelände Stanford Research Park und beherbergt über 150 forschungsnahe Unternehmen mit 23 000 Arbeitsplätzen. Die Gebrüder Varian wussten schon damals, dass findige Ingenieure und hoch spezialisierte Wissenschaftler das wichtigste Kapital des Unternehmens waren. Den beiden auch sozial engagierten Unternehmern lag viel an einer Firmenkultur, in der Kreativität gedeihen konnte. Der Betrieb glich eher einem Forschungslabor, das sich zufälligerweise vor – statt hinter – den Toren der Universität befand. Das schnelle Geld war kein Ziel, die Kostenkontrolle ein Fremdwort. Die Ingenieure und Wissenschaftler sollten hier möglichst frei an ihren eigenen Ideen weiterforschen können. Selbstverständlich sollten sich daraus wenn möglich verwertbare Patente oder andere kommerzielle Anwendungen ergeben. Dank Unterstützung von staatlicher – und weiterhin auch militärischer – Forschungsförderung wuchs das Unternehmen schnell und beschäftigte zehn Jahre nach der Gründung bereits 200 Wissenschaftler und Ingenieure.

Leider starben beide Brüder Varian, kurz bevor ich in Kalifornien eintraf. Russell, der Erfinder, erlitt 1959 im Alter von 61 Jahren auf einer Wanderung in Alaska eine Herzattacke, und Sigurd, der Pilot, stürzte 1961 bei Dunkelheit mit seinem Privatflugzeug in den Pazifik. Auch er wurde nur sechzig Jahre alt. Doch die von ihnen geprägte entspannte und forscherfreundliche Atmosphäre war immer noch zu spüren, als ich im November 1963 in Kalifornien eintraf. Jeder begrüsste sich vom ersten Tag an mit Vornamen, egal auf welcher Hierarchiestufe er stand. Lockere Gespräche und produktive Kaffeepausen gehörten zum alltäglichen Firmenleben – das ist keine Erfindung von Google, wie man heute manchmal meinen könnte. Als Neuankömmling, der eben erst den so formellen und hierarchischen Gepflogenheiten einer europäischen Traditionshochschule entflohen war, beeindruckte und begeisterte mich der erfrischende Umgang in der Neuen Welt. Bis weit in die späten 1960er-Jahre waren wir Wissenschaftler und Ingenieure die wichtigste und grösste Gruppe unter den Varian-Angestellten. Später wurde die ursprüngliche Gründergeneration mit wissenschaftlichem Hintergrund allmählich durch businessgestählte Manager und Juristen ersetzt, deren Hauptanliegen der nötige Cashflow war. Das sollte später, bei der Verwertung meiner Arbeit, noch eine wichtige Rolle spielen.

Erster Durchbruch dank der Fourier-Transformation

Wes Anderson war einige Jahre vor mir zu Varian gestossen. Auch er hatte seine Doktorarbeit über NMR gemacht, und zwar im Labor von Felix Bloch. 1954 begleitete er den frischgebackenen

Nobelpreisträger nach Genf, wo Bloch erster Generaldirektor des neu gegründeten europäischen Kernforschungsinstituts Cern wurde. Nach einem Jahr hatte Bloch jedoch bereits wieder genug von den administrativen Aufgaben, die immer mehr überhandnahmen, und kehrte an seine Forschungsstelle in Kalifornien zurück. Bald darauf folgte ihm Wes Anderson zurück nach Stanford – auf Blochs dringende Empfehlung: Er müsse seine besten Wissenschaftler um sich haben, zu seinem und deren Nutzen, schrieb er einem Manager von Varian Associates, für die Bloch inzwischen als Berater tätig war. Wes Anderson heuerte in der Folge im Herbst 1955 als wissenschaftlicher Mitarbeiter bei Varian an. Hier war er mit der Optimierung von NMR-Spektrometern beschäftigt, oft auch im Austausch mit Wissenschaftlern aus chemischen Labors rund um den Globus, deren Interesse an der neuen Methode stetig wuchs.

Eine meiner eindrücklichsten Begegnungen zu Beginn meines Postdocs in Kalifornien war das Zusammentreffen mit dem grossen Felix Bloch. Ich sollte wenige Tage nach meiner Ankunft an einem der firmeninternen Seminare einen Vortrag halten. Solche wissenschaftlichen Veranstaltungen wurden wöchentlich abgehalten und dienten dem Ideenaustausch und der Weiterbildung. Ein Forscher musste dabei seine Arbeit oder eine für ihn wichtige Studie vorstellen; manchmal wurden auch Gäste aus anderen Firmen oder Universitäten eingeladen.

Wenige Tage nach meiner Ankunft wurde ich also bereits ins kalte Wasser geworfen. Ich erinnere mich, dass ich bis zuletzt an dem Referat gearbeitet hatte; noch im Flug von New York nach San Francisco hatte ich mir die Notizen zurechtgelegt. Trotzdem war mir angst und bange, zumal ich ja grosse Mühe hatte, vor einem Publikum zu sprechen. Als ich an besagtem Mittwoch im Seminarraum ans Rednerpult trat, entdeckte ich tatsächlich Felix Bloch unter den Zuhörern. Es war ehrlich gesagt ein Schock, denn ich hatte gehörig Ehrfurcht vor ihm.

Bloch war eine grosse Nummer im Bereich NMR, ja überhaupt in der Quantenmechanik. Er wurde 1905 in Zürich geboren und studierte in den 1920er-Jahren Physik an der ETH, damals ein Epizentrum der quantenmechanischen Revolution. Er belegte Vorlesungen beim bekannten niederländischen Physiker Peter Debye und besuchte Kolloquien von Erwin Schrödinger, in denen dieser seine eben entwickelten Wellengleichungen der Materie darlegte. 1928 zog Bloch an die Universität Leipzig, wo er bei Werner Heisenberg, dem Vater der Unschärferelation, doktorierte und später Privatdozent wurde. Dazwischen kehrte er für rund ein Jahr nach Zürich zurück, wo er mit Wolfgang Pauli zusammenarbeitete. Auch Fellowships bei Niels Bohr und Enrico Fermi schmücken seinen Lebenslauf. Doch nach der Machtergreifung Hitlers im Jahr 1933 wurde die Situation für viele jüdische Physiker in Deutschland ungemütlich: Auch Bloch figurierte offenbar auf einer Liste von zu «beurlaubenden Wissenschaftlern», obwohl er Schweizer Bürger war. So wollte oder musste er 1934 Deutschland verlassen und emigrierte in die USA, wo er an der Universität Stanford eine Bleibe fand, obwohl er diese vorher noch nicht einmal vom Hörensagen kannte. Hier übernahm er den ersten Lehrstuhl für theoretische Physik. Schon vor dem Krieg gelangen ihm wichtige Experimente in der Kernphysik. Doch während des Weltkriegs stellte sich auch er, der inzwischen die amerikanische Staatsbürgerschaft angenommen hatte, in den Dienst der USA und arbeitete – eher unwillig zwar und deshalb nur etwa ein Jahr lang – im Rahmen des Manhattan-Projekts am Bau der Atombombe mit und später im Rad Lab des MIT an der Radarforschung. Dann, zurück in Stanford, gelangen ihm 1946 die entscheidenden Versuche zur Entdeckung der Kernspinresonanz. Schliesslich wurde er wissenschaftlicher Berater der Firma Varian und nahm in dieser Funktion auch oft an den wöchentlichen Seminaren teil.

Bei meinem ersten Vortrag bei Varian, mit Felix Bloch im Publikum, war ich nervös wie ein Schuljunge. So trocken wie möglich sprach ich über die Frage von Operatoren, Super-Operatoren und Eigenoperatoren. Das sind mathematische Hilfskonstrukte, die ich in meiner Dissertation für die Analyse von NMR-Signalen verwendet hatte. Nachdem ich meine Ausführungen beendet hatte, meldete sich Felix Bloch zu Wort: «Was Sie da in Zürich gemacht haben», bemerkte er anerkennend, «ist wirklich etwas ganz Besonderes.» Ich war mächtig stolz, dass er mich so würdigte. Nach dem Seminar kam er auf mich zu, und wir gingen zusammen in die Bibliothek, um weiter zu diskutieren. Wir suchten ein paar Fachartikel zum Thema heraus und klärten einige fachliche Fragen. Es war ein wirklich gelungener Mittwoch. Nun war ich definitiv an meiner neuen Stelle angekommen.

Die Arbeit bei Varian war intensiv und herausfordernd. Tagsüber experimentierten wir im Labor, abends vertiefte ich mich zu

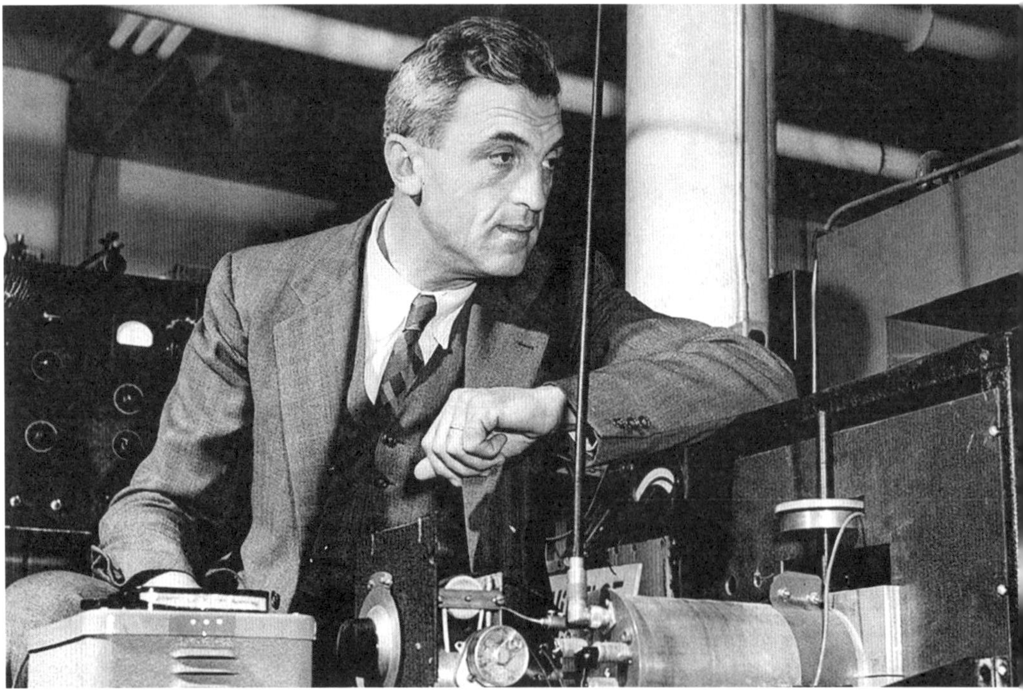

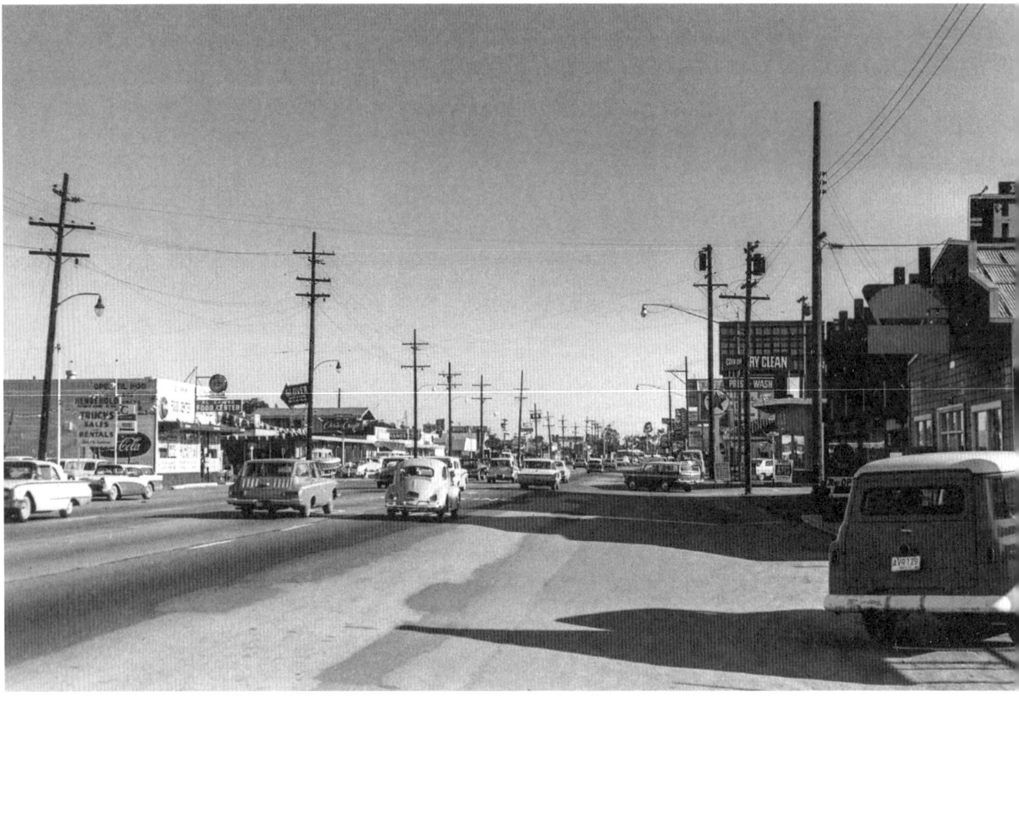
TRUCKS
SALES
RENTALS
Coca-Cola
FOOD CENTER
RY CLEAN
WASH

Hause in die theoretischen Grundlagen. Ich arbeitete vor allem mit meinem Chef Wes Anderson zusammen, der mich sehr unterstützte. Unser Steckenpferd war die Optimierung der NMR-Messgeräte. Damals war das Prozedere noch sehr langsam. Sie mögen sich erinnern, dass die in einem Magnetfeld ausgerichteten und kreiselnden Kerne mit Radiowellen bestrahlt werden, bis sie eine bestimmte Frequenz absorbieren. Die Resonanzfrequenzen mussten so Schritt für Schritt abgetastet werden. Das war, als suchte man bei einem Radio eine Station nach der anderen. Man dreht langsam den Sucher und versucht, alle interessanten Phänomene zu erfassen. Wes Anderson und ich gingen einen anderen Weg. Wir schickten einen Breitbandpuls auf die Probe los und schauten dann einfach, was passierte. Dieses Prinzip lässt sich wiederum am besten am Beispiel des Klaviers erklären. Wenn Sie eine Tonleiter spielen, drücken Sie eine Taste nach der anderen und hören einen Ton nach dem anderen. Theoretisch könnten Sie aber auch alle Tasten auf einen Schlag drücken und erhielten so jeden Ton der Tonleiter im gleichen Moment. Dies hört sich zwar wie Katzenmusik an, aber jeder gewünschte Ton ist darin enthalten. Auf dem Klavier ist das natürlich ein sinnloses Experiment, aber wenn Sie eine komplizierte chemische Verbindung testen möchten, bedeutet das eine extreme Zeitersparnis. Wenn Sie eine Probe auf einen Schlag mit allen Frequenzen bestrahlen, reagieren auch alle magnetischen Kerne gleichzeitig.

Zwar registriert das Messgerät in der Folge auch eine Vielzahl an Resonanzfrequenzen, die auf den ersten Blick wie Rauschen erscheinen mögen. Doch mit einem geeigneten «Filter» lassen sich die Signale analysieren und die wichtigen von den unwichtigen trennen. Dieser Filter oder, präziser, Algorithmus ist eine mathematische Gleichung namens Fourier-Transformation. Sie geht auf den französischen Mathematiker Joseph Fourier zurück, der sich zu Beginn des 19. Jahrhunderts mit der Wärmeausbreitung

Der Schweizer Physiker und Nobelpreisträger Felix Bloch in den 1950er-Jahren. Bloch war Berater der Firma Varian Associates. Richard Ernst traf Bloch oft an Mitarbeiterseminaren.

Der Camino Real war die Lebensader des jungen Silicon Valley der 1960er-Jahre. Die Strasse führt entlang der historischen Verbindungswege der spanischen Missionare durch Kalifornien.

in Festkörpern beschäftigte. Dabei hatte er diese mathematische Operation entwickelt, die oft auch in der Optik oder in der Akustik angewendet wird. Mit ihr lassen sich aus schwierig interpretierbaren Messwerten sinnvolle Informationen herauslesen. Im Prinzip trennten wir also die Messung der Signale von deren Auswertung. Das Experiment dauerte nun nur noch Millisekunden, während die Frequenzen vorher stundenlang hatten durchgearbeitet werden müssen. Mit der Fourier-Transformation gelang es Wes und mir, aus einer wirren Messreihe ein einfaches Spektrum zu erzeugen, aus dem die chemische Information über die beprobte Substanz klar ersichtlich wurde.

Die Theorie war schön und gut, jetzt musste die Anwendung noch gelingen: Was ich dazu brauchte, war ein leistungsfähigerer Verstärker. Ich fragte einen Kollegen aus dem Nachbarlabor, ob er mir einen solchen bauen könnte. Er rieb sich die Augen. Selbstverständlich könne er das tun, aber er frage sich, was das mit NMR zu tun habe. Bei der alten Methode brauchte man einen Radiowellengenerator mit nur einigen wenigen Milliwatt Leistung, weil man langsam Schritt für Schritt über das ganze Frequenzspektrum strich. Ich hatte anderes vor: Ich wollte einen kurzen, richtig starken Breitbandpuls auf die chemische Probe schiessen, um wirklich alle Kernspins anzuregen. Dazu brauchte ich einen Verstärker mit fünfzig oder mehr Watt Leistung.

Meine Kollegen bauten mir also diesen Verstärker. Ich nahm ihn und schloss ihn an mein NMR-Spektrometer an. Dann vergrub ich mich einige Wochen im Labor und machte Experiment um Experiment.

Insbesondere die Auswertung der Signale war mühsam und aufwendig. Zuerst mussten die Messsignale, die auf endlosen Papierreihen ausgespuckt wurden, in Lochkarten und dann auf Magnetbänder übertragen werden. Erst dann konnten sie in einem der frühen IBM-Computer Fourier-transformiert und das resultierende Spektrum schliesslich auf einem primitiven Drucker ausgedruckt werden. Der ganze Prozess dauerte Tage, weil der einzige Computer der Firma für die Buchhaltung reserviert war. Erst

Ausschnitte aus Richard Ernsts Laborjournal von 1964. Im Band «Experiments I» plante Richard Ernst die mit dem Nobelpreis ausgezeichneten Versuche über die Anwendung der Fourier-Transformation und zeichnete sie detailliert auf.

Digital versus Analog Evaluation of Fourier-Transform

Purpose: What is the frequency dependence of both evaluation methods caused by the finite number of samples?

Stored function, to fourier transform:

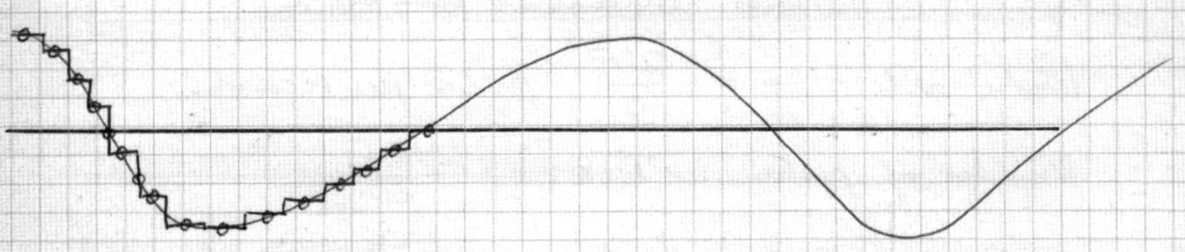

The sampled value is always taken at the beginning of a sampling period

1000 μs
1.6 μs
13 μs
Channel 1 Channel 2 Channel 3

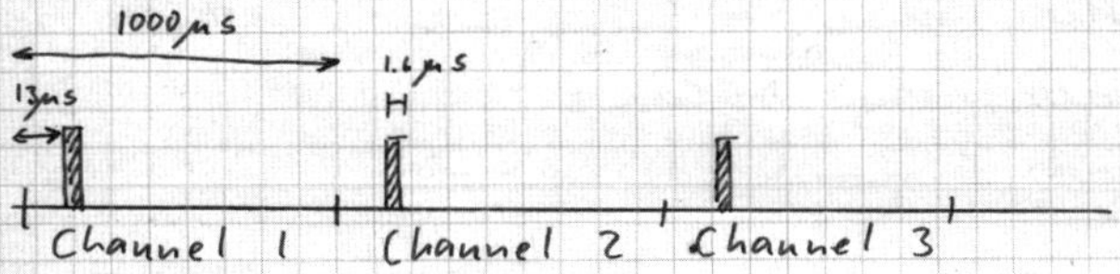

This means that the following values are stored:

$$f(0),\ f\left(\tfrac{1}{m}\right),\ \ldots,\ f\left(\tfrac{m}{m}\right)$$ where m is in our case 1024.

Assuming that $f(t) = \cos 2\pi n t$, one has the values

$$\cos(0),\ \cos 2\pi \frac{n}{m},\ \cos 2\pi \frac{2n}{m},\ \ldots\ \cos 2\pi \frac{kn}{m},\ \ldots\ \cos 2\pi n.$$

1. Digital evaluation:

$$\boxed{\mathcal{F}(n) = \sum_{k=0}^{m-1} \cos^2 2\pi \frac{kn}{m} = \frac{m}{2} + \frac{1}{2}\sum_{k=0}^{m-1} \cos 4\pi \frac{kn}{m} = \frac{m}{2}}$$

This means the result is independent of m.

2. Analog evaluation

$$\mathcal{F}(n) = \int_0^1 g(t)\cdot \cos 2\pi n t \, dt$$

$$= \sum_{k=0}^{m-1} \cos 2\pi \frac{kn}{m} \int_{\frac{k}{m}}^{\frac{k+1}{m}} \cos 2\pi n t \, dt$$

$$= \sum_{k=0}^{m-1} \cos 2\pi \frac{kn}{m} \frac{1}{2\pi n}\left\{\sin 2\pi n \frac{k+1}{m} - \sin 2\pi n \frac{k}{m}\right\}$$

$$= \sum_{k=0}^{m-1} \cos 2\pi \frac{kn}{m} \cdot \frac{1}{2\pi n}\, 2 \cos 2\pi n \frac{2k+1}{2m} \sin 2\pi n \frac{1}{2m}$$

$$= \frac{2}{2\pi n} \sin 2\pi n \frac{1}{2m} \sum_{k=0}^{m-1} \cos 2\pi \frac{kn}{m} \cos 2\pi n \frac{2k+1}{2m}$$

This gives a complicated result with a further unwanted attenuation at high frequencies. It is better to phase-shift the computing cos by 1/2 channel length:

$$\mathcal{F}(n) = \int_0^1 g(t) \cos 2\pi n\left(t - \frac{1}{2m}\right) dt$$

$$= \sum_{k=0}^{m-1} \cos 2\pi \frac{kn}{m} \int_{\frac{k}{m}}^{\frac{k+1}{m}} \cos 2\pi n\left(t - \frac{1}{2m}\right) dt$$

$$= \sum_{k=0}^{m-1} \cos 2\pi \frac{kn}{m} \frac{1}{2\pi n} 2\left\{\cos 2\pi n \frac{k}{m} \sin 2\pi n \frac{1}{2m}\right\}$$

$$\boxed{\mathcal{F}(n) = \frac{2}{2\pi n} \sin 2\pi n \frac{1}{2m} \sum_{k=0}^{m-1} \cos^2 2\pi \frac{kn}{m} = \frac{1}{2}\frac{\sin \pi \frac{n}{m}}{\pi \frac{n}{m}}}$$

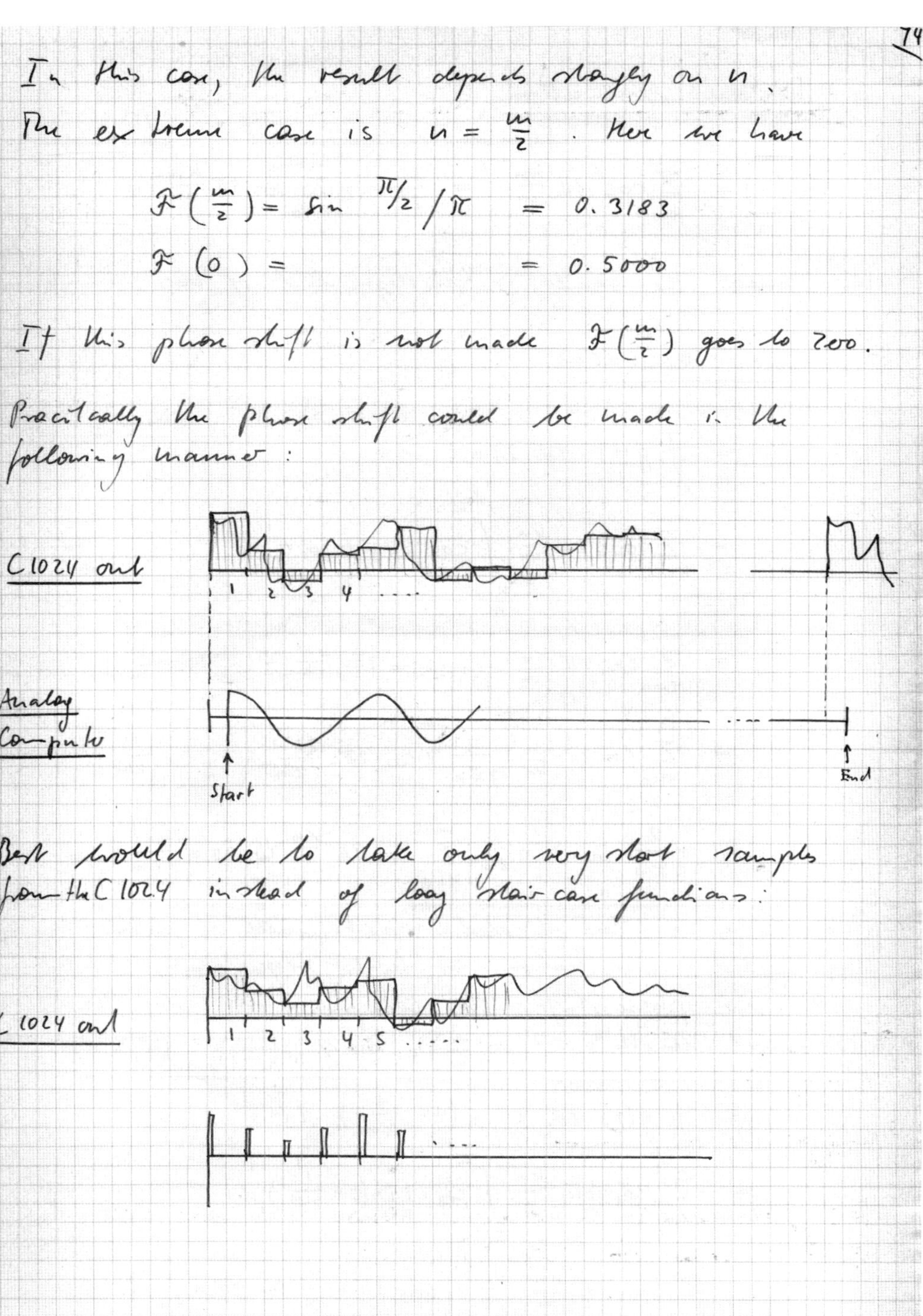

74

In this case, the result depends strongly on n.
The extreme case is $n = \frac{m}{2}$. Here we have

$$\mathcal{F}\left(\frac{m}{2}\right) = \sin \frac{\pi}{2} / \pi = 0.3183$$

$$\mathcal{F}(0) = \qquad = 0.5000$$

If this phase shift is not made $\mathcal{F}\left(\frac{m}{2}\right)$ goes to zero.

Practically the phase shift could be made in the following manner:

Best would be to take only very short samples from the C1024 instead of long stair case functions:

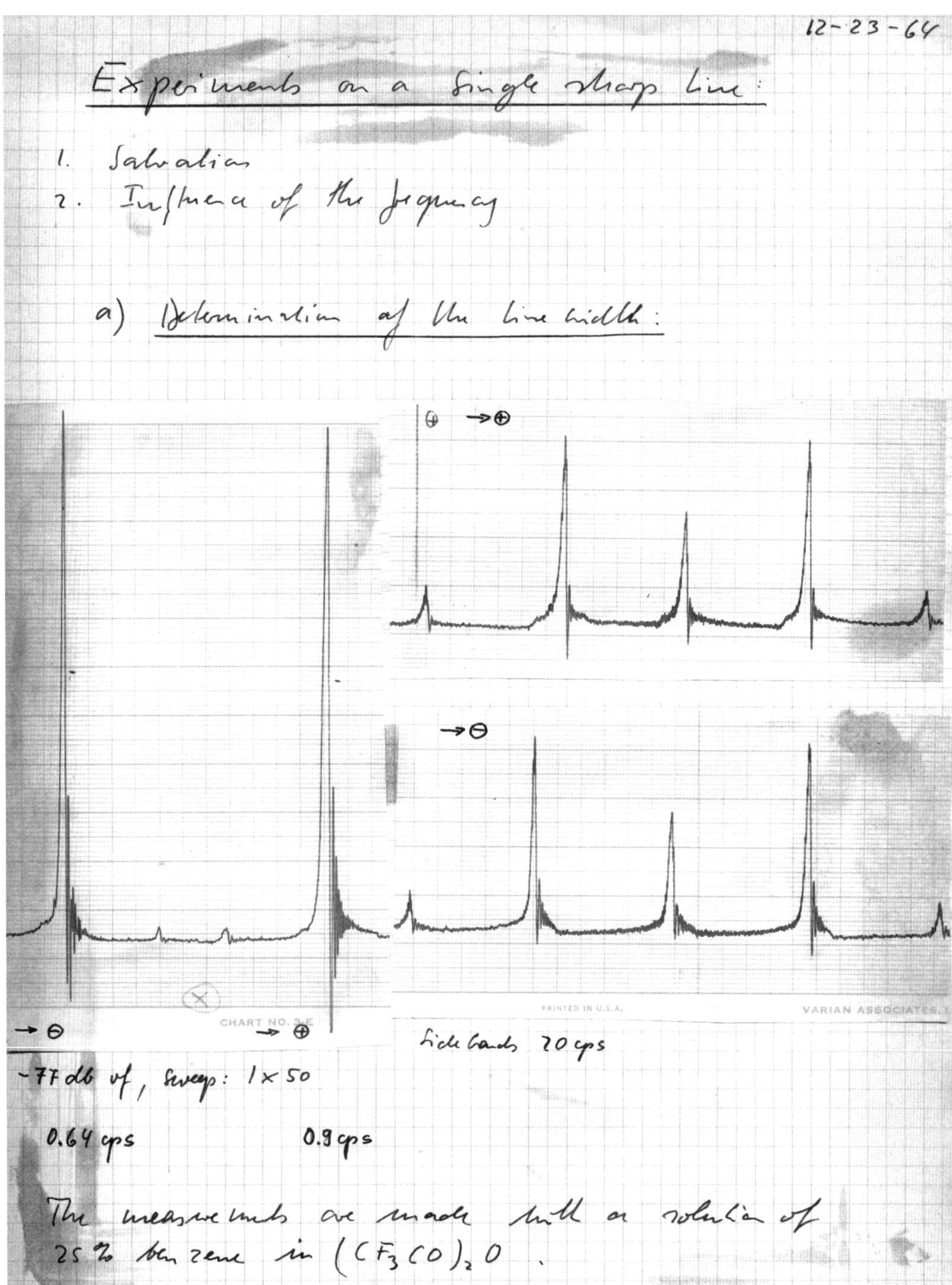

12-23-64

Experiments on a single sharp line:

1. Saturation
2. Influence of the frequency

a) Determination of the line width:

Sidebands 20 cps

-77 db of, Sweep: 1 × 50

0.64 cps   0.9 cps

The measurements are made with a solution of 25 % benzene in $(CF_3CO)_2O$.

wenn die Löhne abgerechnet und die Inventur fertig war, konnten wir die Auswertung der NMR-Messdaten starten.

Als ich dann wieder aus dem Labor auftauchte, einen Stapel Lochkarten mit meinen NMR-Daten in der Hand, lächelten meine Kollegen erst einmal milde. Ich hatte mit meiner Methode die Messungen innerhalb von Millisekunden geschafft. Bei der alten Methode dauerte ein Experiment mehrere Minuten, dafür hatte man nachher das fertige Ergebnis direkt auf Papier. Die Auswertung meiner Daten dagegen dauerte Tage, wenn nicht Wochen, je nachdem, ob ich gerade Zugang zu einem Computer hatte. Dass man mit dieser Technik Zeit sparen und die Empfindlichkeit der Messgeräte steigern könnte, war noch überhaupt nicht absehbar.

Den entscheidenden Versuch führte ich im Sommer 1964 durch. Ausgerechnet in dieser Zeit befand sich Wes Anderson auf einer Auslandsreise. Er war in Südamerika unterwegs, um neue wissenschaftliche Kontakte zu knüpfen und so potenzielle Abnehmer von NMR-Geräten zu finden. Als er heimkehrte, konnte ich ihm erstmals gute Resultate aushändigen. Design und Ablauf der Experimente hatte ich alle handschriftlich in meinem Laborjournal «Experiments I» notiert; die resultierenden Spektren, die aussehen wie eine mit dem Elektrokardiogramm aufgenommene Herzschlagkurve, waren sorgfältig eingeklebt. Die klaren Plots mit den eindeutigen Signal-Peaks – und zwar dort, wo wir sie erwarteten – überraschten mich nicht weniger als Wes.

1966 erhielten wir dann zum Glück einen PDP-8-Minicomputer mit 4000 Bytes Speicherkapazität, auf dem wir unsere Fourier-Transformation in wenigen Minuten laufen lassen konnten. Bereits gelangten wir fast gleich schnell wie mit der alten NMR-Methode ans Ziel. Die entsprechenden Computerprogramme schrieben wir selbst in primitiven Programmiersprachen, die wir vorher noch erlernen mussten. Doch langsam packte die ganze NMR-Abteilung bei Varian das Fourier-Fieber. Wir bauten bessere Verstärker und feilten an den Auswertungsprogrammen. In kürzester Zeit gelang es Varian, die wichtigsten Patente für die neue NMR-Methode zu lösen. Heute beruhen die meisten Geräte auf dieser Methode. Und auch die bildgebenden Verfahren in der Medizin, die Magnetresonanzbildgebung (Magnetic Resonance Imaging, MRI), wären ohne gepulste Einstrahlung von Radiowellen und anschliessender Fourier-Transformation undenkbar, die Revolution wäre ausgeblieben.

Selbstverständlich wollten wir die Resultate auch publizieren und sandten das Paper an das Fachblatt *Journal of Chemical Physics*. Zweimal wurde unser Artikel abgelehnt, mit der Begründung, er sei zu technisch und habe nichts mit Chemie zu tun. Dann versuchten wir es bei der etwas spezialisierteren *Review of Scientific Instruments*, die unsere Ergebnisse schliesslich nach einer weiteren Überarbeitung im Herbst 1965 akzeptierte und dann auch veröffentlichte. Aber auch die Resonanz unter den Wissenschaftlern war zuerst alles andere als euphorisch. Manche behaupteten, die Fourier-Transformation ergebe physikalisch keinen Sinn; andere sagten, dass die Umrechnung sinnlos sei, weil sich damit keine Informationen gewinnen liessen, die nicht schon aus den ursprünglichen Messungen ersichtlich seien. Dass sich diese Technik schliesslich trotzdem durchsetzen konnte, weil sie die Empfindlichkeit der Messgeräte um bis zu einem Faktor 1000 verbesserte, war damals schlicht nicht vorstellbar.

The American way of life

Kurz nach meinem wissenschaftlichen Durchbruch kam, am 26. September 1964, Magdalenas und meine erste Tochter, Anna, zur Welt. «Wir sind ganz vernarrt in unser Kindlein und können uns kaum an ihm sattsehen», schrieb meine Frau ihrer Patentante per Luftpost. «Auf dem Köpfli hat es schon einige Löcklein und ganz lange Babywimpern bekommt es. Und wie es zappelt!» Ein Bild, wie ich meine kleine Tochter mit Milchbrei füttere, zeigte ich später immer wieder stolz herum. «Richard hatte den Zmorgetisch so schön gerichtet mit Blumen und Kerzen», erzählte Magdalena nach Annas zweitem Geburtstag im September 1966 ihrer Gotte. «Anneli rief voll Entzücken ‹Hätschi›. Alles heisst bei ihm Hätschi, was farbig ist. Die Christbäume in den Markets, der Adventskranz überm Cheminée und die roten Äpfel, Mandarinen und Orangen und besonders natürlich die richtigen Blumen im Garten, die jetzt noch blühen.» Es war kurz vor Weihnachten. «In Amerika finden die vielen Christmasparties statt, zu denen wir auch zu zweien eingeladen sind. Wir haben sonst aber lieber eine stille Weihnacht für uns mit nicht allzu viel Leuten. Richard ist ohnehin so beschäftigt (er schreibt an einem Buch), so dass er sich die Zeit wirklich wegstehlen muss bei irgendeinem Anlass.»

Es lief also auch privat recht gut. «Gut» bedeutete für mich, dass ich frei war, meinen Forschungen nachzugehen. «Die stürmischen Zeiten sind wohl zu Ende, wenn man im sicheren Hafen der Ehe gelandet ist (im Moment ist es bei uns jedenfalls so)», schrieb meine Frau an ihre Gotte. Obwohl ich viel arbeitete, war ich nahe bei der Familie, denn wir wohnten nur drei Strassen entfernt von meinem Arbeitsort im Stanford Industrial Park. Wir hatten in den ersten Jahren ein kleines Haus in der Kendall Avenue mit einem schönen Garten gemietet, mit märchenhaften Bäumen und einem riesigen Lattenzaun, mit Kamelien, blauen Feigen und roten Vogelbeeren. Im nahen Wald, aber auch im Garten hatte es grosse Mimosenbäume, deren schwerer Duft im Frühling die ganze Umgebung erfüllte. Geranien hätten zu ebener Erde geblüht, wunderte sich meine Frau. Das Ganze erschien uns fast unwirklich, zum Teil paradiesisch, aber auch fremd. Magdalena schmückte das Haus mit vielen Dingen aus der Schweiz, und sie bedruckte Vorhänge, sogar für mein Büro, damit ich beim Nachdenken die Muster betrachten könne, wenn mir nichts in den Sinn komme. «Weisst, ich habe einen lieben Mann», schloss Magdalena einen ihrer zahlreichen Briefe liebevoll neckisch. «Er hilft mir jeden Tag beim Abtrocknen!»

Wir wurden immer wieder eingeladen und luden auch befreundete Forscher zu uns ein, viele davon waren Schweizer. Einer war der Informatiker und Computerpionier Niklaus Wirth; seine Kinder spielten mit unseren im Garten. Niklaus Wirth stammte wie ich aus Winterthur, war etwa gleich alt und forschte zur selben Zeit wie ich in Palo Alto, wo er eine Assistenzprofessur an der Universität Stanford im Bereich Informatik hatte. Später kehrte er ebenfalls an die ETH zurück und wurde für die Erfindung der Programmiersprache Pascal berühmt. Auch bei Varian arbeiteten noch andere Schweizer Forscher. Oft trafen wir uns am 1. August oder um Weihnachten herum zu Gartenpartys. Überhaupt schien es uns manchmal, dass wir uns auf einer regelrechten Schweizer Insel bewegten. «Das Amerikanische hat uns noch nicht allzu sehr zu prägen vermocht», schrieb meine Frau, « – oder hat unser ‹Urschweizertum› noch mehr ausgeprägt.»

Aber selbst bei Magdalena, die Amerika früher als «Plastikland» abtat, schlich sich ein Umdenken ein: «Ich muss die Unkompliziertheit der Amerikaner bewundern – ihre Offenheit dem Neuen gegenüber – ihre Vorurteilslosigkeit. Wir halten viel zum vornherein für unmöglich oder verkehrt. Der Amerikaner muss zuerst den Beweis dafür haben. Natürlich müssen wir auch über vieles Amerikanische lachen oder den Kopf schütteln, z. B. die Vitaminsucht der Amerikaner, die Angst vor Bakterien und Ansteckung, die Angst, Kinder auch nur eine Viertelstunde alleine zu lassen zu Hause, die Angst, einen 6-spurigen High-Way zu Fuss zu überqueren (mit dem Auto tut mans täglich öfter), usw.» Als Mutter erlebte sie die Unterschiede zwischen Amerika und der Schweiz noch deutlicher als ich. Mit Anna musste sie nach der Geburt jeden Monat zum Kinderarzt, bei dem der Säugling bereits alle nötigen Impfungen erhielt. «Es ist interessant, die Unterschiede in der Kinderpflege kennen zu lernen», schrieb Magdalena. Sie erzählte erstaunt, wie wenig die amerikanischen Frauen stillten – und dass sie die Kinder immer auf den Bauch legten, weil sie so am wenigsten schreien würden.

Mit gewissen Aspekten des Landes der unbegrenzten Möglichkeiten konnten wir uns nie so richtig anfreunden. Wir vermissten die alten, kulturreichen Städte Europas und störten uns an der Charakterlosigkeit der Siedlungen. Die zeitgenössische Kunst, die in den von uns oft besuchten Museen gezeigt wurde, entsprach so gar nicht unserem Geschmack. «Das meiste ist technisierte Kunst – selten etwas einigermassen Ansprechendes – vor dem meisten graut es einem», schrieb Magdalena ihrer Gotte. «Vielleicht ist hier das Land zu weit, zu gleichförmig auf grosse Strecken – die Amerikaner zu rastlos, die Reklame zu zerstörerisch, der TV, das Radio.»

Am besten gefielen uns in den USA die überwältigend schönen Naturlandschaften. Als Anna noch nicht einmal ein Jahr alt war, fuhren wir im Februar 1965 zusammen ins Death Valley – und nahmen die Kleine mit. Der Bericht meiner Frau zeigt viel von unserem damaligen Lebensgefühl, aber auch von den Gepflogenheiten der Amerikaner: «Die Reise ins Death Valley hat ihm nicht im Geringsten geschadet (man kann sich so etwas in Europa nur schwer vorstellen!). Anneli schlief meistens, nur wenn es etwas holprig war in einem engen Canyon im Death Valley, gab es Tränen. Aber sonst sind alle Strassen durch die Wüste so gut ausgebaut. Wir übernachteten immer in einem Hotelhäuschen mit Küche und Parkplatz (man nennt sie Motel) und konnten sogar den Sterilizer mitnehmen. Die Flasche wärmten wir mit einem Flaschenwärmer, der am Zigarettenanzünder des Autos angeschlossen werden kann. Wir hatten auch Papierwindeln, und Anneli begleitete uns sogar am Abend im Death Valley ins Restaurant. Die Leute haben hier sehr viel Verständnis für Leute mit Kindern und sind sehr kinderfreundlich. Unsere Bekannten hier munterten uns geradezu auf, Anneli ins Death Valley mitzunehmen, es sei ein herrlicher Ort für Babies im Winter.»

Später berichtete ich von unserer Ferienreise nach Mexiko. Der Brief ging an mein damals zweijähriges Patenkind Martin, den Sohn meiner Schwester Verena – und natürlich sollte sie den Text vorlesen: «Wir haben viel Besuch in letzter Zeit und dürfen jedes Mal unsere 300 Lichtbilder von Mexiko zeigen. (Das letzte Mal schlief sogar ein Gast ein!) Eine solche Reise zeigt, wie steril doch im Grunde das Leben hier in Amerika ist, mit den uniformen Sitten und Gebräuchen. In Mexiko fühlt man sich wie ins Mittelalter zurückversetzt mit all den charakteristischen Gestalten, dem Bettler, dem Strassenhändler, der Mutter mit dem Kind auf den Rücken gebunden, dem Schuhputzer und auch dem Reichen. Das Leben ist hier so gut und reich mit allen Tiefen und Höhen.»

Wie ich meine Angst vor dem Auftreten überwand

Unterbrochen wurde dieser wohltuend geruhsame Lauf der Dinge jeweils von den jährlichen wissenschaftlichen Konferenzen, den sogenannten Experimental NMR Conferences (ENC). Diese Tagung, die erstmals im Jahr 1960 stattfand, wurde schnell zur wichtigsten und einflussreichsten Zusammenkunft für Forschende, die im Bereich Kernmagnetresonanz tätig waren. Der mehrtägige Anlass wuchs schnell, und noch heute treffen sich hier jeden Frühling über 1000 Forschende aus der ganzen Welt – wissbegierige Studenten, ehrgeizige Doktoranden, selbstsichere Postdocs, Assistenzprofessoren, die selbstbewussten «alten Hasen» der Szene, aber auch Ingenieure, Techniker und Verkaufsleute verschiedener Messgerätefabrikanten. In üblicherweise rund sechzig viel beachteten Vorträgen, aber auch auf Hunderten von Postern, die in den Wandelhallen der Kongresszentren präsentiert wurden, tauschten wir die neuesten und interessantesten Wendungen von der Forschungsfront aus. Die Auflistung der After-Dinner-Redner zeigt fast schon das ganze «Who's who» der NMR-Geschichte.

Für mich waren diese Konferenzen der Höhepunkt des Jahres. In den ersten Jahren fanden sie immer in Pittsburgh statt. So flog ich jeweils im März oder April für einige Tage in den Osten der USA. Meinen ersten Vortrag hielt ich schon im Jahr 1964 an der fünften Experimental-NMR-Konferenz. Ein Jahr später präsentierte ich unseren Durchbruch über die «Verbesserung der Empfindlichkeit durch Fourier-Transformations-Technologien». Ich kann mich heute nicht mehr daran erinnern, ob die Präsentation wirklich auf den Anklang stiess, den sie aus späterer Sicht verdient hätte. Auf jeden Fall bereitete ich meine Vorträge immer sorgfältig vor und investierte zwei bis drei Wochen in sie; trotzdem befürchtete ich regelmässig, dass ich zu wenig Gehaltvolles bieten könnte. So kramte ich alles hervor, was ich irgendwo in der Schublade hatte, und hoffte, dadurch in meinen Vorträgen etwas Neues, Originelles, Spektakuläres erzählen zu können. Oft sprach ich nicht nur über fertige Projekte oder Resultate aus dem Labor, sondern auch über Ideen, die ich mir für die Zukunft ausgedacht hatte.

Ich vermute, dass die Patentanwälte der Firmen, für die ich tätig war, an meiner diesbezüglichen Offenheit manchmal verzweifelten. Denn längst war das Gebiet ein Business geworden, in dem viele Patente gelöst wurden und auch eine Menge Geld steckte. Es herrschte bald eine eigenartige Mischung von offenem Gedankenaustausch und Geheimnistuerei und ein unerbittliches Rennen um den ersten Platz. Nicht wenige Referenten hielten deshalb mit ihren Ideen zurück, weil sie nichts verraten wollten. Das kümmerte mich jedoch wenig. Ich verschwieg meine Ideen nie aus Angst davor, dass mir jemand zuvorkommen oder dass damit der bei Patentanwälten heilige «Neuigkeitswert» einer Erfindung beeinträchtigt werden könnte. Im Rückblick kann ich mich nicht an negative Konsequenzen erinnern, nur weil ich Ideen gestreut hatte, die andere womöglich in geheimen Dokumenten vergraben hätten.

Ich gab mir grosse Mühe bei der Präsentation dieser Vorträge. Ich zeichnete alle Abbildungen und Dias. Anfangs schnitt ich farbige Folien mit der Schere zurecht, später benutzte ich auch die modernsten Hilfsmittel – es bereitete mir keine Mühe, von den Klarsichtfolien auf Dias und schliesslich auf Power-Point-Präsentationen umzustellen. Ich benutzte immer viele Dias und Bilder,

Gruppenfoto der NMR-Forschenden an der wissenschaftlichen Konferenz in Tilton, New Hampshire, im Frühsommer 1965. Richard Ernst ist in der vierten Reihe als zweiter von rechts erkennbar.

GORDON RESEARCH CONFERENCES
Tilton School, Tilton, N. H.
June 21 - 25, 1965
Magnetic Resonance
R. E. Norberg - Chairman

viele «slides», weil Bilder, wie man ja weiss, oft mehr sagen als 1000 Worte. Also sparte ich mir diese «1000 Worte», was mir entgegenkam, weil Sprachgewandtheit nie zu meinen Stärken gehört hat. Trotzdem achtete ich sehr auf meine Sprache und hielt die Vorträge immer in der Gegenwartsform. Zudem baute ich hin und wieder einen witzigen Spruch ein, um das Publikum bei Laune zu halten. Oft ernteten lustige Redewendungen oder kleine Witze, die mir während des Vortrags spontan einfielen, die meisten Lacher. Das spornte mich dann weiter an, und ein warmer Applaus am Schluss gab mir jeweils viel Auftrieb. Trotzdem befürchtete ich stets, meinen eigenen Erwartungen nicht gerecht zu werden, und noch in den 1990er-Jahren registrierte ich in meinen Tagebüchern minutiös, wie meine Vorträge beim Publikum angekommen waren. «Erfolgreicher Vortrag» lese ich in den Einträgen, dann wieder «mittelmässig», «falsches Publikum» oder «war nicht gerade mitreissend».

Die Nervosität und Angst vor dem grossen Auftritt konnte ich nie ganz ablegen. Als ich an die ETH zurückkehrte und erstmals Vorlesungen vor Studenten halten musste, graute mir davor, und die ersten Lektionen waren tatsächlich ein Reinfall. Die Zuhörer kicherten und tuschelten. Später gestand mir ein Student, sie hätten mich schlicht nicht ernst genommen. Aber ich merkte intuitiv, dass das Vortragen meiner Ideen, sei es an den wissenschaftlichen Konferenzen, sei es in der Vorlesung vor Studenten, die einzige Möglichkeit war, mich als Wissenschaftler zu profilieren. Und tatsächlich: Allmählich mauserten sich meine Vorträge zu Erfolgen. Immer häufiger wurden meine Referate gelobt. Sie seien reichhaltig, enthielten viel Neues und seien witzig vorgetragen. An den wissenschaftlichen Tagungen eilte das Publikum herbei, wenn ich an der Reihe war. Das organisierende Komitee der ENC machte einmal eine Umfrage über die Beliebtheit der Referate. Das Resultat schmeichelte mir, ich hätte demnach oft zwei Säle füllen können. Und die Regel, dass nie ein Redner in

Richard Ernst mit der wenige Wochen alten Tochter Katharina im Arm, daneben die 1964 geborene Tochter Anna. Aufnahme vom Sommer 1967.

Magdalena Ernst in der Tür zum Garten ihres Hauses in Palo Alto, um 1967.

zwei aufeinanderfolgenden Jahren auftreten sollte, um die Zuhörerschaft nicht mit Bekanntem zu langweilen, schien bei mir nicht zu gelten: Von 1976 bis 1987 stand ich – mit Ausnahme des Jahres 1985 – jedes Jahr am Rednerpult.

Im Frühling 1967, am 26. Mai, kam in Palo Alto unsere zweite Tochter, Katharina, zur Welt. Wir hatten uns bereits entschieden, dass wir in die Schweiz zurückkehren würden. Wir wollten diesen Schritt tun, bevor unsere Kinder zur Schule mussten, denn die «Kindererziehung in Amerika gehört wohl zu den Seiten, die uns hier nicht so gefallen wollen», schrieb Magdalena ihrer Gotte nach Hause. «Nein, besser zu sagen, die Mentalität der Erwachsenen, die sich auch in der Kindererziehung ausdrückt … Hier sind viele so arm im Innern, auch wenn die Tische brechen unter der Last der guten Speisen, wenn moderne Maschinen alle Arbeit abnehmen, wenn man alles haben kann, was das Herz begehrt. Es kommt einem oft vor wie ein Frevel, in einem solchen Land zu leben. Man fragt sich, wohin das noch führen wird.» Unsere Tage in den USA waren gezählt. In weniger als einem Jahr, im März 1968, würden wir wieder in die Schweiz zurückkehren, nachdem wir im sonnigen Kalifornien die fünf vielleicht glücklichsten Jahre unseres Lebens verbracht hatten. Wenn ich vorausgeahnt hätte, welch schwierige Zeit mir bevorstehen würde, hätten wir uns vielleicht anders entschieden.

Rückkehr an die ETH
1968–1990

Die Rückkehr nach Zürich im Frühling 1968 kommt mir nach den produktiven und inspirierenden Jahren in Kalifornien im Nachhinein wie ein Rückfall ins dunkle Mittelalter vor. Es fehlte praktisch an allem. Ich fühlte mich an der ETH isoliert, ich hatte keine Unterstützung, und der Gerätepark war veraltet und ungeeignet. Ein Lichtblick war einzig mein intensiver Briefaustausch mit Wes Anderson, dem ich schon zwei Wochen nach meiner Rückkehr Ende April die Situation an der ETH unverblümt schilderte: «Ich spüre, dass es eine grosse Herausforderung werden wird, hier eine produktive NMR-Gruppe zu bilden», schrieb ich ihm. «Man fühlt sich ziemlich isoliert und hat keine Ahnung, wo man beginnen soll, es ist völlig anders als damals beim Start bei Varian. Man wird bei niemandem eingeführt und hat keine Ahnung, was der Nachbar tut, ausser dass er ein irgendwie kompliziertes Instrument baut und wahrscheinlich kaum weiss, wozu man es gebrauchen kann.»

Dass ich überhaupt an die Hochschule zurückging, die ich fünf Jahre zuvor – so hatte ich mir geschworen – nie wieder hatte betreten wollen, hatte verschiedene Gründe. Einerseits hatte sich die Situation bei Varian Associates geändert. Ich wurde dort immer häufiger mit Aufgaben konfrontiert, die nicht meinen Wünschen entsprachen. Die neuen Entscheidungsträger in der Firma hatten das Potenzial der Fourier-Transformations-Methode nicht erkannt. Sie merkten nicht, dass die Methode viel schneller zu Resultaten führte als das langsame Abtastverfahren, das aus der Ära eines Felix Bloch stammte. Und eine schnellere Messung bedeutete bei der Kernmagnetresonanzmethode automatisch, dass sich die Empfindlichkeit verbesserte. So liess sich überall sparen: Man brauchte weniger Material für die Probe, im Experiment konnte die Stärke des Grundmagnetfeldes tiefer gehalten werden, und das bedeutete auch, dass die Stromkosten sanken. Das Projekt wäre die reinste Goldgrube gewesen. Zwar liess Varian die Erfindung Ende Oktober 1969 in den USA als Anderson-Ernst-Patent Nr. 3.475.680 eintragen, und ich erhielt dafür auch ein kleines Entgelt von rund hundert Dollar. Doch die Forschung wurde nicht vorangetrieben. Wes und ich hatten zwar vielversprechende Resultate erzielt, doch für eine kommerzielle Umsetzung wäre noch viel Forschungs- und Entwicklungsarbeit nötig gewesen. Bezeichnenderweise war es später nicht die Firma Varian, die unsere Methode in einem Spektrometer erstmals konsequent umsetzte, sondern die deutsch-schweizerische Unternehmung Bruker, die ab 1969 auf Basis der Fourier-Transformation ein neues Spektrometerkonzept entwickelte.

Doch die Manager von Varian hatten andere Pläne für mich: Entweder sollte ich mich Themen zuwenden, die schnell zu einem kommerziell verwertbaren Produkt führten, oder ich hätte ein besserer Service-Mann für die bestehende Produktepalette werden können. Das passte mir gar nicht. Ich war nicht einmal so sehr auf die kommerzielle Auswertung erpicht, das entspricht nicht meinem Naturell. Ich wollte lieber die Messgeräte perfektionieren und weiterentwickeln, als diese nur anzuwenden. Und ich wollte Karriere in der Forschung machen. Mit meinen Erfolgen kam der Appetit.

Magdalenas und mein Wunsch, in die Schweiz zurückzukehren, hatte aber natürlich auch familiäre Gründe: Magdalena wollte unsere Kinder nicht in den USA zur Schule schicken, die Mickey Mouse im Kinderzimmer entspreche nicht ihrem Geschmack, sagte sie damals. Damit stiessen wir bei unseren amerikanischen Freunden auf einiges Unverständnis. Sie konnten nicht begreifen, dass wir die prickelnde Atmosphäre des Fortschritts im Silicon Valley freiwillig zugunsten einer Rückkehr in den «rückwärtsgewandten» alten Kontinent aufgeben wollten.

Dann flatterte 1967 die Anfrage meines Doktorvaters Hans Heinrich Günthard auf meinen Tisch. Er bot mir eine Stelle als Assistent am ETH-Laboratorium für Physikalische Chemie an. Dort war die NMR-Forschung nach meinem Abgang und nach Hans Primas' Richtungswechsel in die theoretische Chemie verwaist. Nun wollte Günthard das Thema wieder aufnehmen, um sein Portfolio der modernen, auf den Grundlagen der Physik basierenden Analysemethoden an seinem Institut wieder zu komplettieren.

Er hatte zweifellos einen guten Riecher. Diese physikalischen Methoden hatten mit ihrer Präzision und Aussagekraft die Chemie seit dem Zweiten Weltkrieg völlig durchdrungen und die Art und Weise, wie diese betrieben wurde, in neue Bahnen gelenkt. Da sich Günthard mehr und mehr auf die optische Spektroskopie spezialisierte, brauchte er aber die entsprechenden Leute für die NMR-Methode – und gelangte deshalb an mich. Ich kannte Günthard und wusste, dass es schwierig war, mit ihm konstruktiv zusammenzuarbeiten. Die Vorstellung, mich wieder darauf einzulassen, war mir sogar recht unangenehm. Aber letztlich hatte ich auch gar keine grosse Wahl. Inzwischen war ich so spezialisiert, dass es weltweit nicht mehr viele Stellen gab, die für mich überhaupt infrage kamen. So akzeptierte ich Günthards Jobangebot, obwohl er mich «nur» als Assistenten, als seinen «Unterhund», beschäftigte.

Als ich meine Stelle an der ETH antrat, waren kaum Geld und schon gar kein Personal vorhanden. Beides hätte ich dringend gebraucht, um meine Forschungen vorantreiben zu können. Ich erhielt nur ein kleines Büro unter dem Dach des neuen Institutsgebäudes an der Universitätsstrasse. Mir schien, dass meine Arbeiten, die ich in Kalifornien geleistet hatte, in der alten Welt überhaupt nicht zur Kenntnis genommen wurden. Ich war mit hervorragenden Ergebnissen und handfesten Publikationen zurückgekehrt. Ich hatte theoretisch gut fundierte Experimente durchgeführt und dafür auch neuartige Computeranwendungen entwickelt. Die Aussage, dass ich die NMR-Methode in das digitale Zeitalter geführt hatte, ist nicht falsch. Ich hatte erwartet, dass ich – führend in der NMR-Methodik – mit Einladungen zu Konferenzen, an Universitäten und in Unternehmen überhäuft würde. Aber nichts dergleichen geschah. Entweder wurden meine Arbeiten ignoriert, oder es fehlte schlicht das Interesse für Innovationen.

Dafür wurde mir die alleinige Verantwortung für den Betrieb der NMR-Geräte übertragen. Ich sollte neben meiner Forschungsarbeit einen 24-Stunden-Service für die Chemiker bieten, damit diese ihre im Labor synthetisierten Substanzen so schnell wie möglich analysieren konnten. Wir hatten aber nur ein kleineres Spektrometer, das vor allem den Studenten zu Übungszwecken diente. Ausserdem standen noch die alten Geräte herum, die Hans Primas gebaut hatte. «Niemand hat bisher darauf ein sinnvolles Spektrum aufgenommen», schrieb ich Wes, «und es sind keine Daten über dessen Empfindlichkeit oder Auflösung vorhanden.» Und weiter: «Unglücklicherweise haben wir nicht einmal einen Elektrotechniker, und deshalb werde ich selbst wohl einige grundlegende Ingenieurarbeiten machen müssen.» An das Vorantreiben

Richard Ernst im Alter von ungefähr 36 Jahren, aufgenommen in Winterthur. Nach der Rückkehr aus den USA zog er mit seiner jungen Familie wieder bei der Mutter ein.

der eigenen Forschung war in dieser Situation gar nicht zu denken. Die Anschaffung eines neuen, leistungsfähigeren 220-Megahertz-Spektrometers mit supraleitenden Magneten wurde von Günthard zwar in Aussicht gestellt, doch das Ringen um die Finanzierung war zäh. Und selbst dieses Instrument war für meine Arbeiten völlig ungeeignet.

Mir schien, ich würde absichtlich behindert. Das Klima war von Eifersucht und «Futterneid» geprägt, vom Kampf um Anerkennung und Ressourcen. Mein Bild von Hans Heinrich Günthard bekam weitere Risse, und ich wurde immer kritischer. Er duldete niemanden mehr neben sich, der versuchte, mit ihm zu konkurrieren, oder der seine Autorität infrage stellte. Objektivität und wissenschaftliches Denken waren seine Götter. Er betonte immer die rationale Motivation all seiner Entscheidungen und behauptete, dass seine eigene Persönlichkeit nicht von Bedeutung sei. Allerdings reagierte er oft völlig irrational und traf Entscheidungen, die niemand verstehen konnte. Wie ein König schien er seine Gunst zu verteilen. Mit seinen engsten Mitarbeitern kooperierte er wunderbar, von «bösen Kollegen» wie mir akzeptierte er weder eine Anregung noch Diskussionsbeiträge und schon gar keine Kritik. «Das weiss man schon lange», antwortete er jeweils, wenn ich versuchte, eine neue Idee einzubringen, oder: «Das ist doch selbstverständlich.» Ich, sein «Knecht» Richard Ernst, hatte ihm zu Diensten zu sein – und er erntete bei seinen Kollegen die Lorbeeren. Hans Heinrich Günthard war ein seltsamer Mann, der mir nie eine Chance gab, hinter seine Maske zu blicken. Niemals interessierte er sich für private Angelegenheiten. Sein Fetisch war die Leistung; der Mensch hinter dem Forscher interessierte ihn nicht. Als ich, sein «Angestellter» R. R. Ernst, den Nobelpreis erhielt, nahm er das zur Kenntnis und ging zur Tagesordnung über.

Nach einem halben Jahr bekam ich immerhin einen Techniker zur Seite gestellt, «nicht den allerbesten, aber er wird wahrscheinlich noch zulegen», schrieb ich Wes im November 1968. Einen fähigen Programmierer zu finden, war immer noch unmöglich, denn das Wissen über Computer, ohne die es in unserem Gebiet keine Fortschritte gab, war an der ETH, ausser bei den Pionieren des Instituts für Angewandte Mathematik, wenig verbreitet. «Die Leute hier sind erst daran, den Nutzen von grossen und kleinen Computern zu entdecken», schrieb ich ins Silicon Valley, wo die Digitalisierung in den Naturwissenschaften bereits weit fortgeschritten war.

Mein Forschungsgebiet hatte darüber hinaus ein Nachwuchsproblem. «Es gibt kaum neue Studenten, die in unser Institut kommen, denn die Leute haben Angst vor der Mathematik, die man braucht», schrieb ich Wes. Doch selbst dafür fühlte ich mich noch verantwortlich, denn bereits ab Herbst 1968 musste ich auch Vorlesungen für Studenten halten. Ich hatte noch von Kalifornien aus meine Habilitation eingereicht und wurde schliesslich Privatdozent. Doch die Kurse, die ich fortan für Studierende der unteren Stufen geben musste, flössten mir viel Respekt ein. Noch hatte ich meine Angst, vor Menschen aufzutreten, nicht überwunden, und die Vorstellung, mich vor Studenten lächerlich zu machen, beschäftigte mich tage- und nächtelang.

Ich schickte mich wohl oder übel in die schwierige Situation an der ETH. Anstatt mit Kollegen vor Ort diskutierte ich deshalb meine Ideen über den Ozean hinweg mit Wes Anderson – per Luftpost. Wir loteten das Potenzial der Fourier-Transformation aus, erwogen neue Schemen für die Anregung der magnetischen Kerne und diskutierten alle möglichen Varianten der NMR-Spektroskopie in Theorie und Praxis. Oft stellte Wes Fragen zu meinen Ideen und zu laufenden Projekten; ich berichtete ihm von Erfolgen und Misserfolgen oder von den Arbeiten befreundeter Gruppen. Denn ich war Wes nicht nur freundschaftlich verbunden, sondern hatte auch noch ein Beratermandat aus Kalifornien mitgebracht, für das mir Varian Associates monatlich einen kleinen Betrag in Checkform überwies. Nicht immer konnte ich diese Erwartungen erfüllen, wenn ich wieder mal monatelang kein vernünftiges Experiment abschliessen konnte. Dies lastete dann wieder schwer auf meinen Schultern. Offenbar schimmerte diese Sorge in meinen Briefen an Wes durch, selbst wenn es darin hauptsächlich um wissenschaftliche Fragen ging. Nur so kann ich mir die dringende Bitte erklären, die er im Januar 1969 an mich richtete: «Richard, wir vermissen dich alle sehr hier bei Varian», schrieb Wes, «und ich möchte dich bitten, eine Rückkehr sehr ernsthaft zu prüfen. Wir könnten dir bessere Bedingungen, mehr Freiheit und Verantwortung, eine Lohnerhöhung gegenüber deinem letzten Lohn und die Leitung von Forrest Nelsons früherer Abteilung bieten. Bitte lass mich deine Antwort auf diesen Vorschlag wissen.»

Ich zögerte. Erst ein halbes Jahr später, Ende Juli 1969 – inzwischen hatten wir wiederum mehrere Briefe, vor allem mit wissenschaftlichem Inhalt, ausgetauscht – antwortete ich: «Ich habe dir

noch gar nicht auf die Frage nach einer Rückkehr (nach Kalifornien) geantwortet. Wir haben uns schlussendlich entschieden, in der Schweiz zu bleiben ... Wir haben es hier mit Sicherheit nicht besser, als wir es in Palo Alto hatten, aber wir haben es nicht so viel schlechter, als dass wir uns dafür entscheiden könnten, unser Heimatland zu verlassen. Vor allem gerade jetzt müssen wir bleiben, denn sonst würde ich wahrscheinlich meine Stelle verlieren. Es ist wirklich äusserst schwierig, hier voranzukommen. Ich weiss noch nicht einmal, wann ich eine Assistenzprofessur erhalten werde. Mit meinen allerbesten Grüssen, dein Richard.» Dass ich an der ETH noch nicht einmal eine feste Anstellung erhalten hatte – ich musste ja eine Familie ernähren –, machte mir schwer zu schaffen.

Dann wurde mir im Herbst 1969 der Ruzicka-Preis verliehen, ein bei Nachwuchsforschern begehrter Preis, den es heute noch gibt. Endlich konnte ich mich in dessen eindrückliche Gewinnerliste einreihen. Ich hatte schon während meiner Dissertation darauf hingearbeitet; damals hatte es noch nicht geklappt. Jetzt war es so weit. Ich erhielt den Preis wegen meiner «umfassenden und tiefgründigen Analyse der Probleme der Empfindlichkeitssteigerung» im Bereich der Kernmagnetresonanz, wie es in der Begründung hiess. Grundlage dafür waren meine Arbeiten und Publikationen über die Fourier-Transformation, die mir mit Wes bei Varian in Kalifornien gelungen waren.

Leider war auch diese Freude nicht ungetrübt. Ich hatte ein schlechtes Gewissen gegenüber meinem Freund Wes Anderson. So schrieb ich ihm erst ein halbes Jahr später von dieser «unerwarteten» Ehrung, und selbst dann war es mir noch peinlich. «Ich sage dir das nur», schrieb ich ihm, «weil ich vieles von dem, was in der Laudatio über meine Arbeit gesagt wurde, dir verdanke, vor allem die Arbeiten zur Empfindlichkeitssteigerung und speziell die Fourier-Transformations-Spektroskopie». Für Wes, grosszügig wie er war, war das kein Problem: «Du hast jedes Recht, stolz auf die unglaubliche Menge an Arbeit zu sein, die du in die Empfindlichkeitssteigerung und in die Fourier-Transformations-Spektroskopie gesteckt hast. Ich möchte hier meine Gratulation für eine Arbeit hinzufügen, die sehr gut gemacht wurde.»

Kurt Wüthrich bei der Ernennung zum Assistenzprofessor im Jahr 1972. Der Nobelpreisträger von 2002 kam 1969, eineinhalb Jahre nach Richard Ernst, an die ETH.

In Tat und Wahrheit ging es an der ETH einfach nicht voran. Theoretisch hatte ich eine Menge Ideen für Experimente, aber praktisch konnte ich diese nicht umsetzen. Um sie austesten zu können, hätte ich Spektrometer mit dem richtigen Design, leistungsfähigere Computer und vor allem auch Hilfe von einem Programmierer benötigt. So musste ich die meisten Programme selbst schreiben. «Ich habe noch kein schönes Beispiel einer linearen Messung», klagte ich Wes im September 1969. «Ich habe immer noch Schwierigkeiten bei der Umsetzung der schnellen Fourier-Transformation. Die Interpolation funktioniert nicht.» Und so weiter. Das Schlimmste war, dass die Messungen auf den vorhandenen NMR-Spektrometern dauernd von den vorbeifahrenden Trams gestört wurden. Direkt neben unseren Labors verlief nämlich die elektrische Strassenbahn in Richtung Irchel. Jedes Mal, wenn ein Tram vorbeifuhr, störte eine erhebliche Streustrahlung unser Magnetfeld. Ein stabiles Magnetfeld ist jedoch entscheidend für eine genaue Messung. Eine Analyse zeigte, dass die elektromagnetische Störstrahlung des Trams über mehrere Hundert Meter reichte. Innerhalb der ETH gebe es keinen akzeptierbaren Ort, wo wir das Spektrometer ungestört betreiben könnten, schrieb ich Wes und veranschaulichte die störenden Einflüsse des Trams auf unsere Geräte in einer kleinen Skizze. Vernünftige Messungen konnten wir deshalb nur nachts zwischen halb eins und vier Uhr morgens durchführen – nicht gerade eine sehr angenehme Zeit zum Arbeiten.

Zu allem Überdruss waren auch die Platzverhältnisse alles andere als ideal. Eineinhalb Jahre nach mir, im Oktober 1969, war ein junger, selbstbewusster Forscher namens Kurt Wüthrich aus den USA an die ETH zurückgekehrt. Er hatte eine Stelle als wissenschaftlicher Mitarbeiter am neu gegründeten Laboratorium für Molekularbiologie chemischer Richtung, dem späteren Institut für Molekularbiologie und Biophysik, angeboten erhalten. Schon vor seiner Ankunft hatte mich mein neuer alter Chef, Hans Heinrich Günthard, angefragt, ob Kurt Wüthrich in den ersten Monaten in unseren Räumen Platz finden könnte, was ich angesichts der Raumnot wenig begeistert mit «Wird sicher irgendwie gehen»

Brief an Wes Anderson vom 27. Juli 1969. Mit einer Skizze veranschaulichte Richard Ernst, wie die Zürcher Trams die NMR-Messungen in seinem Labor an der ETH Zürich störten.

27 July 1969

Dr. W.A. Anderson
Director of Research
Anal.Instr.Div.
Varian Associates
Palo Alto, Calif. 94303

Dear Wes,

I am sure you can imagine how bad a consience I have not to have written to you more frequently. I do not want to excuse it with my busyness, but it is one of the reasons.

One of the major things which kept me busy for the last few months was the HR220. There was and is still a lot to be done to keep it running. I do not know whether you heard of our problems. At first, the helium losses were very high, about 10 liters per day. We heated it up twice and cooled it down again. The second time, it started to work fine and we do not have further problems since then with helium losses. The strange fact is only that we have no idea what the reason was. There is only one remaining weak point connected with the instrument, its sensitivity is 30/1 which is half of what it should be.

But the most disturbing effect is the interaction between spectrometer and the nearby street-car which works with 500 Volt dc. There is a very strong stray-field predominantly along the axis of our solenoid:

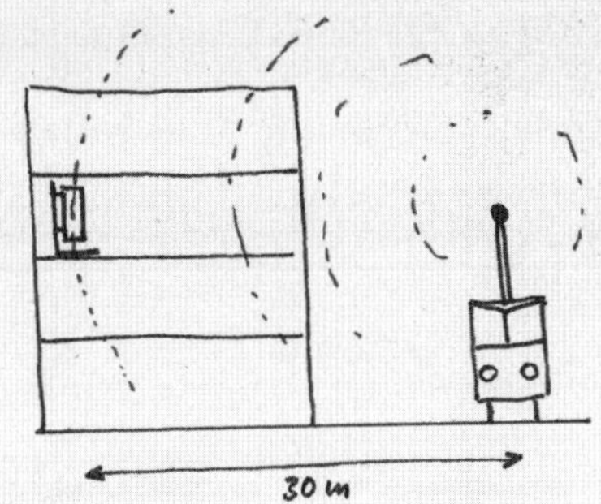

In the moment, we can make high-resolution measurements only from 0030 to 0400, it is not a very agreable time to work. The stray-field amounts to about 1 mGauss which causes line shifts of about 4 Hz with

beantwortete. Ich fügte der Aktennotiz aber eilig hinzu: «Es ist sehr erfreulich, dass er an die ETH kommt!» So arbeiteten wir in den ersten Monaten dicht nebeneinander, beide etwas versteckt in zu Büros umfunktionierten Dachaufbauten auf dem Gebäude für physikalische Chemie. Doch bald zeigten sich auch Differenzen im Wettstreit um Forschungsmittel und Ressourcen, um den Zugang zu Computerzeit und Messgeräten, was mich als Verantwortlichen für den Maschinenpark sehr belastete. Die Situation entspannte sich, als Kurt Wüthrich etwas mehr als ein Jahr nach seiner Ankunft in die Neubauten auf dem Campus Hönggerberg umzog.

Ein Schuss vor den Bug

Ich war mittlerweile 36 Jahre alt, und es schien mir, als würde ich alle meine wissenschaftlichen Ziele verpassen. Die Verantwortung für den unzureichenden Maschinenpark bereitete mir viele schlaflose Nächte. Ich fühlte mich überfordert und ausgebremst. Eine Situation von früher kam mir in den Sinn, als ich den unseligen Militärdienst leistete. Ich war in der Offiziersausbildung und sozusagen als Hilfskommandant eingeteilt. Eine grosse Übung lief. Es war kalt, regnerisch und am Eindunkeln in einem kleinen Dorf im Aargau. Ich war verantwortlich für über fünfzig Rekruten und sollte in höchster Eile Unterkünfte für die Soldaten finden und getarnte Unterstände, um die Fahrzeuge vor Luftangriffen zu schützen. Doch ich kannte den Ort nicht und hatte vorher keine Zeit gehabt, um zu rekognoszieren. Alles, was ich hatte, waren ein Jeep und ein Fahrer. Ich musste von Haus zu Haus gehen und klingeln. Die Hausbesitzer waren abweisend und unfreundlich, und insbesondere die Bauern mit Vieh waren geizig und wollten nicht gestört werden, obwohl gerade deren Höfe äusserst geeignet gewesen wären. Die frierenden Rekruten in ihren Truppentransportern wurden ungeduldig, ihre Fahrer warteten auf meine Befehle und Anweisungen. So gab ich die Befehle, doch diese verwirrten meine Untergebenen offenbar mehr, als dass sie halfen. Alles, was daraus resultierte, war ein riesiges Verkehrschaos. Niemand scherte sich mehr um meine Order, und ich wusste selbst nicht mehr, wie ich die Dinge in die richtigen Bahnen lenken sollte. Ich war heillos überfordert. Ich fühlte mich wie ein Fremder in feindlichem Territorium, verzweifelt, gestresst, in auswegloser Lage.

Ähnlich fühlte ich mich in den ersten beiden Jahren nach meiner Rückkehr an die ETH. Endlich, Ende April 1970, ein Lichtblick! Ein Wiedersehen mit Wes Anderson war geplant, denn nach zweijährigem Unterbruch war ich endlich wieder einmal an den bedeutendsten Wissenschaftskongress in meinem Fachgebiet eingeladen, die elfte Experimental-NMR-Konferenz in Pittsburgh. Diese Tagungen, an denen seit Beginn der 1960er-Jahre einmal im Jahr die Crème de la Crème der NMR-Forscher zusammenkam, waren sowieso immer ein erfreulicher Höhepunkt in meinem Forscherleben. Dieses Mal war ich sogar für das Auftaktreferat angefragt worden. Ich wollte die Gelegenheit nutzen und plante vor dem Kongress einen Besuch in Palo Alto bei Wes und seiner Frau Jeannette. Wir hatten uns ein wunderbares Programm ausgedacht. Ich hätte mit meinem ehemaligen Chef und Freund die aktuellen Projekte bei Varian Associates sowie eine Reihe weiterer fortschrittlicher Labors im Silicon Valley besuchen dürfen, und ich freute mich sehr darauf, die vielen alten Bekannten zu treffen.

Doch das Schicksal wollte es anders. «Lieber Wes», schrieb ich am 4. April 1970 in einer kurzen Nachricht nach Kalifornien, «unglücklicherweise muss ich dir mitteilen, dass meine Pläne von einem Nervenzusammenbruch ruiniert worden sind, den ich vor ungefähr einer Woche erlitten habe … Es tut mir leid für diese traurigen Neuigkeiten. Mit besten Grüssen, dein Richard R. Ernst.» Was war passiert? Was steckte hinter diesem für meine Verhältnisse schonungslos offenen Brief? Wie kommt ein Wissenschaftler, der lieber alles in sich hineinfrisst, als sein Versagen auch nur um ein Jota preiszugeben, dazu, eine Niederlage einzugestehen? Wieso macht ein Forscher, der bisher bereit war, sich für seine Arbeit völlig aufzugeben, einen solchen Rückzieher?

Das Fass war übergelaufen. Es war vor den Osterfeiertagen, am Karfreitag oder Karsamstag. Wir erwarteten für den Sonntag ein paar Gäste zum Osterschmaus. Doch dann kippte ich um, lag bewusstlos im Flur. Magdalena fand mich, sie erschrak und eilte herbei, doch ich rührte mich nicht, eine halbe Minute, vielleicht eine Minute oder noch länger. Sie rief sofort einen Arzt, und dieser stellte einen Nervenzusammenbruch fest. Er verschrieb mir eine Auszeit und verbot mir die Reise nach Kalifornien. Ich sass mit hängendem Kopf herum, nichts von der Welt interessierte mich mehr, ich war das ganze Wochenende völlig apathisch. Die Gäste, die wir fürs Osteressen erwartet hatten, mussten wir wieder ausladen. Ich dachte, dass dies das definitive Ende meiner wissenschaftlichen Karriere sei. Ich sah mich schon für den Rest meines Lebens auf dem Postamt Briefe stempeln.

Für einige Tage konnten wir uns – nur Magdalena und ich – ins Tessin zurückziehen. Unsere beiden Töchter Anna und Katharina wussten wir bei meiner Mutter zu Hause in Winterthur in guter Obhut. Ein grosszügiger Freund hatte uns für einige Tage seine Ferienwohnung in Arosio überlassen. Es war bereits sonnig und warm. Wir spazierten den See entlang oder erkundeten die hübsche Altstadt im nahen Lugano. Dort frönten wir unserer Leidenschaft, durch Trödler- und Antiquitätenläden zu stöbern und Ausschau nach verborgenen Preziosen und Kunstschätzen zu halten. In einem Kuckucksuhrenladen an der Via Nassa entdeckten wir eine Art tibetisches Gemälde, wunderbar ausgeführt. Es war ein Rollbild, auch Thangka genannt. Diese mystischen Bilder, die Thangkas, waren uns ziemlich genau zwei Jahre früher ein erstes Mal begegnet. Damals, bei der Rückkehr aus Kalifornien, hatten Magdalena und ich einen mehrwöchigen Umweg über Asien gemacht. In Kathmandu hatten wir erstmals solche Thangkas entdeckt, und sie haben mich seither nicht mehr losgelassen. Diese Geschichte ist mir so wichtig geworden, dass ich sie in einem späteren Kapitel ausführlich erzählen werde. Doch jetzt, im Trödlerladen in Lugano, in meinem erbärmlichen Zustand, wurde mir diese Leidenschaft zu einem Rettungsanker in höchster Not. Die Ausstrahlung dieses Bildes faszinierte mich sofort, und dieses Mal packte mich das Sammelfieber mit voller Wucht.

Auch die Musik half mir über diese schwere Zeit. Ich hörte viele zeitgenössische Komponisten, von Igor Strawinsky über Karl Amadeus Hartmann, Charles Ives bis zu den berückenden Symphonien Dimitri Schostakowitschs. Die klassische Musik war zu dem Medium geworden, in dem ich mich wohlfühlte, sowohl als Hörer als auch als Musizierender beim Cellospiel. Sie hatte mich in meiner frühesten Schulzeit gepackt, als ich meine kindlichen Sehnsüchte auf die glamourösen Auftritte der internationalen Stars am Musikkollegium Winterthur projiziert hatte, und sie zeigte mir jetzt einen Ausweg in eine Welt, in der Gefühle und Gedanken auch ohne Worte ausgedrückt werden konnten.

Diese Erfahrungen lehrten mich, dass auch Wissenschaftler mehrere Standbeine brauchen, um vorwärtszukommen. Langsam rappelte ich mich so wieder auf – darauf bin ich noch heute stolz.

Heute würde man in einer solchen Situation wohl eine Psychotherapie machen, doch das kam für mich nicht infrage. Das passte damals einfach nicht in mein Bild eines erfolgreichen, ehrgeizigen Wissenschaftlers. Ein Ernst geht doch nicht zum Psychiater!

Ende April 1970 schaffte ich es sogar, an die wissenschaftliche Tagung in Pittsburgh zu fliegen – am 22. April hielt ich das Auftaktreferat. Es war ein grosser Erfolg, gemessen an den Reaktionen der Zuhörer. Der Vorsitzende der damaligen Tagung, Tom Flautt, erinnerte sich noch Jahre danach an meinen Vortrag. Er sei ihm wegen der «einleuchtenden mathematischen Erklärung des Unterschiedes zwischen einer spektroskopischen Methode mit Einzelfrequenz- und Multifrequenzanregung, hervorgerufen durch zufällige Anregungspulse, mit der Folge eines klar verbesserten Signal-Rauschen-Verhältnisses», aufgefallen, schrieb er in einer Jubiläumsschrift aller ENC-Kongresse. Allein, die Probleme an der ETH Zürich hatten sich natürlich nicht in Luft aufgelöst, doch konnte ich sie nun wieder ruhiger angehen.

Jean Jeeners Vorstoss in die zweite Dimension

Im Jahr 1971 hatte ich vier oder fünf Doktoranden, mit denen ich nun allmählich die Versuche und Ansätze vorantreiben konnte, die ich wollte. Ich war inzwischen bereits über ein Jahr lang Assistenzprofessor am Laboratorium für Physikalische Chemie, und eine ausserordentliche Professur war in Reichweite. Obwohl unser Maschinenpark immer noch veraltet war und den höchsten Standards der damaligen Zeit bei Weitem nicht entsprach, verbesserten wir nach Kräften unsere Methoden, investierten in neuartige Computeranwendungen, feilten an der Fourier-Transformation und pröbelten mit unterschiedlichen Anregungsschemen, das heisst verschiedenen Varianten, wie die Radiowellen auf die chemische Probe losgeschickt wurden, um deren Kernspins anzuregen. Auch wenn wir dabei keine epochalen Durchbrüche erzielten, lernten wir die ganze Vielfalt der Kernmagnetresonanzmethode besser beherrschen – theoretisch und praktisch.

Ab 1970 hatte sich die Fourier-Transformations-Methode auch bei den Messgeräten durchgesetzt. Dank ihrer besseren Empfindlichkeit war es möglich, immer kompliziertere Stoffe zu analysieren – bis hin zu kleinen Eiweissen. Mit bis zu 500 magnetischen

Wasserstoffkernen, die in solchen Molekülen unterschiedlich eingebunden sind, ergaben sich jedoch komplexe Spektren. Zur Erinnerung: Ein Molekül besteht aus verschiedenen Atomen, die auf unterschiedliche Weise miteinander verbunden sind. Die meisten sind nur aus einigen wenigen Atomen zusammengesetzt: Kohlenstoff-, Sauerstoff- und einigen Wasserstoffatomen, vielleicht ist noch ein Stickstoff- oder Schwefelatom dabei. Nicht alle Atome sind magnetisch, haben also einen Kernspin. In der Praxis sind dies vor allem die Wasserstoffatome – und diese sind es auch, die bei der Kernmagnetresonanzmethode bevorzugt beobachtet werden.

Doch innerhalb einer bestimmten chemischen Substanz befinden sich die Wasserstoffatome in unterschiedlicher Umgebung. Die einen sind zum Beispiel an ein Kohlenstoffatom gebunden, die anderen an ein Sauerstoffatom. Diese haben zwar keinen Kernspin, verfügen aber trotzdem über elektromagnetische Eigenschaften, die sich im atomaren Massstab auf das magnetische Moment des Wasserstoffatoms auswirken. Die Folge ist, dass man mit der Kernresonanzmethode eine minime Verschiebung der Resonanzfrequenzen messen kann, je nachdem, ob ein Wasserstoffatom an ein Kohlenstoff- oder an ein Sauerstoffatom (oder an ein anderes Atom) gebunden ist. Die Methode der Fourier-Transformation hat dazu geführt, dass man immer kleinere Unterschiede in einem Spektrum auseinanderhalten kann. Dies bedeutet, dass von immer mehr unterschiedlichen Wasserstoffatomen die Signale erkennbar sind und dass man plötzlich Unterschiede feststellt, wo man vorher keine gesehen hat. Anders gesagt: Die Spione im Innern der Moleküle, die uns verraten, wo sie sich befinden, neben wem sie sitzen und wie sie eingebunden sind, lieferten immer bessere Arbeit ab. Mit dem technischen Fortschritt tauchten jedoch neue Fragen auf. Wie nur könnten die ungleich komplexeren Strukturen untersucht werden, die in der Natur vorkommen? Wie liessen

Richard Ernst und sein Doktorand Thomas Baumann erörtern die neuartige 2-D-NMR-Spektroskopie, eine revolutionäre Methode, auf welche Letzterer an einem Sommerseminar im Jahr 1971 aufmerksam wurde.

Jean Jeener (links) im Gespräch mit Luciano Müller. Der belgische Physiker Jeener war es, der die Idee am Sommerseminar präsentiert hatte. Sie führte die NMR-Technik in eine neue Richtung.

sich viel grössere Eiweisse, die Gene, und die vielen anderen wichtigen Bestandteile, die in der belebten Welt eine Rolle spielen, erkennen und erforschen?

Es war im Herbst 1971, als mir das Schicksal unverhofft einen neuen Steilpass zuspielte. Einer meiner ersten Doktoranden, Thomas Baumann, kehrte damals mit einem unschätzbaren wissenschaftlichen Fund aus einer Sommerschule für Jungforscher, die im damaligen Jugoslawien stattgefunden hatte, zurück. Mitgebracht hatte er sorgfältige Notizen zur Vorlesung eines belgischen Physikers, den ich bis dahin nur dem Namen nach gekannt hatte. Es war Jean Jeener, und er forschte damals an der Universität Brüssel. In Baško Polje, einem wunderschönen Ferienort an der kroatischen Adriaküste, sprach er vor den hoffnungsvollen Jungwissenschaftlern über einen neuen Ansatz, nämlich die zweidimensionale NMR-Spektroskopie. Der Ansatz mutete damals fast esoterisch an. Die im Magnetfeld des Messgeräts kreiselnden Wasserstoffkerne werden dabei mit zwei aufeinanderfolgenden Radiowellenpulsen angeregt, und nach beiden Pulsen wird die Reaktion gemessen. Technisch gesprochen wird zwar nur das Signal nach dem zweiten Puls aufgezeichnet, und man beobachtet, in welcher Weise dieses vom zeitlichen Abstand zwischen dem ersten und dem zweiten Puls beeinflusst wird. Doch das Experiment wird mehrmals mit klug gewählten zeitlichen Abfolgen wiederholt. Der erste Puls regt den kreiselnden magnetischen Kern normal an, der zweite stört ihn einen Moment lang. Wertet man die Signale aus und trägt sie gegeneinander auf, erhält man ein informatives zweidimensionales Spektrum, wobei sich eine der Dimensionen auf die Zeit zwischen den Pulsen bezieht und die andere der nach dem zweiten Puls laufenden Zeit entspricht. Der Clou: Die Art, wie die Kernspins auf zwei solche Pulse reagieren, verrät mehr über den Zustand oder die Lage der Atomkerne im Molekül, als wenn man nur einen Puls anbringt.

Weil dieser Versuch so zentral ist, möchte ich an dieser Stelle eine Analogie anführen. Stellen Sie sich vor, Sie sehen vor sich eine friedliche Hühnerschar im Hof. Jetzt feuern sie in deren Mitte einen Schuss ab, und alle Hühner flattern auf. Gleich darauf pfeffern Sie noch einmal einen Schuss in die Mitte der Hühnerschar und beobachten, wo und wann alle Hühner wieder ruhig am Boden herumpicken. Der Abstand zwischen dem ersten und dem zweiten Schuss beeinflusst natürlich stark, wo die Hühner schliesslich landen. Folgt der zweite Schuss schnell auf den ersten, sind möglicherweise viele Tiere noch in der Luft und können gar nicht mehr richtig aufflattern. Folgt er später, sind die schnelleren Tiere schon wieder weiter weg.

Das Besondere an der zweidimensionalen NMR-Spektroskopie ist nun, dass man die Schar der Kernspins nur nach dem zweiten Schuss beobachten kann, aus ihrer Reaktion jedoch auf das schliessen kann, was zwischen den Schüssen passiert ist. Und wenn man einem zweiten noch einen dritten oder vierten Schuss folgen lässt, kann man die Dimensionen der Messung beliebig erhöhen und entsprechend mehr Informationen herausholen.

Ein anderer Vergleich macht die Vorteile, die aus einem solchen zweidimensionalen gegenüber einem eindimensionalen Spektrum gezogen werden können, sofort deutlich: Stellen Sie sich die Silhouette der Alpenkette im Morgennebel vor, vielleicht so, wie Sie sie an einem goldenen Herbsttag von den Jurahöhen aus sehen können. Sie erscheint Ihnen wie eine lange Reihe unterschiedlich hoher Gipfel, und es würde Ihnen nicht schwerfallen, mit einer geeigneten App die Höhe der einzelnen Berge zu bestimmen. Nun stellen Sie sich dieselben Berggipfel vor, dieses Mal aber aufgenommen mit einer Luftbildkamera direkt über den Bergen aus 10 000 Metern Höhe. Natürlich erkennen Sie auf der Panoramatafel sofort viel mehr als nur die Höhenangaben der Berge. Sie sehen die ganze Topografie des Gebirgszugs, blicken in tiefe Täler hinein, sehen, wie weit die Gipfel voneinander entfernt sind und wo die Grate verlaufen.

Zurück in Zürich diskutierten wir Jean Jeeners Ansatz in dem obligaten Gruppenseminar, das ich immer abhielt, wenn einer meiner Doktoranden oder ich selbst von einer Konferenz oder einer Weiterbildung zurückkehrte. Die wenigsten der anwesenden Doktoranden verstanden den Sinn der Übung. Mich aber packte die Idee des zweidimensionalen NMR-Spektrums sofort. Alles schien sich harmonisch zusammenzufügen. Es war mir, als lauschte ich einer überwältigenden Symphonie, wie damals im Musikkollegium Winterthur, als ich als kleiner Schulbub gratis in die Hauptproben der Abonnementskonzerte hineinhorchen durfte. Die mehrstimmigen Melodien griffen harmonisch (oder disharmonisch) ineinander und vermochten den Zuhörer in eine andere Welt zu entrücken, ohne dass er wusste, wie ihm geschah. Die Töne aus den verschiedensten Instrumenten folgten aufeinander, überlagerten sich, verstärkten oder dämpften einander, schwollen wieder an, wenn die Musiker die Töne noch einmal anschlugen, und klangen dann aus – dieser andauernde und stimmige Wechsel von Forte, Crescendo, Diminuendo, Piano, Pianissimo … Ähnliches passiert in der Kunst der Kernmagnetresonanz, stellte ich mir vor. Die kreiselnden Kernspins reagieren, wenn man sie anstösst, werden schneller, wenn man noch einen Puls gibt, bremsen ab, wenn man einen anderen Puls gibt, manche sind von sich aus dumpfer, andere haben einen helleren Klang, und wieder andere hört man kaum. Dieses aus meiner Leidenschaft für klassische Musik stammende Gefühl für Harmonien und Disharmonien, für wellenartig erscheinende und abklingende Töne und Frequenzen im zeitlichen Verlauf einer Messung half mir enorm, mich in die Welt der Kernmagnetresonanz einzufühlen und Jean Jeeners Idee fortzuspinnen.

Es war exakt die Technologie, auf die ich gewartet hatte. Mit einem solcherart ausgebauten Spektrum, kombiniert mit der schnellen Fourier-Analyse, liessen sich noch viel mehr Informationen über die Atome herausholen als bisher. Die Umsetzung ist natürlich um einiges komplizierter. Ich hatte schon vorher über Experimente mit Mehrfachpulsen nachgedacht, doch ich hatte grossen Respekt vor der Komplexität der Resultate. Jean Jeener selbst hatte erste Experimente durchgeführt. Doch die resultierenden Spektren brachten keine eindeutigen Vorteile gegenüber den bisherigen Methoden, deshalb liess er das Projekt wieder bleiben. Ich zögerte, die Spur weiterzuverfolgen, denn ich scheute mich davor, diesem Forscher in die Quere zu kommen. Trotzdem beauftragte ich einen meiner talentiertesten Doktoranden, Enrico Bartholdi, damit, die Idee zumindest theoretisch durchzurechnen. Die Resultate auf dem Papier waren eine Offenbarung. Es schien zu funktionieren, und mehr als das: Es schien, als hätten wir die Tür einen Spalt weit öffnen können und dahinter einen wahren Garten Eden für NMR-Spektroskopiker entdeckt. Tausende Experimente mit unterschiedlichen Pulsfolgen kamen uns in den Sinn, die völlig neue Informationen liefern würden. Noch nie in meinem Wissenschaftlerleben war ich so aufgeregt gewesen. Doch wir zögerten noch mit den Experimenten.

Jean Jeeners Referat mit dem Titel «Puls-Paar-Technik bei hochauflösendem NMR», gehalten am 13. September 1971 während der Sommerschule in Baško Polje, ist inzwischen legendär, obwohl die Arbeit leider nie veröffentlicht wurde. Dass die Sommerschule in dieser Zeit des Kalten Kriegs im damals blockfreien, aber kommunistischen Jugoslawien stattfand, hat eine besondere Bewandtnis und sagt viel über die Unabhängigkeit der Wissenschaftler zu dieser Zeit aus. Organisiert wurde die Konferenz nämlich vom 1951 von französischen Forschern gegründeten Groupement Ampere, das eine Erwähnung wert ist. Die Gesellschaft war die kontinentaleuropäische Antwort auf die angelsächsischen Forschungsanstrengungen im Bereich der Mikrowellentechnik. Der Name «Ampere» steht für «Atomes et molécules par études radio-électriques», also die Erforschung von Atomen und Molekülen durch das Studium mit Radiowellen. Durch Austausch und Zusammenarbeit sollte die Forschung verstärkt werden, doch eines der wichtigsten Ziele der Gesellschaft war von Beginn an, die wissenschaftliche und gesellschaftliche Verständigung zwischen den Menschen in Ost und West zu fördern.

Überhaupt waren die Beziehungen von Wissenschaftlern in den Ostblock auch während der Zeit des Kalten Kriegs lebendig. Der Wissensdurst hinter dem Eisernen Vorhang war gross und die Kompetenz der Forscher nicht kleiner als im Westen. So wurde ich schon kurz nach meiner Rückkehr aus den USA von der Physikalischen Gesellschaft der DDR zu einer Tagung an die Karl-Marx-Universität nach Leipzig eingeladen. Die Vorträge in Leipzig durften in Deutsch, Russisch oder Englisch gehalten werden. Ich sprach in Deutsch über «Methoden breitbandiger Simultanerregung in der hochauflösenden Kernresonanz-Spektroskopie». Auf der Referentenliste standen vor allem Forscher aus dem Westen. So figurierten der spätere Nobelpreisträger Peter Mansfield und der britische Forscher Raymond Andrew auf der Rednerliste; beide haben Wesentliches zur Entwicklung der medizinischen Bildgebung beigetragen.

Jetzt geht's ans Lebendige

Jean Jeeners Idee der zweidimensionalen Kernmagnetresonanz, die er 1971 an der Sommerschule in Jugoslawien aufgezeigt hatte, liess mich nicht mehr los. Aber ich zögerte mit Experimenten, bevor Jean Jeener seine eigenen Arbeiten nicht publiziert hätte. Ich war hin- und hergerissen. Ich diskutierte mit meinen Doktoranden, ob es nicht unethisch sei, eine angemessene Wartefrist zu brechen. Doch wir warteten vergeblich – Jean Jeener publizierte einfach nicht! Vielleicht waren meine Bedenken übertrieben. Wir waren ja ständig im wissenschaftlichen Austausch mit «Brüssel» und unterrichteten Jean Jeener jeweils, wenn wir einen Schritt vorangekommen waren. Später erzählte er mir sogar, dass er sich immer gefreut habe, wenn er wieder eine Nachricht aus Zürich erhielt.

Dann fand ich einen experimentellen Ansatz, in welchem wir Jean Jeeners Grundidee aufnehmen konnten, diese jedoch mit einem völlig anderen Ziel versahen. Dieser Ansatz führte uns direkt in die bildgebenden Verfahren, die später für die Medizin so wichtig wurden. Den Anstoss dazu gab mir der amerikanische Chemiker Paul Lauterbur, als ich ihn im April 1974 an einem wissenschaftlichen Kongress hörte, zu dem ich ebenfalls eingeladen war. Lauterbur, ein Pionier der medizinischen Magnetresonanztomografie, präsentierte die ersten dreidimensionalen MRI-Bilder einer Maus. Es war an einem Dienstagnachmittag um halb drei, eifrig notierte ich seine Technik in mein Notizbuch. Für damalige Verhältnisse war das Bild recht gut, man sah die inneren Organe und die Umrisse, aber nicht die Knochen, genauso wie es typisch ist für MRI-Bilder. In der Mitte der Maus sah man auf diesem Bild jedoch einen rätselhaften weissen Fleck, der zu keinem Organ passte. Waren alle Forscher einem Phantom aufgesessen?

Mir wurde sofort klar, dass dieser weisse Fleck eine Folge des speziellen Verfahrens war, mit dem Lauterbur das Bild konstruiert hatte. Obwohl ein MRI-Bild eines Körpers wie eine Fotografie aussieht, ist es eben keine Fotografie, sondern die Umrechnung eines kernmagnetischen Spektrums. Wie in der chemischen Analyse werden dabei Wasserstoffatome in einem Magnetfeld ausgerichtet und dann deren Resonanzfrequenz gemessen, dies einfach im Körper des Menschen. Effektiv werden die Wasserstoffatome des Wassers gemessen, wovon es im menschlichen Körper ja mehr als genug gibt. Die Magnetresonanzmethode wird im deutschen Sprachraum auch Magnetresonanztomografie (MRT) genannt, sie ist also ein tomografisches Verfahren, bei dem Schnittbilder durch den Körper angefertigt werden. Die Schnittebene eines solcherart hergestellten Bildes führt entlang des angelegten Magnetfeldes; auf dieser Ebene werden alle Wasserstoffkerne angeregt und gemessen.

Doch so einfach ist es nicht. Würde man nur ein konstantes Magnetfeld anlegen, sähe man nichts als einen weissen Fleck, weil die Wasserstoffatome auf der linken Seite des Körpers genau die gleiche Resonanzfrequenz haben wie diejenigen auf der rechten Seite. Bereits früh haben Forscher wie Paul Lauterbur und andere deshalb eine raffinierte Methode entwickelt. Sie legten über das konstante Magnetfeld ein zweites Feld, dessen Stärke entlang der Schnittebene, zum Beispiel von links nach rechts, langsam ansteigt. Dadurch reagieren die Wasserstoffkerne auf der schwächeren Seite des Magnetfeldes anders als diejenigen auf der stärkeren Seite; die Resonanzfrequenzen werden von links nach rechts grösser. Damit hat man nichts anderes als eine Ortskodierung der Wasserstoffatome erreicht, die man mithilfe einer computergestützten Analyse auswerten und zu einem Schnittbild rekonstruieren kann. Gleichzeitig haben die Pioniere entdeckt, dass sich mit gezielten Experimenten auch die Resonanzsignale der Wasserstoffkerne je nach Gewebe unterscheiden lassen. Damit waren die Grundlagen für den Einsatz am Menschen geschaffen, um Lunge, Leber, Nieren oder Herz zu unterscheiden oder auch um ein Krebsgewebe erkennen zu können.

Um ein dreidimensionales Bild zu erhalten, hatte Paul Lauterbur, der später den Nobelpreis zugesprochen bekam, den untersuchten Körper Ebene für Ebene gemessen, die Resonanzfrequenzen ausgewertet und dann die Resultate mit einem Rekonstruktionsalgorithmus zum Bild zusammengerechnet – ähnlich dem alten NMR-Verfahren bei der Analyse von chemischen Substanzen, als man eine Frequenz nach der anderen abtasten musste. Eine mühsame, langwierige Arbeit. Hätte man damals schon Bilder von Menschen gemacht, hätten diese wohl Stunden bis Tage in einer Magnetröhre verharren müssen. Da kam mir die Idee, die Prinzipien der Fourier-Transformation und der 2-D-Spektroskopie zu kombinieren und auf die Bildgebung anzuwenden: Anstatt Schritt für Schritt eine leicht verschobene Ebene nach der anderen zu messen, wollte ich mit wenigen raffiniert gewählten Pulsfolgen auf einen Schlag alle Wasserstoffkerne anregen. Dies führte wieder zu komplexen Signalreihen, die jedoch mittels Fourier-Transformation mit den stetig verbesserten Computerprogrammen entwirrt werden konnten.

Jetzt brauchte ich nur noch Resultate – und die Zeit drängte: Im September 1974 planten einige von uns Schweizer NMR-Forschern eine internationale wissenschaftliche Tagung in Kandersteg. Es war uns gelungen, mit der sechsten Internationalen

Konferenz über Magnetresonanz in biologischen Systemen eine bedeutende Tagung der NMR-Forscher in die Schweiz zu holen. Treibende Kraft war Kurt Wüthrich, der seine Forschungen im Bereich der Biomoleküle unbeirrt vorangetrieben hatte. Er hatte mich und den NMR-Spezialisten Joachim Seelig aus Basel ins Organisationskomitee geholt. Über 220 Forschende aus 23 Ländern fanden schliesslich ihren Weg ins Berner Oberland

An diesem Kongress wollte ich unbedingt etwas Aufsehenerregendes präsentieren. Allerdings wusste ich als eher technisch orientierter NMR-Experimentator nicht so recht, wie ich mein Thema als «biologisches System» verkaufen sollte. Ich hatte auch nichts Spezielles in der Schublade. Die Ideen von Jean Jeener und Paul Lauterbur existierten eigentlich erst in meinem Kopf. Doch ich entschied mich, im Hinblick auf die Kandersteg-Tagung erste Experimente zu wagen. Am 24. Mai 1974 schrieb ich Wes Anderson: «Diese Woche werden wir unsere ersten bildgebenden Experimente mit der neuen Fourier-Technik in Angriff nehmen.» Das war die Geburt meines Vorstosses in die bildgebenden Verfahren. Theoretisch hatte ich zusammen mit meinem Doktoranden Enrico Bartholdi das Ganze schon ziemlich scharf umrissen; auch die Computerprogramme dazu hatten wir schon mehr oder weniger geschrieben, wir mussten sie nur noch ausfeilen. So ging mein Postdoktorand Anil Kumar an die Arbeit. Als Objekt steckten wir keine Maus ins Magnetfeld, sondern ein schlichtes, mit Wasser gefülltes Probenröhrchen, welches das Prinzip aber gut wiedergab. So entstand das erste Magnetresonanzbild mit dem 2-D-Verfahren und mit der Fourier-Transformation.

Die Resultate, die ich dann in Kandersteg präsentieren konnte, waren zwar nicht perfekt. Von den meisten Teilnehmern wurden sie gnädig als «frühreif» bewertet. Das hinderte mich nicht daran,

Ein NMR-Spektrometer an Richard Ernsts Arbeitsplatz an der ETH Zürich in den frühen 1980er-Jahren. Gut erkennbar sind die kreisrunden Magnete, die das Magnetfeld für das NMR-Experiment produzieren.

2-D-NMR-Spektrum des künstlichen Fruchtbarkeitshormons Buserelin. Die Peaks zeigen die räumlichen Beziehungen der Wasserstoffatome auf. So lässt sich die dreidimensionale Struktur des Moleküls ermitteln.

4.5 4.0 3.5 3.0 2.5 2.0 1.5
PPM

den einmal eingeschlagenen Weg weiterzugehen. Ich wollte das Verfahren patentieren lassen. Weil ich in dieser Zeit immer noch als Berater für Varian tätig war, übernahm diese die Rechte am Patent und zahlte mir ein Patenthonorar von 200 Dollar, worüber ich sehr glücklich war. Viele grosse Forscher haben die Methode natürlich noch verfeinert, verbessert und auf immer mehr Anwendungen erweitert. Doch diese zweidimensionale Fourier-Transformations-Methode ist immer noch das Herz aller bildgebenden MRI-Verfahren in der Medizin. Dann stellte ich beim Schweizerischen Nationalfonds ein Gesuch, um mehr in die Bildgebung investieren zu können und wenn möglich selbst einen Magnetresonanztomografen zu entwickeln. Prompt wurde das Gesuch abgelehnt. Es sei nicht Sache der Grundlagenforschung, lautete die Begründung, ein bereits bekanntes Grundprinzip technisch zu optimieren. Das gehöre zu den Aufgaben der Industrie.

Wir liessen uns nicht entmutigen. Doch wir konzentrierten uns auf die Weiterentwicklung der 2-D-Verfahren bei der kernmagnetischen Untersuchung von chemischen und biologischen Molekülen. Wieder packte uns ein richtiges Forscherfieber. Und wie sich später zeigte, können manchmal auch «frühreife» Kinder wachsen und später brillieren.

Das war in der Tat das Ende meines persönlichen dunklen Mittelalters. Die neuen Entwicklungen sprengten den engen Rahmen unserer eindimensionalen Sicht und erlaubten uns, diese kleinen Spione der Natur, die magnetischen Wasserstoffkerne, ganz neu zu begreifen. Ich spüre heute noch die tiefe Befriedigung, die wir empfanden, als wir damals unseren Blick auf diese Weise ausweiten konnten. Eine Euphorie ergriff unsere Gruppe, ohne dass wir die Korken hätten knallen lassen. Denn der Weg dahin war nicht einfach. Unser Gerätepark an der ETH entsprach immer noch nicht dem neuesten Stand, und die Resultate der Messungen waren oft enttäuschend. Es galt, ein Auge zuzudrücken und der eigenen Idee mehr zu vertrauen als den schlechten Ergebnissen. Manch einer hätte aufgegeben. Wir experimentierten und pröbelten, berechneten und analysierten weiter. Wir entwarfen das Design für neue Geräte und entwickelten die dazu nötigen Computerprogramme. Später sollte sich jedoch zeigen, dass sich das Konzept ohne Weiteres mit mehreren Pulsfolgen in fast beliebige Dimensionen erweitern liess. So entstanden 3-D-, 4-D-, ja bis zu 7-D-Spektren, die das ganze Gebiet in völlig neue Sphären führten.

Explosion im Labor D2

Nicht immer verlief im Labor alles reibungslos. An einem Donnerstagmorgen – es muss irgendwann um das Jahr 1976 gewesen sein – erwartete ich wie gewohnt einen ruhigen Tag, als ich vom Hauptbahnhof zur ETH hochstieg. Doch als ich in unserem Gebäude eintraf, herrschte ein heilloses Durcheinander. Es war zu einer starken Explosion gekommen. Das Unglück war leider im Labor D2, das mir zugewiesen war, geschehen. Die Rettungsarbeiten waren bereits in vollem Gange. Ausgerechnet Professor Günthard persönlich leitete die Operationen. Er evakuierte das gesamte Personal aus dem Raum D2. Ich stand betroffen daneben und wusste nicht, was ich tun sollte. Ich war wie gelähmt vom Schock der Ereignisse. Günthard dagegen schien die Gelegenheit, seine Führungsqualitäten unter Beweis zu stellen, in vollen Zügen zu geniessen.

Am stärksten betroffen war ein Mechaniker aus der mechanischen Werkstatt, der zum Zeitpunkt der Explosion in einer Ecke des Labors ein Stück Aluminium eloxiert hatte. Dazu hatte er in einem Abzug das Leichtmetall wie damals üblich mit Schwefelsäure und schwarzer Beize behandelt. Die Wirkung der Explosion am anderen Ende des Labors reichte bis zum Abzug, wo der Mechaniker arbeitete. Schwefelsäure und Beize trafen ihn im Gesicht und am Körper. Als ich ankam, sass er hoffnungslos auf einem Stuhl und wartete auf Hilfe. Kurz darauf wurde er zu einem Krankenwagen geführt, der ihn ins Universitätsspital Zürich brachte. Dort musste er zahlreiche Hauttransplantationen über sich ergehen lassen. Ich besuchte ihn danach mehrmals im Spital. Natürlich tat mir der Unfall, den ich nicht hatte verhindern können, leid, und ich überwies ihm später persönlich 1000 Franken Schmerzensgeld aus meinem eigenen Portemonnaie. Zum Glück trug er keine bleibenden Schäden davon.

Die Verantwortung für diesen Vorfall trug leider einer meiner besten Doktoranden. Er hatte Kristalle züchten wollen und hatte dazu etwa hundert Gramm Dimethylammoniumperchlorat verwendet – allein der Name klingt schon giftig. Diese Substanz hatte er in einem Glasgefäss in einem Lösungsmittel aufgelöst, um das Gemisch danach auf einer Heizplatte langsam auszukristallisieren. In der Zwischenzeit hatte er kurz das Labor verlassen. Doch dann passierte es. Die noch anwesenden Mechaniker berichteten später, dass der Inhalt schnell braun geworden war, wie verrückt zu rauchen begonnen hatte und heftig explodiert war. Mein Doktorand hatte offenbar nicht erkannt, dass die Reaktion dermassen aus dem Ruder laufen könnte, und hatte deshalb niemanden über den Versuch informiert, bevor er den Raum verlassen hatte.

Die Schwefelsäure hatte auch Böden, Tische und Geräte im Labor zerstört. Fenster waren in Bruch gegangen, die Scherben waren auf die Trottoirs an der Universitätsstrasse geschleudert worden, wo sie zum Glück niemanden getroffen hatten. Günthard tat so, als würde das ganze Haus zusammenstürzen, und bewässerte sofort alle Räume, um weiteren Schaden zu verhindern. Mir schien diese Reaktion übertrieben, aber ich getraute mich nicht, ihn darauf hinzuweisen. Wir sprachen nie mehr über die Verantwortlichkeiten für den Unfall. Aber ich hatte schlaflose Nächte und konnte ihm nicht mehr in die Augen schauen, ohne dass ein Schock durch meinen ganzen Körper ging. Später musste ich einen Schadensbericht an die Schulverwaltung schicken, und das ganze Labor wurde renoviert, die Möbel wurden ersetzt. Am Schluss hatten wir eines der modernsten Labors im ganzen Gebäude.

Dummerweise war die Beziehung zwischen dem verantwortlichen Doktoranden und Hans Heinrich Günthard schon vor diesem Ereignis angespannt gewesen, denn dieser hatte ihn ursprünglich in seine Forschungsgruppe aufnehmen wollen. Doch der brillante Student hatte sich für meine Gruppe entschieden. Ich hatte den Ruf, meine Mitarbeiter humaner und liberaler zu führen. Ich bemühte mich auf jeden Fall, hinter jedem Wissenschaftler auch den Menschen zu sehen. Meine Mitarbeiter sollten das Gefühl oder sogar die Gewissheit haben, dass der Erfolg der Gruppe, den wir damals hatten, auch ihr Verdienst war. Gelegentlich lud ich alle zu uns nach Hause ein, oder wir machten eine gemeinsame Wanderung in die Berge, bei denen ich gerne den Wanderführer spielte. Wir hatten einen respektvollen Umgang, mit den Doktoranden verkehrte ich jedoch in der Höflichkeitsform. Erst wenn sie die Dissertation abgeschlossen hatten, bot ich dem Betreffenden das Du an.

Die Arbeitsdisziplin habe ich tatsächlich immer grossgeschrieben. «Ferien» war für mich ein Unwort, es existierte nicht in meinem Universum. Natürlich musste ich meinen Mitarbeitern manchmal Ferien zugestehen, auch wenn ich es lieber nicht getan hätte. Ich machte schliesslich auch nie Urlaub, jedenfalls nicht freiwillig. Das bedeutete allerdings nicht, dass sich meine Doktoranden und Postdoktoranden immer im Labor oder bei der Arbeit zeigen mussten. Es war ihre Leistung, die mich interessierte, nicht ihre Präsenz an sich.

Exzellente Schüler ziehen noch bessere Schüler an, denen sie folgen können, das hat sich bewahrheitet. Ich hatte das Glück, einige der besten Studenten für mich gewinnen zu können. Viele meiner Doktoranden und Postdoktoranden wurden später Professoren und heimsten Preise ein. Vor allem in den späteren Jahren hatte ich auch einige sehr gute Doktorandinnen, obwohl dieser sehr technische Fachbereich eine männliche Domäne ist – früher fast ausschliesslich und heute immer noch mehrheitlich. Wollte ich alle meine so geschätzten Mitarbeiterinnen und Mitarbeiter hier aufzählen, würde ich bestimmt jemandem nicht gerecht werden, den ich in meinem Alter vielleicht vergessen habe. Natürlich hatte ich auch Mitarbeiter, die einen anderen Weg einschlugen, oft aus eigener Einsicht. Manchmal, wenn ein Doktorand einfach nie auf einen grünen Zweig kam, musste ich ihn auch zur Seite nehmen und ein ernstes Wort mit ihm sprechen, ihm vielleicht sogar empfehlen, eine andere Tätigkeit zu suchen. Alle aber waren wunderbare Menschen, die meisten waren richtige Individualisten. Manche hatten auch einen schwierigen Charakter. Doch irgendwie schafften wir es immer, aus all diesen unterschiedlichen Persönlichkeiten eine erfolgreiche Gruppe zu bilden. Am Ende waren wir so eng zusammengewachsen, dass wir nur noch als «Richard Ernsts NMR-Familie» bekannt waren.

Wege aus der Familienkrise

Dunkle Wolken zogen jedoch in meinem Familienleben auf. Die Ursachen lagen tief in der Vergangenheit und hatten auch mit meiner engen Beziehung zu meiner Mutter zu tun. Für sie war es ein Schock, als Magdalena und ich 1963 die Schweiz verliessen, um unser Glück in Kalifornien zu finden. Zwar hatte ich nie Zweifel an diesem Vorhaben aufkommen lassen, und auch meine Mutter wusste, dass ich diesen Schritt machen wollte. Gleichzeitig hatte aber auch meine Schwester Verena geheiratet, und die Jüngste, Lisabet, war ausgezogen. Plötzlich war meine Mutter im grossen Haus in Winterthur an der Gottfried-Keller-Strasse 67 alleine.

Deshalb war es nur logisch, dass wir nach unserer Rückkehr mit unserer inzwischen um zwei Töchter angewachsenen Familie wieder in meinem Geburtshaus einzogen. Die Wohnung im ersten Stock war frei geworden. Das hatte zu Beginn einige Vorteile. Wir mussten nicht lange nach einer Wohnung suchen, meine Mutter freute sich auf uns und ihre Enkelkinder, und die Kinder hatten genügend Platz zum Spielen in Haus und Garten. Auch die Lage nahe beim Bahnhof Winterthur war perfekt; ich konnte jeden Tag mit dem Zug nach Zürich ins Labor pendeln.

Die Rückkehr war für uns dennoch ein zweiter Kulturschock. Das Leben in der Schweiz war im Vergleich zu jenem in den USA viel altmodischer, irgendwie beengend. In der Schweiz durften die Frauen damals noch immer nicht wählen und abstimmen. Das Forscherumfeld in den USA war zwar kompetitiv, doch wir erlebten die Menschen als fair und kollegial. Die ETH in Zürich, das «Poly», war dagegen noch in den Hierarchien des 19. Jahrhunderts verhaftet. Es waren aber vor allem die kleinen Unterschiede, die uns auffielen: engere Strassen statt breiter Highways, kleine Krämerläden statt grosser Einkaufszentren, viel Handarbeit statt moderner Haushaltsgeräte.

Am 9. Dezember 1972 kam in Winterthur unser drittes Kind zur Welt, unser Sohn Hans-Martin. Endlich ein Sohn, dachten alle, vor allem die Vertreter des Familienzweigs Ernst. Die Taufe wurde zu einem grossen Fest. Die Grossmutter brachte Geschenke; Tanten und Onkel eilten herbei, und alle freuten sich riesig darüber, dass wir nun endlich einen Stammhalter hatten. Erst im Rückblick wird mir klar, dass ich als Vater unbewusst dem Rollenmuster verfallen war, unter dem ich als Heranwachsender doch selbst so gelitten hatte. Hans-Martins Geburt war damals vor allem für seine acht Jahre ältere Schwester Anna ein Schock. Sie war zuvor das Lieblingskind meiner Mutter gewesen und hatte viel Zuneigung erfahren. Plötzlich wurde sie in die zweite Reihe versetzt, und sie reagierte heftig. Magdalena erzählte mir, dass Anna seit diesem Tag nie mehr einen Rock tragen wollte, wie es sich für Mädchen eigentlich gehörte, sondern nur noch Hosen. Sie wurde ein richtiges Bubenmädchen und spielte lieber draussen Fussball als zu Hause mit Puppen.

Zugegeben, viele Ereignisse, die in der Familie stattfanden, erfuhr ich erst später von Magdalena. Wie ich es ihr vor der Hochzeit angekündigt hatte, nahm ich mir kaum Zeit für die Familie.

Ich war zufrieden, wenn ich in Ruhe arbeiten konnte und die kleinen Reparaturen im Haus gemacht waren. Das tat ich gerne, meistens auch für meine Mutter. Daneben kümmerte ich mich weder um die Erziehung noch um die Schule meiner Kinder, ich wusste nicht einmal, wo sie in die Schule gingen. Den Sonntagsspaziergang mit den Kindern liess ich oft aus, was meine Frau damals wehmütig auf die jungen Väter blicken liess, die mit den Kinderwagen unterwegs waren. Wenn wir in den Urlaub fuhren, worauf ich mich manchmal höchst widerwillig einliess, nahm ich Arbeit mit. Manchmal, bei schönem Wetter, unternahmen wir gemeinsam eine Familienwanderung, doch wann immer sich eine Möglichkeit ergab, vertiefte ich mich in einem Zimmer der Ferienwohnung, das ich zu einem temporären Büro umfunktionierte, in meine zweidimensionalen Spektren oder in die wissenschaftliche Literatur.

Die meiste Zeit verbrachte ich mit Wissenschaft und Forschung. Früh am Morgen ging ich aus dem Haus und kam abends erst spät zurück. Auch an den Wochenenden brütete ich lieber über magnetischen Atomen und gepulsten Radiowellen, als dass ich meinen Sohn umsorgt oder mit meinen Töchtern gespielt hätte.

Während in Kalifornien Arbeitsplatz und Wohnort nicht weit voneinander entfernt gewesen waren und ich deshalb noch intensiver am Familienleben teilgenommen hatte, auch wenn ich damals schon viel gearbeitet hatte, schien mir die Distanz zwischen Winterthur und Zürich ungleich viel grösser zu sein. Das war sie auch, nicht nur aufgrund der Distanz, sondern auch gefühlsmässig. Ich hatte zudem viele Selbstzweifel. Wissenschaftlich, so redete ich mir ein, hätte ich immer noch nichts erreicht. Trotz meiner Erfolge war ich sehr unsicher, vielleicht auch zu sehr nach innen gekehrt. Es waren die Probleme mit den Maschinen und die ständige Suche nach dem wissenschaftlichen Durchbruch, die mir schlaflose Nächte bereiteten, nicht die Kinder, nicht die Sorgen meiner Frau. Ich war buchstäblich mit den Maschinen verheiratet.

Wenn man im Beruf derart gefordert ist, übersieht man die kleinen Verwerfungen zu Hause gerne. Oder man glaubt, dass alles automatisch wieder in Ordnung komme. Doch allmählich wurden die Risse grösser, die Probleme stauten sich auf. Die Beziehung zwischen Magdalena und ihrer Schwiegermutter wurde immer schwieriger. Meine Mutter war seit dem Tod meines Vaters die unangefochtene Herrscherin im Hause. Und sie gab Magdalena zu verstehen, wie sie einen Haushalt zu führen hatte. Wenn Magdalena mehr im Garten tun sollte, schenkte ihr meine Mutter einen Laubrechen oder eine Rebschere zum Geburtstag. Auch in die Erziehung mischte sie sich ein – nichts konnte Magdalena ihr recht machen. Als sich meine Frau einmal wehrte, gab uns meine Mutter unmissverständlich zu verstehen, dass es an der Zeit sei, auszuziehen – und sprach eine Woche lang nicht mehr mit uns. Hinterher bereute sie es zwar. Aber Magdalena hatte genug.

Irgendwie geriet ich zwischen die Fronten. Für meine Mutter war ich der Mittelpunkt ihres Lebens, insbesondere nach dem Tod meines Vaters. Auch für mich war meine Mutter sehr wichtig, ich hätte sie nie im Stich gelassen. Allerdings war ich immer seltener zu Hause, immer öfter auf Reisen: Kongresse, Symposien, Sommerschulen, Laborbesuche, Einladungen rund um die Welt häuften sich, je länger ich im Wissenschaftsbetrieb tätig war. Diese Dinge gehören einfach zu einem Forscherleben, das hatte ich von Beginn an gewusst und akzeptiert. Für Magdalena war das nicht einfach, alleine mit den Kindern und der anspruchsvollen Schwiegermutter. So schlitterte sie langsam in eine Erschöpfungsdepression, ohne dass ich das wirklich wahrnehmen wollte. In diesem Moment – die Situation kulminierte Anfang 1976 – stand auch unsere Ehe auf Messers Schneide.

Auch die Kinder litten unter der Situation. Unsere älteste Tochter Anna bekam offensichtliche Probleme in der Schule. Es war nicht sicher, ob sie die Sekundarschule würde besuchen können. Mit viel Glück schaffte sie es dann doch, und später bewältigte sie sogar den Übertritt an die Diplommittelschule. Eine verständnisvolle und grossartige Sozialarbeiterin, die für die Kirche arbeitete, half Magdalena in dieser Zeit, ihre Depression zu überwinden. Sie rettete unsere Familie. Sie und andere rieten uns, auch für Anna Unterstützung zu suchen. Sie hätte in eine Gruppenpsychotherapie gehen sollen. Doch dann empfahl der amtliche Jugendpsychiater meiner Frau, den Blick auszuweiten. Wenn wir jetzt nur Anna

Richard Ernst in seinem Büro an der ETH Zürich, im Alter von ungefähr 44 Jahren.

Die Familie Ernst in ihrem neu erbauten Eigenheim in Winterthur im Jahr 1978: Anna, Richard, Magdalena, Hans-Martin und Katharina Ernst (v.l.n.r.).

behandeln würden, sagte der Fachmann, treffe es dann das nächste Kind mit anderen Problemen, einfach das schwächste. Er überzeugte Magdalena, stattdessen die ganze Familie einzubeziehen und eine Familientherapie in Angriff zu nehmen, natürlich unter der Bedingung, dass auch ich mich dazu bewegen liesse.

Das war keine leichte Aufgabe für Magdalena. Meine Einstellung gegenüber psychologischen und psychiatrischen Therapien hatte sich auch nach meinem Nervenzusammenbruch nicht geändert, zumal ich mich damals – so schien es mir – aus eigener Kraft herausgearbeitet hatte. Ich war schlicht beratungsresistent. Ich war stolz, vielleicht zu stolz, aber Magdalena und die Kinder litten sehr unter der ganzen Situation, und sie bat mich inständig, an der Therapie teilzunehmen. Ich willigte zum Glück ein. Für ein halbes Jahr besuchten wir regelmässig zwei Fachärzte vom Jugendpsychiatrischen Dienst. In den Sitzungen lernten wir vor allem, wieder miteinander zu kommunizieren. Zusammen machten wir jeden Tag einen Abendspaziergang im Quartier und tauschten uns über das Tagesgeschehen aus. Und das Wunder geschah, die Therapie half uns tatsächlich aus dem Schlamassel.

Anna wurde besser in der Schule. Ein halbes Jahr später schaffte sie die Aufnahmeprüfung in die Diplommittelschule. Dann legte sie eine erstaunliche und erfolgreiche Karriere hin. Zuerst lernte sie Kindergärtnerin. Und sie wurde eine hervorragende Kindergärtnerin. Weil sie immer mit den Kindern Fussball spielte, hatten insbesondere die Knaben grosse Freude an ihr. Später besuchte sie die Kunstgewerbeschule, wurde Werklehrerin und hatte als kreative Künstlerin einige erfolgreiche Ausstellungen. Von Österreich aus, wo sie verheiratet ist, besuchte sie in München eine Schule für Kunsttherapie. Zuletzt machte sie sogar noch eine Ausbildung als Psychotherapeutin an der Universität Wien, und heute betreibt sie eine erfolgreiche Praxis in Wien. Auch Katharina und Hans-Martin gingen ihren eigenständigen Weg. Katharina wurde Primarlehrerin und später Logopädin. Bei der Maturaprüfung machte sie den besten Abschluss ihres Jahrgangs. Für meinen Sohn Hans-Martin hatte ich schon eigene Pläne, gerne hätte ich ihn als Naturwissenschaftler gesehen. Früh schon hatte er ein fast enzyklopädisches Gedächtnis und entwickelte eine unglaubliche Leidenschaft für Eisenbahnen. Schon als Kind kannte er Typen, Nummern und Wappen aller Lokomotiven in- und auswendig, die auf dem Schweizer Schienennetz verkehrten, und wenn ich jeweils von der Arbeit kam, wollte er wissen, von welcher Lok mein Zug gezogen worden war. Er schien mir auf dem richtigen Weg zu sein, als er bei der Aufnahmeprüfung ins Gymnasium in Mathematik die Bestnote 6 erhielt. Sein Lehrer sagte, er habe in Mathematik noch nie einen solch guten Schüler gehabt wie meinen Sohn. Doch mein Wunsch, dass eins meiner Kinder in meine Fussstapfen treten würde, hat sich nicht erfüllt. Hans-Martin wollte Psychologie studieren. Nach dem Lizenziat arbeitete er zuerst in der Marktforschung und im Finanzwesen, bis er mit über vierzig Jahren die Ausbildung zum Therapeuten in Angriff nahm. Heute arbeitet er als Psychotherapeut in einer angesehenen Privatklinik.

Meine Kinder sind alle sehr selbstständig geworden. Sie hatten wohl keine andere Chance. Ich war ihnen kein guter Vater. Mein wichtigster Erziehungsbeitrag sei das abschreckende Beispiel gewesen, sagte ich später den Journalisten, wenn sie mich nach meinem Privatleben fragten. Wissenschaft und Forschung waren immer meine ersten Prioritäten. Ich war mir sicher, dass man als Forscher eine Einstellung braucht, die ich als Mut zur Selbstverachtung bezeichnen möchte. Mich selbst möglichst glücklich zu machen, lag nicht in meiner Persönlichkeit. Leider habe ich auch keine Enkelkinder, was mich als Stammhalter der Familie Ernst schmerzt. Und ich werde das wohl nicht mehr erleben.

Früher hätte meine Herkunft es verboten, solch persönliche Probleme an die grosse Glocke zu hängen. Heute, am Ende eines langen Lebens, macht es mir keine Mühe mehr, dies offen auszusprechen. Und – zumindest beurteilt dies Magdalena so – ich habe auch sehr von dieser Therapie profitiert. «Er kann ja sogar lachen», bemerkten alte Bekannte meine Veränderung von einem ernsten und scheuen Selbstzweifler zu einem sogar humorvollen Menschen. Aber meine Zweifel und Selbstkritik habe ich nie ganz abgelegt.

Schon vor der Familientherapie hatten wir uns entschieden, ein eigenes Haus zu bauen. Wir wohnten jetzt nicht mehr an der Gottfried-Keller-Strasse 67. Auch wenn ich manchmal wehmütig an diese schöne Gründerzeitvilla mit ihren hohen Räumen und dem stilvollen Treppenhaus zurückdenke, war es gut, dass wir nun ein eigenes Heim hatten.

Ich hatte auch später nicht mehr Zeit für die Familie, im Gegenteil. Je weiter ich in meiner Karriere kam, umso grösser waren die Verpflichtungen, die oft mit Abwesenheiten verbunden waren. Zum Glück konnte Magdalena gut mit diesen Entbehrungen umgehen. Sie hat zwar ihren Beruf als Lehrerin für mich aufgegeben und ist mit mir in die USA gezogen, aber sie hat nie ihre Interessen vernachlässigt. Sie zählte nicht zu den Frauen, die ihrer Männer und Kinder wegen auf die eigene Entfaltung verzichten – und das hat mich in den meisten Jahren natürlich auch sehr entlastet. Sie hat sich Zeit genommen für das, was ihr am Herzen lag: das Geigenspiel, das Mitsingen in Chören, Kammermusik, Literatur und Kunst. In den tibetischen Gemälden, den Thangkas, haben wir ein gemeinsames Interesse gefunden.

In der Erfolgsspur

Inwieweit mich der Erfolg der Familientherapie auch in der Wissenschaft wieder in die Spur brachte, fällt mir im Nachhinein schwer zu beurteilen, aber der Einfluss war sicher positiv. In der Tat ging es ab Mitte der 1970er-Jahre aufwärts. Plötzlich schien das Interesse an unseren Methoden in Fachkreisen anzuwachsen. In dieser Zeit kündigte ich meine Beratertätigkeit für Varian endgültig auf. Ich hatte eine Anfrage von der Firma Bruker erhalten, die seit Langem enge Beziehungen zur ETH und insbesondere zum Laboratorium für Physikalische Chemie hatte. Bereits Hans Heinrich Günthard und Hans Primas, meine beiden Doktorväter, hatten mit der Bruker-Vorgängerin, der Zürcher Elektrotechnikfabrik Trüb, Täuber & Co AG, frühe Kernresonanzspektrometer entwickelt, bevor diese von Bruker aufgekauft und in «Spectrospin» umbenannt wurde. Später, ab 1969, hatte Bruker-Spectrospin als erstes kommerzielles Unternehmen meine bei Varian entwickelte Fourier-Transformations-Methode übernommen. Treibende Kraft bei Bruker-Spectrospin war damals ein Mann namens Tony Keller, mit dem ich auch später eng zusammenarbeiten sollte. Er war ein visionärer Manager, gleichzeitig aber auch Wissenschaftler genug, um die Chancen und Risiken meiner Methode richtig abschätzen zu können. Das Patent gehörte zwar damals noch der Firma Varian und war auf Wes' und meinen Namen angemeldet, doch über eine Lizenzvereinbarung stand der Verwertung durch Bruker nichts im Wege. Wie bei solchen Patenten üblich, verdiente später vor allem Varian an dem Erfolg. Da ich das Patent formal als Angestellter angemeldet hatte, blieb mir nur die Patentgebühr von rund hundert Dollar.

Bereits 1969 berichtete ich in meinen Briefen an Wes Anderson, der damals immer noch Leiter der wissenschaftlichen Abteilung von Varian war, von dem regen Interesse der Bruker-Leute an meiner Arbeit. Doch aus Loyalitätsgründen blieb ich Varian lange treu, obwohl das Management der Firma die Chancen, die im Bereich der Kernmagnetresonanztechnologie lag, offensichtlich unterschätzte. Doch dann kam der richtige Moment: Als mich Mitte der 1970er-Jahre Günther Laukien, Gründer und Spiritus Rector der Firma Bruker, um eine Zusammenarbeit anfragte, fiel mir der Entscheid leicht. Bruker war inzwischen zum Marktführer bei den NMR-Geräten aufgestiegen. Zum einen lag dies an der konsequenten Umsetzung der bei chemischen Analysen viel empfindlicheren Fourier-Transformations-Technologie, zum anderen aber auch an der Entwicklung von NMR-Spektrometern mit supraleitenden Magneten ab 1970. Mit Supraleitermagneten, die sich dadurch auszeichnen, dass der Strom praktisch widerstandsfrei durch die Magnetspulen fliesst, lassen sich viel höhere und stabilere Magnetfelder erzeugen als mit den herkömmlichen Elektromagneten. Mit höheren Magnetfeldern können aber Resonanzeffekte gemessen und entdeckt werden, die vorher gar nicht ersichtlich waren.

Die intensive Zusammenarbeit mit Bruker-Spectrospin fand in der Folge vor allem im Bereich der mehrdimensionalen NMR-Spektroskopie für Biomoleküle statt. Im Jahr 1976 hatte ich mich mit meinem ETH-Kollegen Kurt Wüthrich zusammengetan. Wir schafften es, Geldmittel für ein gemeinsames Projekt für die «Entwicklung und Anwendung von 2D-NMR bei Proteinen» zu erhalten. Damals legten wir den Grundstein für eine überaus erfolgreiche Forschergemeinschaft, die in Fachkreisen als die «Zürcher Gruppe» bekannt wurde. Es war der Beginn einer über zehn Jahre dauernden Zusammenarbeit, die erst 1986 endete. Daraus ergaben sich viele gemeinsame Publikationen, aber auch zahlreiche Patente, welche die Firma Bruker-Spectrospin kommerziell nutzen konnte. Kurt Wüthrich und ich hatten vorher schon lose Kontakte, vor allem wenn es um technische Fragen oder den Zugang zu den Messgeräten ging, die ich ja zu betreuen hatte. Er war 1969 aus den USA zurückgekehrt. Seit seinen frühesten Arbeiten an der Universität Berkeley und in den Bell Labs hatte er sich auf die Erforschung grosser und komplizierter Biomoleküle wie zum Beispiel Blutproteine mittels der NMR-Methode spezialisiert. Ich dagegen war eher der Ingenieur, der möglichst perfekte Messinstrumente bauen wollte. Eines Tages, es mag etwa 1975 oder 1976 gewesen sein, besuchte uns Kurt Wüthrich wieder einmal in unserem Labor. Auf dem Tisch lag ein Spektrum, das wir nach unserer neuartigen zweidimensionalen Methode erarbeitet hatten. Es traf ihn wie ein Blitz. Er setzte sich hin, nahm den Kopf zwischen die Hände und grübelte darüber. Er erkannte sofort, wie nützlich diese Methode für die Untersuchung hochkomplexer Biomoleküle sein könnte.

Uns interessierten vor allem die Proteine. Diese Bestandteile des Lebens machen einfach alles im Körper: Als Enzyme sind sie Produktionsmaschinen, Schleusenwärter in den Zellen, Regulatoren für die genetischen Funktionen oder auch nur Strukturelemente. Ein Eiweiss gleicht einer in sich zusammengerollten bunten Perlenkette. Die Farbe der Perlen könnte in einer solchen Metapher den Grundbausteinen der Proteine entsprechen, den zwanzig Aminosäuren. Die Art, wie diese Perlenketten zusammengerollt sind, trägt entscheidend dazu bei, ob und wie diese Werkzeuge des Lebens funktionieren. Eine Perlenkette kann Dutzende bis Hunderte von Aminosäuren enthalten, und in all diesen Bausteinen sind auch Wasserstoffatome eingebunden, die sich im Prinzip mittels Kernmagnetresonanz untersuchen und lokalisieren lassen. Die Aussicht, mittels «unserer» Methode die Wasserstoffatome als Spione benützen zu können und die genaue Struktur der Perlenkette – nicht nur die Abfolge der Perlen, sondern eben auch Form und Faltung – zu entziffern, war aufregend. Die Kernresonanzspektroskopie hatte zudem den entscheidenden Vorteil, dass man die Proteine so erforschen konnte, wie sie in der Natur vorkommen, weil sie bei den NMR-Experimenten in wässriger Lösung gemessen werden. Sie falten sich dort wie im Körper.

Wir machten uns mit jeweils zwei oder drei Postdoktoranden gleich an die Arbeit. Ich brachte das methodische und technische

Erste internationale Konferenz für MRI-Bildgebung in Nottingham, 1976. Richard Ernst ist in der Mitte links (mit Brille) erkennbar, rechts vor ihm Paul Lauterbur, hinter ihm Sir Peter Mansfield (leicht verdeckt). Beide erhielten später auch den Nobelpreis.

Das am 10. Oktober 1985 in Zürich aufgenommene MRI-Bild zeigt einen Querschnitt durch den Kopf von Richard Ernst.

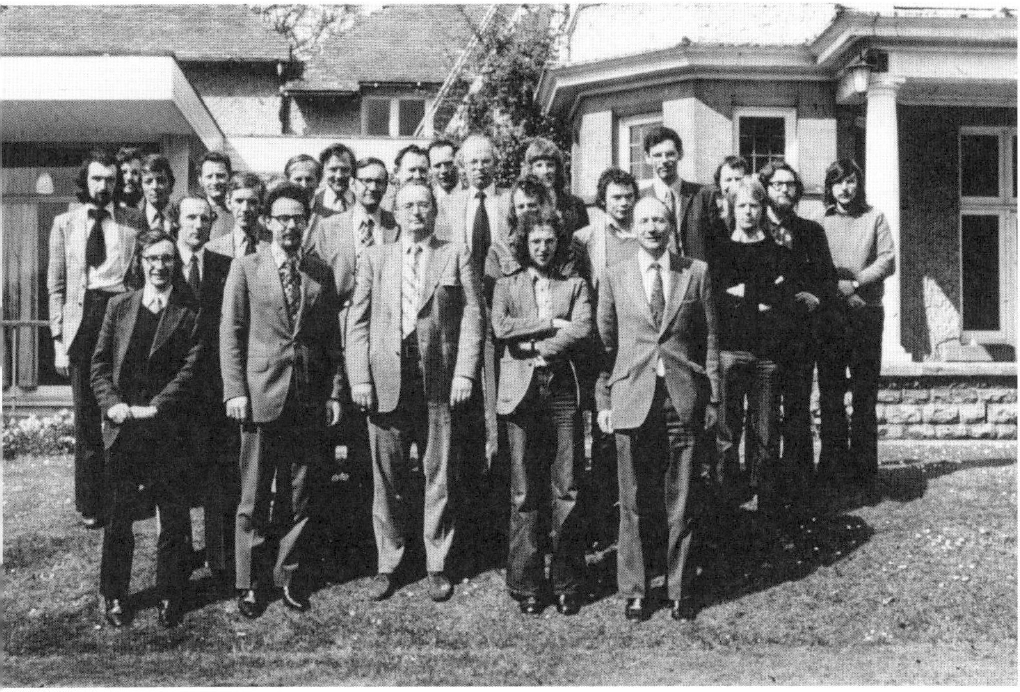

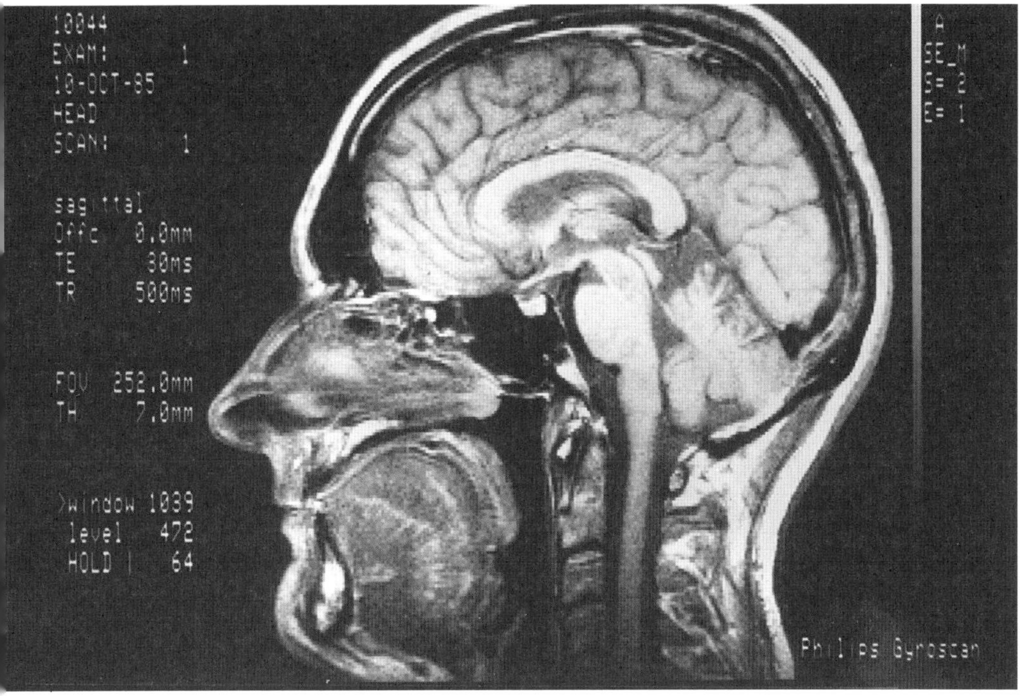
10044
EXAM: 1
10-OCT-85
HEAD
SCAN: 1
sagittal
Offc 0.0mm
TE 30ms
TR 500ms
FOV 252.0mm
TH 7.0mm
>window 1039
level 472
HOLD | 64
A
SE_M
S= 2
E= 1
Philips Gyroscan

Know-how ein, Kurt Wüthrich experimentierte und erforschte die konkreten Anwendungen an den Proteinen. Über zehn Jahre lang brachten wir die theoretische und praktische Entwicklung der mehrdimensionalen NMR-Spektroskopie entscheidend voran. Doch je länger unsere Zusammenarbeit dauerte, umso schwieriger wurde sie. Er setzte die Zielvorstellungen fest und konnte am Schluss mit konkreten Resultaten aufwarten, wenn es wieder einmal gelungen war, die Struktur eines Proteins zu entschlüsseln. Meine Arbeit war theoretischer, schwieriger vermittelbar und schon gar nicht im Rampenlicht der Medien. Manche sagten, ich hätte den Ferrari gebaut, und er habe damit das Rennen gewonnen. Immer wieder gab es Auseinandersetzungen darüber, wie die gegenseitigen Beiträge in den Publikationen zitiert werden sollten. Dass wir einander zitierten, war bei unserer engen Zusammenarbeit unvermeidlich. Ich griff auf seine Resultate zurück, um zu zeigen, dass meine Methoden funktionierten; er musste meine Methoden zitieren, mit denen er seine Ergebnisse erzielte und die Struktur der Proteine entziffern konnte. Dies verknüpfte natürlich auch unsere Leistungen. Zwar hatten wir beide neben unserem gemeinsamen Projekt noch viele andere Forschungen. Doch immer mehr schien mir das nötige Gleichgewicht für eine fruchtbare Zusammenarbeit aus dem Lot zu geraten. Zu unterschiedlich waren unsere Charaktere. Kurt Wüthrich war der selbstbewusste Leistungsmensch, der immer sagen wollte, wo es langgeht. Ich blieb der eher scheue, in sich gekehrte Forscher, der lieber im stillen Kämmerlein vor sich hin brütete, auf der Suche nach einem neuen Durchbruch. 1986 beendeten wir unser gemeinsames Projekt. Jeder ging wieder seinen eigenen Weg, die Kontakte beschränkten sich fortan auf ein professionelles Minimum.

Wissenschaftlich gesehen war das Unternehmen trotzdem ein grosser Erfolg. Ohne Zweifel schaffte es Kurt Wüthrich in seinen Experimenten als Erster, konsequent die zwei- und mehrdimensionale NMR-Methode für Biomoleküle anzuwenden und die Struktur immer grösserer und komplizierterer Eiweissmoleküle zu entziffern. Technisch war dies eine riesige Herausforderung. Man musste dafür spezielle Pulssequenzen entwickeln. Auch die Analyse der Daten und deren Umsetzung in aussagekräftige Spektren waren ein Meisterwerk. Bis Ende der 1980er-Jahre wurde das Potenzial der Methode offensichtlich. Heute hat die Kernmagnetresonanz andere Verfahren, wie die Röntgenkristallanalyse, für viele

Fragestellungen hinter sich gelassen. Zuweilen gelingt es sogar, das «Leben» solcher Eiweisse dynamisch zu verfolgen und sie sozusagen *in action* zu beobachten.

Die rasante Entwicklung der Magnetresonanzverfahren war ein wichtiger Teil des Technisierungsschubs in den Naturwissenschaften und der Medizin in der zweiten Hälfte des vergangenen Jahrhunderts. Der Fortschritt beruhte zwar auf den Erkenntnissen aus der Grundlagenforschung, doch wäre er nie möglich gewesen ohne Beteiligung der Industrie. Zu Beginn finanzierte die ETH die von Kurt Wüthrich und mir initiierten Projekte, doch bald zog sich die Hochschule aus Spargründen zurück. Dann weitete die Firma Bruker-Spectrospin ihr Engagement aus, und eine auf anwendungsorientierte Forschung spezialisierte Schweizer Förderinstitution, die Kommission zur Förderung der wissenschaftlichen Forschung, sprang in die Bresche. Erst der Glaube an das Potenzial dieser Methode ermöglichte es, dass die Kernmagnetresonanztechnologie von einer teuren und eigentlich unproduktiven Messmethode Anfang der 1970er-Jahre zu einem heute weltweit verbreiteten und hocheffizienten Verfahren in Chemie, Biologie und Medizin wurde. Und noch schöner ist, dass die Schweiz in diesem Bereich im Konzert der Grossen immer mit dabei war.

1983 begann sich das für mich endlich auch in Preisen auszuzahlen. Ich erhielt die Goldmedaille der in Fachkreisen renommierten wissenschaftlichen Gesellschaft für Magnetresonanz in der Medizin, die in San Francisco vergeben wurde. 1986 folgte der Marcel-Benoist-Preis, eine der bedeutendsten Wissenschaftsauszeichnungen in der Schweiz. Ich wähnte mich schon am Zenit meines Lebens – beinahe am Zenit.

Am Ende das Licht – der Nobelpreis 1991

Im Herbst 1989 wettete mein ETH-Kollege Willi Simon in einer leutseligen Stunde mit mir um 500 Franken. Er sei sich sicher, dass ich dieses Jahr den Nobelpreis gewinnen würde. Ich hielt dagegen, und natürlich gewann ich diese Wette. Ich war sogar froh darüber, denn ich konnte mir mit dem Geld ein teures Buch über tibetische Medizin kaufen und nährte damit meine zweite Leidenschaft neben der physikalischen Chemie, die Freude an tibetischer Kunst und Philosophie. Leider starb Willi Simon kurz darauf, und so erfuhr er nie, dass seine Vorhersage doch noch wahr wurde, wenn auch erst zwei Jahre später.

Dass ich den wichtigsten Wissenschaftspreis für Chemie, den sagenhaften Nobelpreis, gewinnen könnte, wollte und konnte ich in den Jahren zuvor nicht wahrhaben, selbst wenn ich es mir insgeheim wünschte. Mein Gefühl sprach dagegen, und ich glaubte, dass alle Fakten dieses Gefühl stützen würden. Hatte die chemische Fachzeitschrift damals in den 1960er-Jahren nicht meine erste Arbeit über die Fourier-Transformation zurückgewiesen? War mein erstes zweidimensionales Spektrum, das ich im Herbst 1974 an der legendären wissenschaftlichen Tagung in Kandersteg präsentiert hatte, nicht auf viel Skepsis gestossen? Werden die Nobelpreise nicht erst vergeben, wenn man alt und greis ist? Ich war ja in diesem Jahr gerade erst 58 Jahre alt geworden. Zweifel und ein zerbrechliches Selbstvertrauen verfolgten mich selbst in den erfolgreichen Forscherjahren der 1980er-Jahre wie mein eigener Schatten.

In der Zwischenzeit war ich zwar mit einigen Wissenschaftspreisen ausgezeichnet worden: nach dem Marcel-Benoist-Preis 1986 auch mit der Kirkwood-Medaille der amerikanischen Eliteuniversität Yale im Jahr 1989 oder zwei Jahre später mit dem bedeutsamen israelischen Wolf-Preis und dem Louisa-Gross-Horwitz-Preis der Universität Columbia in New York. Jeder einzelne Preis freute mich natürlich, doch hatten diese Ehrungen auch zur Folge, dass ich immer mehr Vorträge halten musste, dass ich an Konferenzen und Kongresse eingeladen wurde, dass ich an Sitzungen teilnehmen musste, dass ich unablässig auf Achse war. Manchmal kam mir auch zu Ohren, dass ich schon die Jahre zuvor immer wieder für den Nobelpreis vorgeschlagen worden war, obwohl dies geheim bleiben sollte. Es war eben durchgesickert in der

Wissenschaftsgemeinde; Gerüchte und Klatsch sind auch bei den Forschenden allgegenwärtig, auch sie sind nur Menschen.

Und dann, am 16. Oktober 1991 um die Mittagsstunde, erreichte mich tatsächlich der Anruf aus Stockholm, mitten auf einem Flug von Moskau nach New York. Journalisten befragten mich über Flugfunk über die Bedeutung des Preises, und ich versicherte ihnen spontan, dass die Auszeichnung ein grosser Erfolg für die Schweiz, für die ETH Zürich und für meine Forschergruppe sei. Aber der Preis war natürlich vor allem eine unglaubliche Genugtuung für mich. So viele Jahre der Entbehrung hatte ich in die Forschung investiert, Tag für Tag war ich von Winterthur nach Zürich gefahren, um sieben Uhr morgens im Büro, abends um acht Uhr zum Abendessen zurück gewesen, um nachher drei Stunden weiterzuarbeiten. Kaum je hatte ich Ferien gemacht. Natürlich hatte ich viel erreicht, Freunde gefunden, tapfere, hervorragende Mitarbeiter. Aber auch Missgunst, Neid und schlichte Ignoranz hatte ich erdulden müssen. Mein Chef an der ETH hat mich immer wie den kleinen «Richi» behandelt, selbst als ich schon Professor war – und er hatte meine Leistungen nicht nur nicht anerkannt, sondern sogar herabgewürdigt. «Das ist doch längst bekannt», sagte er meistens, wenn ich eine Idee vorbrachte, oder: «Das ist ja alles selbstverständlich!» Und dann erhielt doch ich den Nobelpreis. Mir war, als träumte ich. Mit feuchten Augen las ich die Begründung in der Pressemitteilung: «Für seine bahnbrechenden Beiträge zur Entwicklung von …». Langsam begann ich, es zu glauben. «An der Bedeutung der Leistungen von Ernst kann kein Zweifel sein», schrieb die *Frankfurter Allgemeine Zeitung*.

Weil ich am Tag der Verkündung im Flugzeug nach New York sass, wurden meine Frau und mein Sohn Hans-Martin noch am selben Tag nach Zürich an die ETH gerufen, wo eine Pressekonferenz und ein kleines Fest zu meinen Ehren organisiert wurde. Hurrarufe ertönten, hiess es später im Bericht einer Zeitung. Mein Sohn gab zu Protokoll, dass er nicht sehr überrascht gewesen sei, als ihn die Nachricht erreichte. «Heute morgen habe ich gespürt, dass etwas ganz Besonderes in der Luft liegt. Als dann das Telefon geklingelt hat, war es mir irgendwie klar, was man uns mitteilen würde.»

Dann kam auch meine Mutter zu Wort, sie war damals bereits 82 Jahre alt. Sie habe richtig gezittert, erzählte sie Reportern, als ihr Magdalena die freudige Nachricht mitteilte. Sie habe nur noch in den Garten gehen können. «Die Arbeit im Freien hat mir gutgetan, auch wenn ich vor Freude noch immer ganz aufgeregt bin.» Und sie war erstaunt, wie liebenswürdig und freundlich sie alle grüssten, seit ich mit einem Schlag so berühmt war. «Jetzt bin ich die wichtigste Frau in Winterthur», sagte sie.

Mit verstohlenem Vergnügen las ich später die vielen Berichte. Mein ehemaliger Biologielehrer an der Kantonsschule erzählte einer Zeitung, dass «Richard Ernst von A bis Z ein ausgezeichneter Schüler war. Er und die ganze Klasse hatten Charakter. Sie sind mir in bester Erinnerung, weil sie Ansprüche stellten, diese umgekehrt aber auch erfüllten.» Ernst sei ein Schüler gewesen, so der Lehrer weiter, bei dem er gespürt habe, dass dieser seinen Weg machen werde. Ich musste schmunzeln, als ich dies las, und dachte an meinen Verweis, an meine schlechten Noten in Französisch und Latein.

Eine besondere Freude war der Empfang in der Heimat: im Stadthaus in Winterthur. Wer möchte sich nicht einmal fühlen wie die Protagonistin in Dürrenmatts Drama «Der Besuch der alten Dame», die von weit her zurückkehrt und ihrer Heimatgemeinde alle Wünsche erfüllen kann, die man sich dort jemals erträumt hat. Noch nie habe in der Eulachstadt ein solch bedeutendes Ereignis gefeiert werden können, sagte der damalige Stadtpräsident Martin Haas an meinem Empfang. «Er ist ein richtiger Winterthurer!» Die Bilanz in der *Winterthurer AZ* schmeichelte mir ganz besonders: «Winterthur sonnte sich im Ruhm des Nobelpreisträgers.» Das strahlte auch auf die Familie, die Familie Ernst, zurück.

Natürlich war das auch mir bald ein bisschen zu viel – und ich bemühte mich darum, mich bescheiden zu geben. Ich beeilte mich, Dinge zu sagen wie «Ich bin ein ganz normaler Füdlibürger» oder «Den Professorentitel können Sie weglassen». Ich habe damit kokettiert, dass mir der Preis nicht wichtig sei. Es sei nie das Ziel meiner Arbeiten gewesen, irgendeine Auszeichnung zu erhalten, die Hauptaufgabe sei die Forschung – oder die Ausbildung der jungen Generation.

Wechselbad der Gefühle

Der Gewinn des Nobelpreises ist mit einem Wechselbad von Gefühlen verbunden, man ist hocherfreut und hochnotpeinlich berührt im selben Atemzug. Selbstverständlich freut man sich, aber sofort denkt man auch an die vielen Kollegen und Mitarbeiter, mit denen man jahrelang zusammengearbeitet hat. Und der Preis zerrt einen brutal schnell in den Mittelpunkt des Interesses. Aber im Grunde hatte ich meine Menschenscheu nie richtig ablegen können. Ich hasste es immer noch, im Mittelpunkt zu stehen. Smalltalk und leeres Geschwätz waren mir ein Gräuel. Am liebsten arbeitete ich alleine im Labor – hier konnte ich machen, was ich wollte.

Und bei mir war die Situation noch schlimmer. Die Tradition gebietet es, dass ein Preis pro Kategorie unter bis zu drei Preisträgern aufgeteilt werden kann, gerade weil Erfolge in der modernen naturwissenschaftlichen Forschung schon lange nicht mehr die Frucht von Einzelkämpfern sind, sondern mehr denn je von einer – vielfach auch interdisziplinären – Teamarbeit abhängen. Dass ich im Jahr 1991 zum einzigen Chemie-Nobelpreisträger auserkoren wurde, war deshalb eine Ausnahme. Es war mir richtig peinlich.

Der Grund dafür war hauptsächlich mein ETH-Kollege Kurt Wüthrich. Er hatte, wie ich bereits schilderte, die NMR-Methode für grosse, komplizierte Biomoleküle ganz entscheidend vorangebracht im Laufe unserer zehnjährigen Zusammenarbeit und darüber hinaus. Ich hatte die experimentellen und methodischen Grundlagen für die zweidimensionale NMR-Spektroskopie beigesteuert, und er hatte die Anwendungen erweitert und seinerseits bahnbrechende Entdeckungen gemacht. Als ausgebildeter Sportlehrer und leidenschaftlicher Fussballer hatte er seine wissenschaftlichen Ziele mit einer unvergleichlichen Hartnäckigkeit und Leistungsbereitschaft verfolgt. Er war auch schon verschiedentlich als möglicher Kandidat für einen Nobelpreis gehandelt worden. Dass im Oktober 1991 nur ich, der in sich gekehrte, an sich selbst zweifelnde Forscher, diese Auszeichnung erhielt, war ein Schlag ins Gesicht für ihn. Plötzlich sah er seine Felle davonschwimmen, denn wenn das Nobelkomitee ein bestimmtes Gebiet – in meinem Fall die Kernmagnetresonanz – berücksichtigt, bedeutet dies oft, dass dieses Gebiet nicht mehr oder zumindest für lange Zeit nicht mehr zum Zug kommt.

In dem Moment, als ich den Anruf aus Stockholm erhielt, wurde mir all dies klar, und ich blickte dem Treffen mit Kurt Wüthrich in New York, wo wir ausgerechnet in diesen Tagen beide mit demselben Wissenschaftspreis ausgezeichnet wurden, bange entgegen. Es war ein Desaster. Dass nur ich ausgezeichnet worden war, schien auch mir ungerecht. Und machte meinen Forscherkollegen richtig wütend. Kurz nach diesem Zusammentreffen schrieb er mir einen Brief, in dem er mich eindringlich darum bat, seine Ergebnisse in meinen Vorträgen nicht mehr zu erwähnen.

Ab dem Tag, an dem mir der Nobelpreis zugesprochen wurde, herrschte Eiszeit zwischen uns. Unsere Kontakte reduzierten sich noch mehr, gemeinsame Projekte waren absolut undenkbar. Kurt Wüthrich kniete sich noch stärker in seine Forschung über die Biomoleküle hinein. Erst einige Jahre später, im Hinblick auf meine Emeritierung, als es darum ging, meine Nachfolge in der NMR-Forschung an der ETH zu diskutieren, setzten wir uns wieder einmal zusammen. «Restaurant Neue Waid, Nachtessen mit Wüthrich», notierte ich am 29. Juli 1996 in mein Tagebuch, «sehr lockeres und offenes Gespräch, wie wenn nie etwas zwischen uns war, ein sehr erfreulicher Abend.»

Dann, im Herbst 2002, geschah das Wunder. Am 9. Oktober, einem Mittwoch, machte ich mich gerade zu einer Wissenschaftstagung nach München auf, als im Radio die Nobelpreisträger im Bereich Chemie verkündet wurden. Und dann hörte ich etwas, was mich wirklich freute. Ich notierte in mein Tagebuch: «11.45 NP Chemie Ankündigung: 1 Amerikaner + 1 Japaner für Massenspektroskopie ... und Kurt Wüthrich!!!! Was für ein Wunder. Er hat kein E-mail.» Ich wollte ihm sofort gratulieren, erreichte ihn aber nicht. Stattdessen rief mich ein Journalist der Sonntagspresse an. Er erinnerte sich wohl daran, dass ich den Nobelpreis im selben Gebiet erhalten hatte, und fragte nach einer Würdigung Kurt Wüthrichs. «Wird er kriegen», schrieb ich ins Tagebuch. Ich sagte zu, ohne zu zögern, obwohl ich in München weilte und dieser Verpflichtung nur in einer Nachtschicht nachkommen konnte. Am Samstagmorgen lieferte ich den Text fristgerecht ab und schrieb in mein Tagebuch: «Nun fühle ich mich etwas freier.»

Am darauffolgenden Montag erreichte ich Kurt Wüthrich endlich per E-Mail; er rief sofort zurück. Mein folgender Tagebucheintrag unterstreicht meine Erleichterung: «Wüthrich ist wirklich in Hochstimmung und findet diese zwei Preise für uns optimal. Gut, dass wir uns wiederfinden.» Plötzlich wurde mir klar: Wir hatten verschiedene Wege eingeschlagen und akzeptierten einander gegenseitig. Einen Monat später besuchte er mich spontan und für mich völlig überraschend in meinem Labor. «Es entwickelt sich ein sehr offenes Gespräch», notierte ich mir danach. Darin konnten wir endlich die Missstimmung aus dem Weg räumen, die seit 1991 zwischen uns geherrscht hatte: «Er entschuldigt sich für seinen Unmut 1991, aber er fühlte sein Ende in der Wissenschaft, ohne Hass auf mich (?). Er glaubte nicht an einen NP in Chemie, schon eher in Medizin mit Lauterbur.» Dann fachsimpelten wir noch ein wenig über die anderen Nobelpreisträger und unser Gebiet, die Kernmagnetresonanz. Mit Freuden stellte ich fest: «The Zurich Group» hat nie aufgehört zu leben.

Das Geheimnis des Nobelpreises

Aussenstehende mögen sich fragen, wieso ausgerechnet der Nobelpreis bei Wissenschaftlerinnen und Wissenschaftlern so begehrt ist und wie diese Auszeichnung eine derart magische Ausstrahlung weit über die Wissenschaftsgemeinde hinaus in die breite Öffentlichkeit erhalten hat – ein Preis aus einem Land wie Schweden, das zwar hervorragende Wissenschaftler hervorgebracht hat, aber in der Forschung bei Weitem nicht die gleiche Bedeutung hat wie zum Beispiel die USA, England oder auch Deutschland.

Die Geschichte des Preises hängt vor allem mit der schillernden Figur seines Stifters Alfred Nobel, des Erfinders des Dynamits, zusammen. Nobels Leben war voller Brüche und machte ihn zu dem Philanthropen, dessen Vermächtnis bis heute nichts von seiner Strahlkraft verloren hat. Um das zu begreifen, möchte ich hier sein Leben in kurzen Zügen erzählen. Alfred Nobel lebte im 19. Jahrhundert und war ein sehr vermögender, aber einsamer Mensch. Er wurde 1833 in Stockholm in eine Kleinindustriellenfamilie als eines von acht Geschwistern hineingeboren. Schon sein Vater, Immanuel Nobel, war eine Art Erfinder. Doch ging dieser bald in Konkurs und floh vor dem Schuldenturm nach St. Petersburg. Zurück blieben die Mutter Andriette und die Nobel-Kinder, die sich mehr schlecht als recht über Wasser halten konnten. Die Kinder mussten auf der Strasse Streichhölzer verkaufen. Diese Periode bitterster Armut prägte Alfred Nobel für den Rest seines Lebens. In St. Petersburg jedoch wendete sich das Schicksal der Familie: Alfreds Vater war im Munitionsgeschäft tätig und erarbeitete sich so ein gewisses Vermögen. Er konnte seine Familie nach fünf Jahren nachholen und den Kindern eine gute Ausbildung ermöglichen. Seinen Sohn Alfred schickte er nach Paris, wo dieser Chemiker werden sollte. Hier lernte Alfred Nobel den Italiener Ascanio Sobrero kennen, der aus Glycerin, Nitritsäure und Schwefelsäure eine explosive Substanz namens Nitroglycerin hergestellt hatte, aber nicht wusste, was er damit anfangen sollte.

Alfred Nobel jedoch erkannte den Nutzen des Nitroglycerins, und zurück in Stockholm baute er eine Sprengstofffabrik, um diesen Stoff herzustellen. Leider kam es 1864 dabei zu einer Explosion, bei der Alfreds jüngerer Bruder Emil im Alter von erst 19 Jahren starb. Das traf Alfred sehr, weckte aber auch seinen Erfindergeist. Er entwickelte und patentierte einen Zünder und erfand eine Form, in der sich das ölige Nitroglycerin gefahrlos handhaben liess: das Dynamit. Die Geschäfte florierten, und Alfred Nobel errichtete Fabriken auf der ganzen Welt, in Europa, in den Vereinigten Staaten und in Südamerika. Mit seinem Wohlstand wuchs aber auch sein schlechtes Gewissen. Denn obwohl er die Sprengstoffe für zivile Zwecke wie Bauarbeiten erfunden hatte, wurden sie bald auch im Krieg eingesetzt.

Trotz seines Vermögens war Alfred Nobel innerlich zerrissen, melancholisch und nicht selten unglücklich liiert. Als er einmal im Alter von 54 Jahren von einem Journalisten gebeten wurde, sein Leben zu beschreiben, antwortete er ziemlich sarkastisch: «Grösste Verdienste: die Fingernägel rein zu halten und nie jemandem zur Last zu fallen. Grösste Fehler: keine Familie zu haben, keine frohe Laune, kein guter Magen. Grösster Anspruch: nicht lebendig begraben zu werden. Grösste Sünde: nicht dem Mammon zu huldigen. Bedeutende Ereignisse in seinem Leben: keine.»

Alfred Nobel starb am 10. Dezember 1896, im Alter von erst 63 Jahren, an einem Herzinfarkt an seinem damaligen Wohnsitz in San Remo, Italien. Er war zeitlebens kränklich und kinderlos geblieben. Deshalb hatte er sich schon früh Gedanken über sein Testament gemacht und sich letztlich dafür entschieden, sein Vermögen einem guten Zweck zuzuführen. In der letzten Fassung seines Testaments verfügte er, dass sein Kapital in einen Fonds eingespeist werden sollte, dessen Zinsen jährlich als Preisbelohnung an diejenigen verteilt werden sollten, die «im abgelaufenen Jahr der Menschheit den grössten Nutzen erwiesen» hatten. Die Zinsen sollten in fünf gleiche Teile aufgeteilt werden, «von denen ein Teil an diejenige Person fällt, die auf dem Gebiet der Physik die wichtigste Erfindung oder Entdeckung gemacht hat, ein Teil an diejenige Person, die die wichtigste chemische Entdeckung oder

Verbesserung gemacht hat, ein Teil an diejenige Person, die im Bereich der Physiologie oder Medizin die wichtigste Entdeckung gemacht hat …». Weil Alfred Nobel auch ein Faible für die Dichtkunst hatte und ein Philanthrop war, stiftete er zudem noch den Literaturnobelpreis sowie den Friedensnobelpreis. Erst sechzig Jahre später fügte die Akademie den Wirtschaftsnobelpreis hinzu, um der grossen Bedeutung der Ökonomie für das Schicksal der Weltgemeinschaft gerecht zu werden. Bemerkenswert ist, dass der Chemiker Alfred Nobel in seinem Testament auf dem Gebiet der Chemie Entdeckungen und Verbesserungen auszeichnen wollte – im Gegensatz zur Physik, wo er von Erfindungen und Entdeckungen sprach oder der Medizin, wo er nur Entdeckungen vorsah.

Alfred Nobel stiftete den grössten Teil seines Vermögens, das damals 33 Millionen schwedische Kronen ausmachte, dieser Stiftung. Dies würde heute etwa 300 Millionen Schweizer Franken entsprechen. Seine Verwandten und einige seiner treuesten Bediensteten, ja sogar sein Gärtner, erhielten einige Hunderttausend Kronen oder eine lebenslange Rente. Nobels Angehörige waren masslos enttäuscht, dass ihnen nur ein paar Brosamen blieben. Sie wehrten sich vehement und ergriffen alle möglichen juristischen Mittel, um die Vollstreckung von Alfred Nobels letztem Willen zu verhindern. Doch schlussendlich gelang es ihnen nicht, sodass der schwedische König Oskar II. im Jahr 1900 die Nobelstiftung definitiv in Kraft setzen und 1901 der erste Nobelpreis verliehen werden konnte. Seither ist Alfred Nobels Name untrennbar mit den wissenschaftlichen und kulturellen Fortschritten der Gesellschaft verbunden.

Die verlorene Medaille

Endlos ist die Liste der Wissenschaftspreise, die seither versucht haben, den Nobelpreis zu kopieren. Doch keiner kann dem Original das Wasser reichen. Dass ausgerechnet der Nobelpreis einen derartigen Ruhm und eine solch starke Ausstrahlung erreicht hat, hat wohl verschiedene Gründe. Die Namen der bisher Ausgezeichneten tragen mit Sicherheit dazu bei und zeigen, dass das Nobelkomitee gute Arbeit macht. Zwar ist es wahr: Viele, die ihn verdient hätten, erhielten den Nobelpreis nicht. Aber die meisten, die ihn erhielten, verdienten ihn tatsächlich.

Kungliga
Svenska Vetenskapsakademien
har den 16 oktober 1991 beslutat
att med det

NOBELPRIS

som detta år tillerkännes den
som gjort den viktigaste kemiska
upptäckten eller förbättringen
belöna

Richard R Ernst

för hans insatser för
metodutvecklingen inom högupplösande
kärnmagnetisk resonansspektroskopi
(NMR-spektroskopi)

STOCKHOLM DEN 10 DECEMBER 1991

Natürlich gibt es noch viele weitere hervorragende Wissenschaftlerinnen und Wissenschaftler, die bisher nicht ausgezeichnet worden sind. Manche hatten einfach das Pech, dass sie zu früh starben. Andere Forscherinnen und Forscher können gar nicht ausgezeichnet werden, weil für ihr Fachgebiet kein Nobelpreis vorgesehen ist. Oder haben Sie schon einmal von einem Nobelpreis für Mathematik gehört, einem Nobelpreis für Umweltwissenschaften, einem Nobelpreis für Verfahrenstechnik? Andere wurden tatsächlich übergangen, deshalb sollte sich niemand, der nicht ausgezeichnet wurde, schlechter fühlen.

Auch das hohe Preisgeld trägt dazu bei, dass die Attraktivität des Nobelpreises stetig gewachsen ist. Seit der Preis das erste Mal verliehen wurde, bedeutet die Summe des Preises selbst für die nicht selten gut verdienenden Forscher ziemlich viel Geld. Bereits 1901 war der ausbezahlte Betrag von 150 000 schwedischen Kronen etwa der zwanzigfache Betrag eines jährlichen Professorengehalts. Als ich den Preis bekam, belief sich die Summe auf 1,4 Millionen Franken. Es gab natürlich keinen Journalisten, der mich nicht fragte, was ich mit dem Preisgeld anstellen würde. Die Antwort war nicht einfach. Alle erwarteten, dass ich das Geld in die Forschung stecken würde. Das tat ich denn auch, allerdings nicht in die NMR-Forschung, sondern in die Vertiefung meiner zweiten Leidenschaft, der tibetischen Kunst. Das ist jedoch eine andere Geschichte, die ich erst im folgenden Kapitel erzählen werde.

Legendär sind auch das Diplom und die Medaille aus purem Gold, in welche der Name des Preisträgers eingeprägt ist. Noch legendärer sind die Geschichten um die Medaillen, die verlegt, verloren, verkauft, versteigert oder sogar eingeschmolzen wurden. James Watson, der Entdecker der DNA-Struktur und Nobelpreisträger von 1962, soll seine Medaille für fast fünf Millionen Dollar versteigert haben. Und der Physiker Niels Bohr löste während des Zweiten Weltkriegs zwei Medaillen, die er im Auftrag zweier deutsch-jüdischer Preisträger in seinem Institut in Kopenhagen vor den Nazis verstecken sollte, in Säure auf. Nach dem Krieg

Jeder Nobelpreisträger erhält ein Diplom in schwedischer Sprache.

Die Nobelpreismedaille ist aus Gold. Richard Ernst hatte seine Medaille verloren geglaubt. Doch er fand sie schliesslich wieder und vermachte sie dem Archiv der ETH Zürich.

wurde das Gold wieder herausgelöst und die Medaille neu geprägt. Ich hatte meine Medaille in einer Schatulle in meinem Büro zu Hause abgelegt und beachtete sie überhaupt nicht mehr, bis ich sie einmal an der ETH hätte zeigen sollen. Prompt fand ich sie nicht und suchte sie verzweifelt im ganzen Haus – vergebens. Ich argwöhnte schon, dass jemand sie gestohlen und ausser Haus gebracht haben könnte. In der folgenden Nacht träumte ich, die Schatulle mit der goldenen Medaille sei an einem bestimmten Platz auf dem Bücherregal. Als ich am nächsten Morgen nachschaute, lag sie prompt an ihrem Platz. Schnell übergab ich sie als Geschenk dem ETH-Archiv, wo sie heute noch sicher aufbewahrt wird.

Magdalena trifft König Carl Gustaf

Medaille und Diplom werden an der Preisverleihung am 10. Dezember, dem Todestag von Alfred Nobel, übergeben. Diese Zeremonie sowie das anschliessende Nobel-Bankett sind an Glamour und Pomp wohl kaum zu übertreffen. Die Festlichkeiten sind traditionell geprägt von königlichen Hoheiten und royalen Gepflogenheiten, die man in einem sozialdemokratisch geprägten Land wie Schweden gar nicht vermuten würde. Für uns aus der Schweiz, die wir allerhöchstens einen Jasskönig akzeptieren, sind sie sowieso ungewohnt. Strikt sind schon die Kleidervorschriften – für Männer ist ein Frack Pflicht, für Frauen sind die Kleidervorschriften etwas lockerer, aber ein langes Kleid zu tragen ist ein ungeschriebenes Gesetz. Das bereitete meiner Tochter Anna etwelche Mühe, und erst nach langem Bitten liess sie sich entsprechend ausstatten. Natürlich hatte auch ich keinen Frack zu Hause. Doch zum Glück gibt es geschäftstüchtige Stockholmer Kleidergeschäfte, die ein solches Kleidungsstück für 250 Franken vermieten, ein Betrag, der bequemerweise direkt vom Preisgeld abgezogen wird. Am Morgen

Bei der Anprobe des obligaten Fracks für die Nobelpreisfeier. Schneidermeister Jarl Dahlquist macht die letzten Anpassungen am ungewohnten Kleidungsstück.

Ein glücklicher Tag: unterwegs im eigens für die Preisträger bereitgestellten Wagen zu einem der vielen zeremoniellen Anlässe rund um die Preisvergabe.

des Tages, an dem die Zeremonie stattfindet, werden die Preisträger zur Hauptprobe gebeten – immer chauffiert von einem eigenen Fahrer –, an der sie jede Bewegung und jeden Schritt für die Preisübergabe einüben müssen. Das beginnt beim richtigen Moment, in dem man sich von seinem zugewiesenen Platz erheben darf, und geht bis zur Übergabe der Medaille und des Diploms durch König Carl Gustaf und zur anschliessenden Verbeugung vor der Königin und der königlichen Familie sowie dem Publikum.

Jeder Preisträger darf sich von seinen engsten Familienmitgliedern und weiteren für ihn wichtigen Personen an die Preiszeremonie sowie an das anschliessende königliche Bankett begleiten lassen, insgesamt zwölf Personen. Ich war glücklich, dass alle meine Kinder mitkamen. Auch meine Mutter war dabei; für sie war die Reise nach Stockholm ein Höhepunkt in ihrem Leben. Doch dann hatte ich doch tatsächlich vergessen, Wes Anderson einzuladen, meinen ehemaligen Chef bei Varian, der so viel zu meiner Karriere beigetragen hatte und ein guter Freund geblieben war. Über die Jahre war der Kontakt jedoch etwas verloren gegangen, weil wir beide in unseren Bereichen intensiv beschäftigt waren. Schnell verschaffte ich ihm und seiner Frau Jeannette doch noch ein Ticket und freute mich sehr, dass beide dabei sein konnten. Und Wes stellte einmal mehr seine Grosszügigkeit, seine Herzlichkeit und seine Spontaneität unter Beweis. Er nahm die Nobelzeremonie sowie das anschliessende Bankett mit seiner Videokamera auf und liess mir die Aufnahme später als persönliches Geschenk zukommen.

Das royale Bankett mit über 1000 Gästen findet im mächtigen, mittelalterlichen Blauen Saal des Rathauses von Stockholm statt. Über eine ausladende steinerne Treppe gelangen die Ehrengäste – die königliche Familie, die Preisträger mit ihren blaublütigen Tischdamen, ihre Angehörigen und einige Politiker – gemessenen Schrittes in die Halle, begleitet von feierlicher Orgelmusik

Bereit für die Preisübergabe: Magdalena, Katharina, Hans-Martin und Anna (v.l.n.r.) in der Globe-Arena in Stockholm.

Das traditionelle Bankett findet im Blauen Saal des Rathauses von Stockholm statt. In der Bildmitte rechts Magdalena Ernst zwischen König Carl Gustaf und Erwin Neher, Nobelpreisträger für Medizin.

und Fanfarenklängen. Nur schon dieser feierliche Auftritt dauert lange Minuten. Die Blumen auf den Tischen werden direkt aus Italien importiert, frisch geschnitten in den Gärten von Alfred Nobels Anwesen in San Remo. Die Sitzordnung folgt einer alten Tradition, und die Etikette gebietet, dass man dem Sitznachbarn zu seiner Rechten mehr Aufmerksamkeit widmen soll als dem zu seiner Linken. Ich hatte etwas Pech und war zwischen einer älteren Diplomatengattin und der Frau eines schwedischen Feldmarschalls platziert worden. Natürlich hätte ich den Platz neben Königin Silvia bevorzugt, die ein hinreissendes rotes Kleid und ihre mit funkelnden Diamanten besetzte Krone trug. Wenigstens hatte Magdalena Glück. Sie sass während des Banketts direkt neben König Carl Gustaf zu ihrer Rechten und dem deutschen Medizinnobelpreisträger Neher zu ihrer Linken. Sie habe sich prächtig mit dem König unterhalten, erzählte sie nachher, vor allem über Reisen in ferne Länder.

Die Feier im Jahr 1991 war ein Jubiläumsanlass und deshalb besonders pompös. Alle noch lebenden Preisträger früherer Jahre waren nach Stockholm eingeladen worden. Das Bankettmenü bestand ausnahmsweise aus vier statt wie üblicherweise drei Gängen: Brennnesselsuppe mit Wachteleiern, marinierter Lachstartar an roter Pfeffersauce und als Hauptgang gebratene Entenbrust an einer speziellen Sauce, gefolgt vom Dessert. Jeder Gang wurde in einer ausgeklügelten, operettenhaften Choreografie und von erneuten Fanfarenklängen begleitet angekündigt und dann von einer Heerschar weiss livrierter Kellnerinnen und Kellner aufgetragen.

Nach dem Dessert – 1991 war das ein Nobel-Gala-Eisparfait auf silbernen Platten – wenden sich die Preisträger in einer auf drei Minuten beschränkten Dankesrede an die königliche Gesellschaft. Zuerst war die damals ebenfalls ausgezeichnete südafrikanische Literaturnobelpreisträgerin Nadine Gordimer an der Reihe – und sie nahm das Publikum mit einer witzig-charmanten Rede gleich für sich ein. Ich versuchte nicht einmal, ihr das Wasser zu reichen,

Königin Silvia von Schweden gratuliert persönlich zum Nobelpreis. Im Hintergrund König Carl Gustaf.

Carl Gustaf, König von Schweden, übergibt Richard Ernst am 10. Dezember 1991 den Nobelpreis für Chemie. Der 10. Dezember ist der Todestag des Nobelpreisstifters Alfred Nobel.

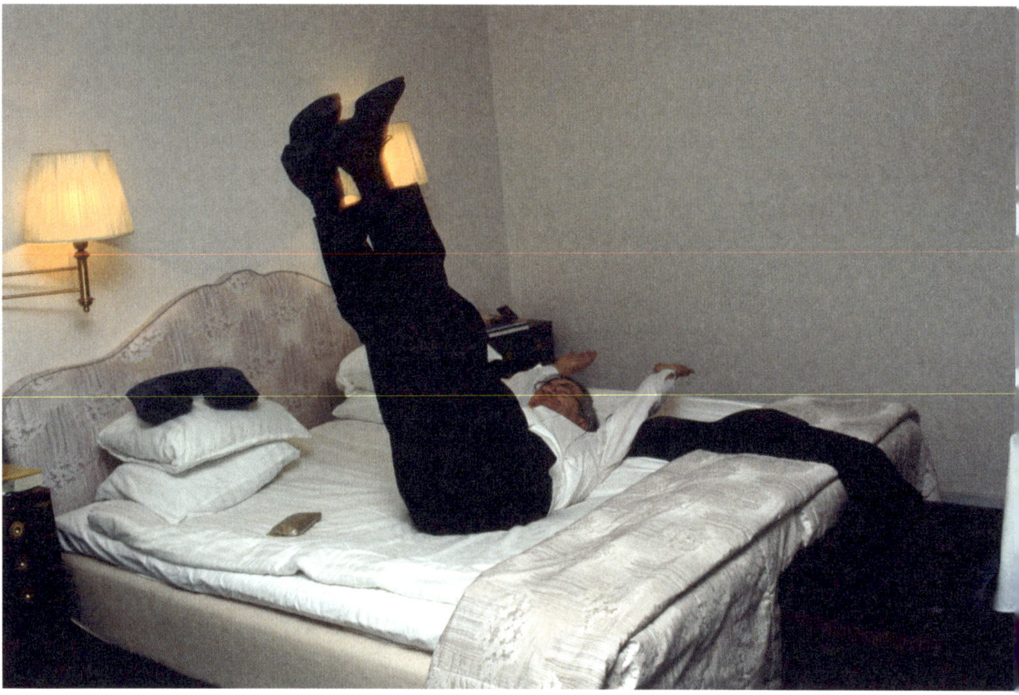

aber ein paar kritische Worte über den ganzen Pomp konnte ich mir trotzdem nicht verkneifen. Ich möchte Ihnen diese Rede nicht vorenthalten, weil sie genau das ausdrückt, was ich empfand:

«Es ist ein grosser Moment für mich, hier zu stehen, um der Nobelstiftung meinen tiefen Dank für diese aussergewöhnliche Ehre auszusprechen. Natürlich sollte der grösste Teil des Ruhmes auf diejenigen fallen, die hinter mir stehen, auf meine Lehrer, meine Kollegen, meine Mitarbeiter, meine Schule, mein 700 Jahre altes Land, auf diejenigen, die ich hier als Statthalter der Wissenschaft vertrete. Die Anwesenheit aller früheren Nobelpreisträger gibt mir ein Gefühl, als wäre ich von einem Schwarm Wildgänse getragen, von richtigen Überfliegern, wie Nils Holgersson, und ich habe Angst, in die Tiefe zu fallen.

Wissenschaftspreise haben die Tendenz, die Wissenschaftsgeschichte zu verzerren. Individuen werden herausgegriffen und glorifiziert, die vielmehr in einer historischen Entwicklung eingebettet gesehen werden müssten. Viel Glück und Zufall sind notwendig, um erfolgreich zu sein und ausgewählt zu werden. Preise können den tapferen Männern und Frauen kaum gerecht werden, die auf uneigennützige Weise all ihre Bemühungen und ihre Energie für ein Ziel einsetzen, das dann von anderen erreicht wird.

Ich bin einer der sehr glücklichen Wissenschaftler, die das erreicht haben, wovon viele behaupten, es sei die ultimative Form der Anerkennung oder sogar die ultimative Form des Glücks in dieser überschwänglichen, prächtigen, ja beinahe gespenstischen Umgebung zu sein. Wichtiger ist meiner Meinung nach jedoch die Verantwortung, die auf die Schultern der Preisträger geladen wird, wenn sie sich plötzlich wie unfehlbare Weise verhalten sollen, obwohl sie in der Vergangenheit vielleicht einfach arbeitswütig waren. Die überproportionale Bedeutung, die dem Nobelpreis beigemessen wird, zeigt sich auch in den überproportionalen Erwartungen der Öffentlichkeit.

Die Nobelpreisträger von 1991. V.l.n.r: Ronald Coase (Wirtschaft), Richard Ernst (Chemie), Erwin Neher (Medizin), Pierre-Gilles de Gennes (Physik), Bert Sakmann (Medizin), Nadine Gordimer (sitzend, Literatur).

Richard Ernst nach einer denkwürdigen Nacht, entspannt im Hotelzimmer.

Vor Kurzem erhielt ich Briefe von Schulkindern aus Bedford, Massachusetts. Eines der Kinder bat mich dringend, hart an der Entwicklung einer künstlichen Ozonschicht zu arbeiten, um das Leben auf der Erde zu schützen. Ich hoffe, dass ich einigen dieser sehr hohen Erwartungen gerecht werden kann, und ich bitte Sie bereits jetzt um Nachsicht in Ihren zukünftigen Urteilen über mich. Mit dieser Hoffnung möchte ich schliessen und Ihnen für Ihre sehr freundliche Aufmerksamkeit danken.»

Nach den Tischreden und dem Toast auf den König hoben, dem strengen Protokoll folgend, König und Königin die Tafel auf und begaben sich zum ersten Tanz in die Prinzengalerie. Auch Magdalena und ich hatten uns für ein paar Schritte auf die Tanzbühne gewagt, seit langer Zeit das erste Mal. Meiner Tochter Anna war das formale Programm dann doch zu viel Etikette. Sie tanzte nie gerne. Schon bei den Schulfesten hatte sie sich lieber unter den Tisch verkrochen, als sich auf die Tanzfläche geleiten zu lassen. Auch an diesem Abend weigerte sie sich, uns in den Ballsaal zu folgen, sie schnappte lieber vor dem Rathaus ein bisschen frische Stockholmer Nachtluft. Dort habe sie sich wunderbar mit unserem uns persönlich zugeteilten Chauffeur unterhalten, der in seinem zivilen Beruf eigentlich Psychoanalytiker sei, erzählte sie später. Das sei ihr lieber gewesen als die Gegenwart all dieser Hoheiten.

Es war eine pompöse Nacht, die vor und nach mir schon viele Preisträger so erlebt haben. Vladimir Prelog, der jugoslawischstämmige ETH-Chemiker, der 16 Jahre zuvor den Nobelpreis erhalten hatte, schrieb mir in einem humorvollen Gratulationsbrief, dass auch ihn die Erlebnisse bei der Preisverleihung sehr beeindruckt hätten – selbst ihn, der sich am wenigsten an Konventionen gebunden fühlte! Er soll, so wird gesagt, als erster ETH-Professor bei der Arbeit einen weissen Rollkragenpullover statt Hemd und Krawatte getragen haben, doch am Nobel-Galadinner erschien auch er in einem Frack.

Nach dem siebenstündigen Festmarathon konnten Magdalena und ich uns endlich in unser Hotelzimmer zurückziehen. Ich konnte den Frack ausziehen, ich fühlte mich darin nicht sehr wohl. Es war das erste und bestimmt auch das letzte Mal, dass ich ein solches Kleidungsstück trug. Selbst wenn ich im Labor nie im Rollkragenpullover aufgetaucht war, war mir das doch zu viel. Der Abend war aber noch nicht ganz zu Ende: Die uns begleitenden

Journalisten brachten überraschend eine Flasche Champagner und einen Geburtstagskuchen mit Blumen für Magdalena aufs Zimmer. An diesem Tag, dem 10. Dezember, durften wir zum Ausklang das Wiegenfest meiner Frau feiern. Da rief ich: «Die Journalisten haben meine Ehe gerettet!» Denn ich hatte ihren Geburtstag komplett vergessen.

Die Auszeichnung mit dem Nobelpreis war ohne Zweifel der Höhepunkt meines Lebens. Doch meine Selbstzweifel waren dadurch noch lange nicht verstummt. Noch heute habe ich manchmal das Gefühl, ich hätte den Preis gar nicht verdient. Ich habe auch schon von einem Telefonanruf geträumt, in dem mir mitgeteilt wurde, dass der Preis wieder zurückgenommen würde. Das sind bei aller Freude schmerzhafte Momente, die man nie ablegen kann. Doch am Schluss überwiegt die Freude, die auch von vielen geteilt wird, zum Glück vor allem auch von der Familie, von Freunden, von den treuen und selbstlosen Mitforschern und Mitforscherinnen.

Thangkas – Die andere Dimension

Erstkontakt

Die Geschichte meiner Thangka-Leidenschaft beginnt viel früher, und zwar im Frühling 1968, nach meinem erfolgreichen fünfjährigen Aufenthalt in Kalifornien. Als Magdalena und ich uns entschieden hatten, endgültig in die Schweiz zurückzukehren, schickten wir unsere Kinder Anna und Katharina in Begleitung einer guten Bekannten von San Francisco per Luftweg zu meiner Mutter nach Winterthur. Wir wollten einen Umweg über Asien machen. Für etwas mehr als einen Monat bereisten wir Fernost. Über Japan, Hongkong, Kambodscha, Thailand und Indien kamen wir nach Nepal, wo wir die gewaltigen Himalayariesen um den Mount Everest bestaunen – nicht besteigen – wollten. Doch als wir in Kathmandu landeten, regnete es. Der Himmel war grau verhangen, von den mächtigen Schneebergen war nichts zu sehen. Stattdessen besuchten wir einige tibetische Klöster, darunter Swayambhunath, wo wir eine feierliche Hochzeitszeremonie verfolgen konnten.

Die Altstadt von Kathmandu war unglaublich reich an visuellen Eindrücken. Die winzigen Läden und engen Gässchen, die schönen Häuser mit ihren geschnitzten Fassaden entzückten uns. «Autos und westliche Touristen trübten noch kaum dieses mittelalterliche Bild», notierten wir in unserem Reisetagebuch. Wir beobachteten viele malerische Szenen, Frauen mit unzähligen Ohr- und Nasenringen fielen uns auf. Zusammen mit unserem Führer Narendra Shakya schlenderten wir durch den Markt und stöberten wie schon vorher in Hongkong und Tokio durch die Kunst- und Antiquitätenläden auf der Suche nach Kostbarkeiten. In einem kleinen Laden an der New Road entdeckten wir zahlreiche tibetische Malereien, sogenannte Thangkas, die religiöse und klösterliche Szenen darstellen. Es war, wie sich später herausstellte, ein Schlüsselerlebnis.

Wir erstanden eine Bronzefigur und zwei Thangkas. Damals war es noch gar nicht unsere Absicht, diese wertvollen Bilder zu sammeln. Wir wollten nur ein paar Reiseandenken mit nach Hause nehmen. Die Objekte waren zudem preiswert genug für das Einkommen eines Wissenschaftlers zu Beginn seiner Karriere. Zuerst hatte mich einfach die ästhetische Ausstrahlung der Thangkas begeistert. Die kühne Farbigkeit der Bilder, ihre meisterhafte und detaillierte Zeichnung, der Ausdruck der dargestellten Figuren, oft in eine stilisierte, paradiesische Natur- oder Klosterumgebung eingebettet, zogen uns magisch an. Die spirituelle Kraft der Gemälde jedoch blieb mir anfangs noch verschlossen. Mein naturwissenschaftlicher Hintergrund war für eine tiefere Erkenntnis dieser Kunst zu diesem Zeitpunkt nicht sehr hilfreich.

«Thangka» ist das tibetische Wort für «Rollbild». Diese Bilder werden auf Baumwolltuch gemalt, manchmal auch auf Seide. Dann werden sie zwischen eine Leiste und einen kunstvoll geschnitzten Holzstab gespannt, auf den aufgerollt die Bilder gelagert und transportiert werden. In den Klöstern nehmen Mönche sie hervor und entrollen sie, um sie zu betrachten und dabei in Meditation zu versinken. Manchmal werden die Thangkas auch in Prozessionen mitgetragen und gezeigt. Sie sind tief in der buddhistischen Kultur verankert, die etwa im 6. oder 7. Jahrhundert unserer Zeitrechnung, von Indien kommend, erstmals in Tibet Fuss fasste. Daneben gab es ähnliche Traditionen im indischen Hinduismus sowie in der Bön-Kultur des vorbuddhistischen Tibet. Allen Thangkas gemeinsam ist, dass sie Figuren aus der buddhistischen Welt der Gottheiten, Heiligen und Lamas (spirituelle Lehrer, ähnlich den Gurus im indischen Buddhismus) darstellen und diese oft in ihren Lebenswelten zeigen.

Eines der beiden Bilder, auf die wir auf unserer ersten Reise nach Nepal auf dem Markt von Kathmandu stiessen, war von besonderer Qualität und fesselte sofort unsere Aufmerksamkeit. Es stammt aus dem 19. Jahrhundert und zeigt vier buddhistische Heilige, sogenannte Arhats, mitten in einer Szenerie von Lotusblumen und friedlich dahinfliessenden Gewässern, gemalt in chinesischem Stil (Abb. S. 203). Die seidene Umfassung des Bildes war noch gut erhalten, ebenso der hölzerne Tragstab. Wir erstanden unsere ersten beiden Thangkas für einen unserer Ansicht nach sehr vernünftigen Preis von wenigen Hundert Dollar und waren verzaubert von unserer «Beute». Ich blieb auch später noch lange in Kontakt mit unserem damaligen Guide, und er schickte mir immer wieder Bilder von neuen Thangkas, doch keines erreichte die Qualität dieses ersten Kunstwerks.

Zurück in der Schweiz hatte ich jedoch erst einmal andere Sorgen. An der ETH wurden mir so viele Steine in den Weg gelegt, dass sich ein Berg von Problemen und Misserfolgen aufzutürmen begann. Meine wissenschaftliche Karriere geriet ins Stocken. Im Frühling 1970 erlitt ich in Winterthur einen

Nervenzusammenbruch. Ich sah mich schon am Ende meiner produktiven Zeit in der Forschung und befürchtete, dass ich wieder ins hintere Glied zurücktreten müsste, für den Rest meines Lebens. Der Arzt verschrieb mir eine Auszeit, die ich zusammen mit Magdalena im Tessin verbrachte. Die Arbeit blieb liegen, wir machten Spaziergänge und erholten uns. So wurde ich in dieser grössten Krise meines bisherigen Lebens auf mich selbst zurückgeworfen.

Eines Tages – ich hatte mich wieder einigermassen erholt – durchstreiften wir in Luganos hübscher Altstadt einige Souvenirshops und Läden. Es war wohl so etwas wie Schicksal. Unter den Lauben an der Via Nassa entdeckte ich in einem touristischen Kuckucksuhrenladen zwei Thangkas und eine vergoldete Bronzefigur von Avalokiteshvara, der Gottheit des Mitgefühls. Die Legende besagt, dass diese Gottheit einst das Elend der Menschen betrachtete und ihr Kopf darob vor Bedauern in elf Stücke zersprang. Daraus entstanden, wieder zusammengefügt, die elf Köpfe dieser Gottheit. Neun der Köpfe haben einen friedvollen Ausdruck, doch der zehnte Kopf zeigt die furchterregende Färbung des Mahakala, des Beschützers des buddhistischen Glaubensbekenntnisses, des sogenannten Dharma. Zuoberst thront Buddha, der allumfassende Geist unserer Welt. Diese Statue und die zwei Thangkas lagen in dem Laden achtlos zwischen Kuckucksuhren und billigen Antiquitäten. Sie waren wohl erst kürzlich nach Europa gelangt, wahrscheinlich von tibetischen Flüchtlingen hergebracht, die den grossen Exodus Anfang der 1960er-Jahre mitgemacht hatten.

Eines der Thangkas, die wir damals für einige Hundert Franken erwarben, war so wunderbar, wie mir bis dahin noch selten eines begegnet war. Es zeigt die göttliche Figur Yamantaka, auch «Besieger des Todes» genannt, eine dunkelblaue, furchterregende Gottheit mit neun Köpfen. Acht dieser Köpfe blicken erregt und wütend drein, wohingegen der oberste Kopf einen friedlichen Ausdruck hat (Abb. S. 205). Er stellt den Bodhisattva Manjushri dar, das «Erleuchtungswesen» der Weisheit. Manjushri wird oft auch mit dem Buch der Weisheit in der linken Hand und mit einem Schwert in der rechten dargestellt, mit dem er mit einem satten Hieb die Wolke der Ignoranz zerteilt. Später fiel mir wie Schuppen von den Augen, wie treffend dieses Bild auch das Wesen der Wissenschaft darstellt. Der furchterregende Yamantaka («der, der Yama beendet») ist eine Metapher für einen Wissenschaftler, der die Kraft und Hartnäckigkeit einer wilden Gottheit und gleichzeitig die wohlwollende und ewig währende Weisheit Manjushris benötigt, um Erfolg zu haben. Auch der Wissenschaftler strebt nach einer Art Unsterblichkeit. Er sucht nach der endgültigen Entdeckung, er möchte die unsterbliche Wahrheit finden und hofft, dass diese Entdeckung den Entdecker überlebt, wenn möglich über Jahrhunderte hinweg. Die Erschaffung ewig währender Errungenschaften war auch für mich die eigentliche Grundmotivation als Wissenschaftler. So schien es mir, dass diese mystische Figur auf geheimnisvolle Art mein eigenes Streben offenbarte. Die Yamantaka-Darstellungen gehören mit zu meinen liebsten Thangka-Motiven. Das Bild, das wir damals in Lugano kauften, hängt noch heute in unserem Wohnzimmer in Winterthur.

Yamantaka versinnbildlicht darüber hinaus den Kern östlicher Religionen und speziell der buddhistischen Philosophie. Er symbolisiert eine mit sich selbst verbundene Welt, in der Gut und Böse einfach zwei Aspekte einer gemeinsamen tiefen Wahrheit sind und in der die beiden Begriffe einander nicht wie in unserer westlichen Welt antagonistisch gegenüberstehen. Und Yamantaka ist keine Ausnahme: Göttliche Wesen und gottgewordene historische Persönlichkeiten werden in tibetischen Bildern, aber auch in den bronzenen Buddhafiguren oftmals gleichzeitig sowohl mit furchterregenden als auch mit friedvollen Aspekten dargestellt. Solcherart versuchen die Künstler, Brücken zu schlagen zwischen den gegensätzlichen Aspekten des Lebens, mit dem Ziel, einen friedlichen Mittelweg aufzuzeigen.

Das andere Thangka aus diesem Luganeser Souvenirshop schlug mich auf andere Art und Weise in seinen Bann. Es zeigt das buddhistische Klosterleben in einer so faszinierenden Lebendigkeit und Detailgenauigkeit, dass ich kaum mehr den Blick davon abwenden konnte, trotz seiner Erhaltungsschäden (Abb. S. 207). Je länger ich das Bild betrachtete, umso mehr Details entdeckte ich: Mönche, die einem Lama huldigten, eine Malerwerkstatt, in dem eifrig neue Thangkas auf traditionelle Weise hergestellt wurden, aber auch ein Taugenichts, der einfach dasitzt und nichtstuend in die weite Landschaft blickt – vergleichbar mit einem Film, den man immer und immer wieder anschauen kann, ohne dass er langweilig wird.

Ich bewunderte sofort diesen frischen Ansatz tibetischer Künstler, ihre Spontaneität und die metaphorische Kraft ihrer

Werke. Wir hatten schon zuvor gelegentlich mittelalterliche Kunstwerke gekauft, etwa russische Ikonen, die meistens Heilige darstellen. Doch die Thangkas gefielen uns besser, weil in den dargestellten Szenen oder durch die abgebildeten Buddhas und Meister wortwörtlich Geschichten und Geschichte erzählt werden. Zudem kann die tibetische Malerei nicht von der buddhistischen Philosophie und Spiritualität getrennt betrachtet werden; auch sie wurde über Jahrhunderte von den Meistern an die Schüler weitergegeben.

Eine jahrtausendealte Hochkultur

Der Buddhismus erreichte Tibet, von Indien kommend, bereits im 7. Jahrhundert und verdrängte die bis dahin herrschende Bön-Religion. Trotz seiner geografisch abseitigen Lage verliefen unweit von Tibet wichtige Handelsstrassen, entlang derer wirtschaftlicher und kultureller Austausch stattfand. Die Himalayapässe waren häufig begangene, wenn auch sehr wilde Übergänge von Nepal und Indien in die nördlichen Ebenen, zum heiligen Berg Kailash sowie zu den Salzseen von Changthang. Tibet war damals viel grösser als heute und reichte von Afghanistan und Turkestan im Westen bis nach Xian im Osten sowie vom Golf von Bengalen im Süden bis in die Südmongolei im Norden. Regiert wurde das Land in absolutistischer Weise von König Songtsen Gampo (604–649), der den Buddhismus zur Staatsreligion erhob. Zweihundert Jahre später lehnten sich die Anhänger der vorbuddhistischen Bön-Religion auf und löschten den Buddhismus in Tibet beinahe vollständig aus. Die alte Religion, in deren Tradition ebenfalls wertvolle Thangka-Bilder hergestellt wurden, lebte wieder auf – bis ins 11. und 12. Jahrhundert. In dieser Zeit erreichte eine zweite Welle buddhistischer Lehrer Tibet, die unter anderem auch dem Druck islamischer Eroberungen im indischen Subkontinent auswichen. Der bekannteste Schriftgelehrte in dieser Zeit war Atisha (980–1054), der die buddhistischen Schriften aus dem Sanskrit ins Tibetische übersetzte. Jetzt wurde in Zentraltibet eine grosse Anzahl Klöster gegründet, die fortan das kulturelle Leben in Tibet prägten.

Die tibetische Kultur zeigt sich heute sehr homogen, sie ist durch und durch buddhistisch. Sogar die alltäglichsten Verrichtungen werden nach den Vorgaben der buddhistischen Lehre ausgeführt. Die buddhistische Religion ist im Kern eigentlich eine atheistische Religion. Buddhisten anerkennen die Existenz eines Schöpfers nicht, der ausserhalb seiner eigenen Schöpfung existiert. Alles auf dieser Welt ist ursächlich miteinander verbunden. Selbst wenn es eine Entwicklung gibt, ist diese in einen wiederkehrenden Kreislauf des Universums eingebettet. Alles, was wir tun, hinterlässt seine Spuren. Dies lädt uns eine immense Verantwortung auf.

Trotz seiner atheistischen Grundausrichtung verfügt der tibetische Buddhismus über ein ganzes Pantheon von Gottheiten (Buddhas), von göttlichen Schutzmächten (Dharmapalas), von Yogis (Mahasiddhas), von Heiligen (Arhats), aber auch von gottgewordenen Persönlichkeiten (Bodhisattvas, eigentlich Kandidaten für die Buddhaschaft) und verwirklichten Meistern, die alle entlang des buddhistischen Pfads der Erkenntnis zur Erleuchtung wandeln. Mehrere Hundert dieser Figuren, viele in regionalen oder zeitlichen Variationen, bevölkern die Glaubenswelt der Buddhisten und sind durch die Anzahl ihrer Köpfe, Arme, Beine, durch ihre Postur oder die Position ihrer Hände, aber auch durch ihre Farbe charakterisiert. Es kann deshalb nicht überraschen, dass dieses belebte Universum einen fruchtbaren Boden für die Einbildungskraft von Malern und Bildhauern geschaffen hat.

Die Klöster, die während der ersten und zweiten buddhistischen Welle gegründet wurden, produzierten unzählige Thangkas zur Erbauung der Besucher sowie zur Meditation ihrer Mönche. Sie schufen die Bilder in klostereigenen Malschulen oder gaben sie in Werkstätten ausserhalb in Auftrag, die oft von bekannten Meistern geleitet wurden. Wie die christlichen Orden teilten sich die Klöster in unterschiedliche Traditionen auf. Es gibt die Nyingma-Tradition, die bereits im 7. Jahrhundert gegründet wurde, die Kagyü-, die Sakya- und die reformerische Gelug-Tradition, die später folgten. Diese Traditionen, auch Schulen genannt, wurden von ausserordentlichen Heiligen begründet, die den Pfad der Erkenntnis gegangen und die Lehren des Buddhas übersetzt hatten. Entlang der buddhistischen Übertragungslinien, die immer vom Meister zu den Schülern gehen, sind viele Unterschulen entstanden. Diese bildeten in ihrem Kunstschaffen jeweils eigene Stiltraditionen heraus, die heute einerseits für die Datierung der Kunstwerke sehr hilfreich, andererseits aber auch von historischem Interesse sind, weil Thangkas oft den Stammbaum der Glaubensschule und deren Abstammung von Buddha, dem Glaubensschöpfer, zeigen.

Viele Thangkas waren von den Äbten der Klöster in Auftrag gegeben worden und wurden dort über Jahrhunderte hinweg sorgsam gehütet und aufbewahrt. So sind sogar frühe Kostbarkeiten aus dem 11. und 12. Jahrhundert überraschend gut erhalten geblieben. Doch die brutale Invasion Chinas 1950/51 sowie die verheerende «Kulturrevolution» Maos zwischen 1966 und 1976 brachte viel Leid und Zerstörung nach Tibet. Klöster wurden zerstört und Thangkas geraubt und vernichtet. Die Chinesen vertrieben auch viele Geistliche und Mönche, die nach Nepal und Indien flüchteten. Neben ihren Habseligkeiten nahmen manche von ihnen ein Thangka mit und verkauften dieses in den Strassen Kathmandus oder Neu-Delhis für ein Butterbrot an einen Antiquitätenhändler. So kamen viele wunderbare Rollbilder auf den Kunstmarkt, blieben anfangs jedoch mehrheitlich unbeachtet. Das hat sich inzwischen geändert, die Preise sind ins Astronomische gestiegen, einzelne seltene Thangkas erzielen heute Hunderttausende Franken. Doch aus den Klöstern Tibets gelangen kaum noch Bilder in den Westen. Sie gelten heute als streng geschütztes Kulturgut.

Gemeinsame Sammelleidenschaft

Seit unseren ersten Erwerbungen 1968 in Kathmandu haben meine Frau und ich eine recht bedeutende Sammlung angelegt; unser privates Haus quoll zeitweise beinahe über vor asiatischen Kunstwerken. Auf jeder Reise besuchten wir Antiquitätenshops und Galerien, um Ausschau nach den begehrten Rollbildern zu halten. Als mir 1991 der Nobelpreis für Chemie verliehen und das Preisgeld von über einer Million Franken überwiesen wurde, erhielt meine Sammlung einen neuen Schub. Einen grossen Anteil dieses Lohns für meine Forschungsanstrengungen investierte ich in wertvolle Thangkas. Endlich konnte ich kaufen, was mein Herz begehrte. Bald hingen überall im Wohnzimmer, im Flur, über unserem Bett und in jedem Büro asiatische Kunstwerke. Was wir nicht aufhängen konnten, lagerten wir unter bestmöglichen Bedingungen im Keller, in der Diele, in der Garage. Selbst das Auto musste den Thangkas weichen.

Unsere Sammlung war von Beginn an ein gemeinsames Projekt. Als wir vor Kurzem einen Grossteil der Bilder über eine Auktion bei Sotheby's verkauften, lief der Verkauf unter unserem gemeinsamen Namen, «The Richard R. & Magdalena Ernst Collection of Himalayan Art». Wieso himalayische und nicht nur tibetische Kunst? Im Laufe der Jahre hatten wir unsere Sammeltätigkeit auf mongolische Thangkas, aber auch auf die asiatische Buchdruckkunst sowie, in kleinerem Masse, auf Statuen ausgeweitet, da die Preise für die tibetischen Thangkas einem horrenden Preisanstieg unterworfen waren.

Die tibetischen Thangkas waren und blieben jedoch der Ursprung und das Herz unserer Sammelleidenschaft. Auf unserem ersten Thangka, das wir in Kathmandu erstanden hatten, waren die vier Arhats so harmonisch und frei von Kitsch dargestellt, dass ich, zu Hause angekommen, sofort wusste: Solche Kunstwerke wollte ich sammeln! Der Himmel auf dem Heiligenbild war zudem mit leuchtend weissen Wolken ausgeschmückt. Als uns dann kurz nach unserer Rückkehr das Buch «Der Weg der weissen Wolken» von Lama Anagarika Govinda in die Hände fiel, schien uns das wie ein Zeichen. Lama Govinda war ein gebürtiger Deutscher, ein Archäologe und Philosoph, der später die britisch-indische Staatsbürgerschaft annahm. In den 1930er-Jahren begab er sich auf den buddhistischen Pfad und bereiste jahrelang Indien und Tibet. Dort lernte er auch die verschiedenen Schulen des tibetischen Buddhismus kennen, die er 1966 in seinem Werk beschrieb. Während des Zweiten Weltkriegs und des indischen Unabhängigkeitskriegs war er von den Briten fünf Jahre lang interniert worden, weil er der Bewegung von Mahatma Gandhi nahegestanden war. Mit seinen Büchern und Schriften prägte er das Bild des tibetischen Buddhismus im Westen. Magdalena und mich hatte diese eindrückliche Lektüre im Entschluss bestärkt, fortan tibetische Thangkas zu sammeln. Die Erzählungen des Lama Govinda liessen das, was wir in Kathmandu gesehen hatten und was wir in den Bildern erkannten, in einem spirituellen Licht erscheinen, das wir vorher gar nicht so explizit wahrgenommen hatten. Dadurch gewann unsere Sammeltätigkeit einen tieferen Sinn.

Mich interessierte dieser spirituelle Blick, Magdalena – sie hatte schon immer ein Flair für bildende Kunst – beurteilte eher die künstlerischen Aspekte. Für mich waren die Thangkas die idealen Türöffner in diese exotische Welt, weil sie mit ihrer symbolischen Sprache auch von Laien intuitiv verstanden werden. Jedes einzelne Bild birgt ein eigenes Universum in sich und eröffnet neue Einblicke in die buddhistische Lebenswelt. So entdeckte ich eine lohnenswerte Alternative zur materialistischen Lebensphilosophie des Westens, die mich bisher geprägt hatte. Selbst für einen rationalen Wissenschaftler ist der Buddhismus aufgrund seiner einfachen philosophischen und ethischen Regeln, die nicht im Widerspruch zu unseren wissenschaftlichen Grundprinzipien stehen, leicht zu verstehen. Bald merkt man, dass die Vielzahl der dargestellten Gottheiten als Metaphern für philosophische Prinzipien konzipiert ist. So ermöglichte mir die religiöse Kunst den Zugang zu einer unausgesprochenen Spiritualität und zu einem religiösen Symbolismus, der meine Sehnsucht nach einer ganzheitlichen Betrachtung der Welt zu stillen vermochte.

Bei der Auswahl der Bilder fanden wir wie durch ein Wunder eine gemeinsame Basis. Wir einigten uns auf eine unausgesprochene Regel: Wenn ein Bild uns beiden gefiel, schlugen wir zu. Wenn einer von uns einen Einwand hatte, liessen wir die Finger davon. Zumindest meistens! Es gab Fälle, in denen ich mich gegen das Abraten meiner Frau durchsetzte, und meistens stellte sich dann später heraus, dass ich doch besser unsere «Regel» befolgt hätte. Als ich zum Beispiel im Sommer 1969 in einem billigen Trödlerladen im Zürcher Niederdorf ein Thangka entdeckte, musste ich es einfach haben. Der Händler verlangte rund 600 Franken, was mir erschwinglich schien. Meine Frau riet mir ab. Sie sagte, dass man von Weitem erkenne, dass dies ein schlechtes Thangka sei – dunkel, grob gemalt, einfach in einem schrecklichen Zustand. Ich blieb stur, wollte einfach sammeln. Schliesslich schenkte mir Magdalena das Bild zum Geburtstag. Wie weise: Ohne die «Regel» explizit zu brechen, kam ich so zu meinem Thangka. Doch während der Wert der besten Thangkas in den vergangenen vierzig Jahren um ein x-Faches gestiegen ist, ist dieses Exemplar noch heute kaum einen Pfifferling wert – es liegt immer noch irgendwo im Haus herum, wir haben es noch nicht einmal aufgehängt.

Allerdings sammelte ich nie des Geldes wegen. Wir schafften uns diejenigen Bilder an, die uns gefielen, erstanden ein Werk nur, wenn es «unser Herz berührte», wie es Magdalena ausdrückt. Es gab keine harten Kriterien, nach denen wir uns beim Kauf eines Thangkas richten konnten, Erfahrung und Intuition waren entscheidend. Parallel zu unserer immer intensiver werdenden Sammeltätigkeit vertieften wir uns Schritt für Schritt in die historischen und lebensanschaulichen Hintergründe dieser Kunst. Wir lasen Bücher, erforschten die Wurzeln des Buddhismus im Tibet, lernten die Symbolik der Malereien kennen, und ich beschäftigte mich auch intensiv mit der Entzifferung der tibetischen Inschriften. Berühmte Tibetologen und Sammler gingen schon bald bei uns ein und aus. Einer davon war der bekannte New Yorker Sammler Jack Zimmerman. Jack und seine Frau Muriel hatten eine der bedeutendsten Sammlungen indischer und südostasiatischer Kunst angelegt, deren Stücke in manchen Ausstellungen gezeigt und in Publikationen veröffentlicht wurden. Er ist leider vor Kurzem verstorben.

Unsere erste Begegnung war bezeichnend. Eins der Thangkas, die wir in Lugano erworben hatten, war ganz speziell. Es war so selten, weil es nicht wie die meisten anderen buddhistische Heilige ins Zentrum stellt, sondern das tibetische Klosterleben in seiner ganzen Detailliertheit abbildet. Dieses Bild verliehen wir nicht lange nach dem Kauf dem Haus der Kunst in Zürich sowie dem renommierten Musée Guimet in Paris für deren Ausstellungen. Als Jack Zimmerman das Bild dort sah, gefiel es ihm derart, dass er unbedingt uns, dessen Besitzer, kennenlernen wollte. So reiste er eines Tages zu uns nach Winterthur, wo wir ihn gerne empfingen. Beim Hausrundgang fesselte ein anderes Rollbild, das im Schlafzimmer über unserem Bett hing, seine Aufmerksamkeit. Es war aus der hinduistischen und nicht aus der buddhistischen Tradition gemalt, was der passionierte Sammler sofort erkannte. Da leuchteten seine Augen auf: «Das ist mein Thangka!», rief er freudig aus. Vor Kurzem hatte er genau dieses Bild einem Zürcher Händler verkauft, bei dem wir es in der Folge erstanden hatten. Es schien, als hätte uns der Gott der Thangka-Sammler unbewusst schon vorher mit unsichtbaren Fäden verknüpft. Es war gleichzeitig unser Eintritt in die weitläufige Sammlergemeinschaft asiatischer Kunst. Von da an pflegten wir eine freundschaftliche Beziehung zu Jack Zimmerman und zu vielen weiteren interessanten Menschen, die sich – aus welchen Gründen auch immer - zur tibetischen Kunst hingezogen fühlten.

Reise nach Tibet

Im Sommer 1993 war es uns endlich vergönnt, Tibet zu bereisen – es sollte das erste und letzte Mal sein, dass wir dieses geheimnisvolle und sagenumwobene Himalayahochland erkunden konnten.

Damals wurde das Land von China noch weitgehend abgeschottet, Touristen gelangten nur tröpfchenweise ins Land. Erst später öffnete China die Grenzen Tibets für westliche Reisende, allerdings nur in streng kontrollierter Form. Uns wurde die Reise auch durch meine Beratertätigkeit bei der Firma Bruker ermöglicht, die damals schon eine Niederlassung in Beijing hatte. In Beijing begleitete uns eine überaus freundliche und aufmerksame Führerin, die uns in allen Belangen zu umgarnen suchte. Mir schien, sie war begeistert von mir, vielleicht hatte sie sogar von meinen wissenschaftlichen Meriten erfahren, was in einem bildungsdurstigen Land wie China natürlich nicht ohne Wirkung blieb. Unsere Führerin – an ihren Namen kann ich mich leider nicht mehr erinnern – organisierte für mich sogar ein grosses Fest, als ich zu Beginn unserer Reise meinen 60. Geburtstag feierte.

Von Beijing gelangten wir über Chengdu nach Lhasa. Die Aufmerksamkeiten des offiziellen China, die uns während unseres Aufenthalts in Tibet zuteilwurden, waren ganz anderer Art. Die Behörden hatten uns einen Wachmann zur Seite gestellt, ich nannte ihn «den Gorilla». Er sollte uns begleiten und lückenlos beschatten, um ungehörige Kontakte zwischen uns und der einheimischen Bevölkerung zu verhindern oder mindestens zu registrieren. Mich packte unverhohlener Ärger, den ich den bemitleidenswerten Beamten ziemlich deutlich spüren liess. Nach kurzer Zeit entstieg er entnervt unserem Auto und liess uns alleine weiterfahren. Ich war erleichtert, fühlte mich wie befreit. Jetzt konnte es losgehen. Wir fuhren in die Berge, zuerst in die alte Festungsstadt Gyantse, die auf rund 4000 Metern Höhe am Friendship Highway liegt. Gyantse ist mit rund 10 000 Einwohnern die sechstgrösste Stadt in Tibet. Bekannt ist jedoch vor allem die Festung und das auf ihr thronende Kloster Pelkhor Chöde aus dem 15. Jahrhundert.

Die meisten Klöster im tibetischen Kernland wurden in den politischen Wirren mit China zerstört und geplündert, vor allem während der Kulturrevolution Ende der 1960er-Jahre. Auch wenn sie inzwischen wiederaufgebaut worden sind, fehlt ihnen die Pracht und die Ausstrahlung früherer Jahrhunderte. Es sind eigentlich nur noch Zweckbauten, in denen Mönche leben und beten können. Nicht so in der Festung Gyantse: «Der Kumbum wurde von der Zerstörung bei der Kulturrevolution verschont durch das Eingreifen Tschou En-Lais, ebenso das Kloster Pelkhor Chöde», notierte meine Frau Magdalena in unser Reisetagebuch. Tschou En-Lai war der Pragmatiker in Maos revolutionärer Führungsriege und lange Jahre Aussen- und Premierminister. Er hielt die rotchinesischen Kräfte von der Zerstörung dieses Klosters ab, während viele andere Anlagen deren Wüten zum Opfer fielen. «Kaum zu glauben, dass noch soviel hochwertige tibetische Kunst erhalten blieb», drückte Magdalena unsere Überraschung im Reisetagebuch aus. Im Zentrum der Anlage steht der 1497 errichtete Kumbum, ein riesiger Reliquienschrein in Form einer Stufenpagode. Mit neun Stockwerken, 108 Kapellen und Zehntausenden wunderbaren Wandbildern ist der Kumbum eine der grössten architektonischen Sehenswürdigkeiten des tibetischen Buddhismus und nimmt wie ein dreidimensionales Mandala die Symbolik von Kreis und Quadrat auf. Auch viele Thangkas, die in den heiligen Räumen und Fluren aufgehängt waren, konnten wir sehen und bewundern.

Wir besuchten auch das berühmte Kloster Ngor. Ebenfalls im 15. Jahrhundert gegründet, war es das kulturelle Zentrum der Sakya-Tradition, einer der vier Hauptschulen im tibetischen Buddhismus. In seinen Gründerzeiten war es berühmt für seine kunstaffinen Äbte und Glaubensführer. Das Kloster sah jämmerlich aus, es war eine dieser Anlagen, die nach den Verwerfungen der chinesischen Invasion und der nachfolgenden Kulturrevolution lieblos und möglichst funktionell wiederaufgebaut wurden. Umso herzlicher und offener war der Kontakt mit der Bevölkerung. Die Mönche im Kloster luden uns ein und erzählten von ihren Sorgen und Freuden. Oft sprachen wir über den Dalai Lama, und manchmal gaben wir ihnen Bilder ihres spirituellen und weltlichen Führers, die wir von zu Hause mitgebracht hatten. Diese Bilder waren erstaunlicherweise sehr begehrt, denn unter der Herrschaft des kommunistischen Chinas waren sie streng verboten und in Tibet nirgends zu finden. Als wir das Kloster wieder verliessen, so lese ich in unserem Reisebericht von damals, wünschten uns die Mönche ein langes Leben.

In Tibet findet ein Sammler keine wertvollen Thangkas mehr. Viele wurden während der Kulturrevolution zerstört. Zudem gibt es im tibetischen Kernland keine Malwerkstätten mehr, die solche Bilder traditionsgetreu herstellen könnten. Die Touristenmärkte werden mit zweitklassigen, kitschigen Billig-Thangkas aus Nepal oder Indien überschwemmt. Trotzdem sind viele wunderbare Thangkas auf dem Kunstmarkt, die ihren Ursprung im Kloster Ngor haben. So erfuhr ich später, dass die beiden Thangkas, die wir 1970 im Kuckucksuhrenladen in Lugano gekauft hatten, ursprünglich von hier stammten.

Das Kloster Ngor war auch ein Zentrum der Mandala-Malereien. Von hier stammt ein besonders wertvolles Thangka unserer Sammlung, das ich 1999 im Auktionshaus Sotheby's für fast 100 000 Franken erstanden hatte: das Kalachakra-Mandala (Abb. S. 211). Mandalas sind ein wahres Feuerwerk von Symmetrien, aber auch von gebrochenen Symmetrien. Während traditionelle Thangkas Szenen aus dem Leben von Erleuchteten, verwirklichten Meistern oder auch dessen Schülern darstellen, ergründen Mandalas die verborgenen Kraftlinien, die auf das spirituelle Universum einwirken. In diesem Sinne haben Mandalas eine ähnliche Ambition wie die modernen Naturwissenschaften, wenn diese, zum Beispiel in der Teilchenphysik oder in der Kosmologie, die letzten Geheimnisse der Natur und deren Gesetzmässigkeiten suchen.

Das Kalachakra-Mandala unternimmt den Versuch, Raum und Zeit in Übereinstimmung zu bringen. Es ist fein und detailliert ausgearbeitet. Seine wahre Tiefe offenbart sich dem Betrachter erst, wenn er jedes Detail in stundenlanger Geduld und wenn nötig mit der Lupe nachempfindet. Der Betrachter – wahrscheinlich ein Mönch auf dem Pfad zur Erleuchtung – wird Schritt für Schritt vom äusseren Rand bis ins Zentrum des Bildes geführt. Dort ruht eine verehrte Gottheit in sich, die für das Thema des entsprechenden Mandalas steht. Das Kalachakra-Mandala repräsentiert das «Rad der Zeit». In der Mitte sitzt die 24-armige und vierköpfige Gottheit Kalachakra, die zugleich ihre weibliche Entsprechung, die achtarmige Vishmavata, umarmt. Der Symbolismus kennt keine Grenzen: Der äussere Feuerring steht für die acht mystischen indischen Friedhöfe. Der Kreis ist in vier unterschiedlich gefärbte Viertelkreise eingeteilt, welche die vier Elemente Luft, Wasser, Feuer und Erde symbolisieren. Im Innern des Kreises folgen vier aufeinanderfolgende Quadrate mit grossen Toren auf jeder Seite, durch die der Meditierende symbolisch schreiten muss, um so langsam ins Zentrum zur verehrten Gottheit zu gelangen.

Ein Chemiker bleibt ein Chemiker

Zwischen 1991 und 1996, also in der Zeit nach meinem Nobelpreis, gab ich rund 900 000 Dollar für Thangkas aus. Darunter waren erlesene Stücke, die später erheblich an Wert zulegten. So erstanden wir Anfang Dezember 1992 von dem berühmten Kunsthändler Chino Roncoroni ein besonders wertvolles Thangka, das vier Meister der Kagyü-Schule zeigt. Ich komme später noch einmal auf dieses Thangka zurück, um im Detail aufzuzeigen, wie komplex die Beurteilung eines solchen Kunstwerks ist.

Ein anderes Thangka, das wir damals erstanden, ist das Lieblingsbild meiner Frau geworden. Es stammt aus dem 15. Jahrhundert und ist wunderschön gemalt. Dargestellt sind die Gottheiten Guhyasamaja und Sparshavajri (Abb. S. 213). Guhyasamaja könnte man als Verkörperung der verborgenen Vereinigung bezeichnen, Sparshavajri ist die weibliche Entsprechung. Das Bild zeigt diese zwei sechsarmigen Gottheiten in harmonischer Vereinigung, eng umschlungen. Beide halten dieselben Symbole in ihren Händen und sind mit wertvollem Gold- und Juwelenschmuck ausgestattet. In gewissem Sinne gibt das Bild auch die Philosophie wieder, die im Westen vor allem unter dem Schlagwort «Yin und Yang» bekannt ist.

Viele unserer Bilder haben wir auf Auktionen erstanden, andere entdeckten wir in Galerien oder sogar im Internet. Der Erwerb solch hochwertiger Kunstgegenstände war zuweilen Nervensache. Oft muss man sich vor dem Kauf in kürzester Zeit eine Meinung über das ins Auge gefasste Objekt bilden. Das ist nicht immer einfach, und unsere interne Regel – wir entschieden uns nur für den Kauf eines Bildes, wenn es uns beiden gleichermassen gefiel – stiess dabei manchmal an ihre Grenzen. Ist das Bild wirklich echt? Wie alt ist es? Aus welcher Schule stammt es? Antworten auf solche Fragen können über ihre kunsthistorische Bedeutung hinaus einen direkten Einfluss auf den Preis haben. Ob ein Thangka im 15. oder im 12. Jahrhundert gemalt wurde, kann schnell einen Unterschied im sechsstelligen Bereich ausmachen.

In den späten 1990er-Jahren vertiefte ich mich immer leidenschaftlicher in meine Sammlung. Jedes freie Wochenende arbeitete ich an den tibetischen Rollbildern, wie die Einträge in meinen Tagebüchern aus den 1990er-Jahren belegen: «Sa, 18.2.1995: Thangka malen und restaurieren; Sa, 24.2.1995: Suche nach Identifikation von Lama-Thangka; Sa, 25.3.1995: Thangkas malen, restaurieren, Rahmen malen, nähen; So, 4.6.1995: Thangka restaurieren.» Ich hatte bei mir zu Hause ein kleines Restaurationslabor aufgebaut. Dabei ging es mir zuerst einmal darum, die Qualität unserer Sammlung aufrechtzuerhalten. Denn viele Thangkas, die auf den Kunstmarkt kommen, sind in schlechtem Zustand. Dies hat auch mit der traditionellen Handhabung dieser Kunstwerke zu tun. Beim Auf- und Entrollen können Brüche und Farbverluste entstanden sein. Bei Rollbildern, die jahrhundertelang an den Wänden der Klöster hingen, sieht man die Spuren der in Tibet allgegenwärtigen Butterlampen. Manchmal ist die ganze Oberfläche mit Butter bespritzt.

Für den Sammler sind deshalb die Reinigung, die Restaurierung, aber auch nur schon die Erhaltung seiner Schätze eine stets herausfordernde Aufgabe. Dafür waren Einrichtungen zur chemischen, mikroskopischen und spektroskopischen Untersuchung von Gemäldeoberflächen notwendig, feine Werkzeuge und Pinzetten zur Reinigung verschmutzter Bilder sowie Pinsel und Farbpigmente zur Retuschierung geringfügiger oder grösserer Schäden der Malschicht und für die Reparatur der chinesischen Seidenbrokatumrahmungen.

Die Kunstkonservierung ist eine der anspruchsvollsten materialwissenschaftlichen Aufgaben. Für mich war sie vor allem so etwas wie eine Rückkehr zu den Wurzeln, zu meiner ursprünglichen Berufung als Chemiker, was mir grosse Freude bereitete. Ich musste all mein Wissen über die Malgründe hervorkramen, Fragen der Alterungscharakteristik seltener Pigmente nachgehen und eine sachgemässe Behandlung der Malschichten erlernen. Denn die Anwendung einzelner Pigmente verlangt Spezialverfahren, um die Haftung auf dem Untergrund zu gewährleisten. Vor jedem Eingriff sind vertiefte Untersuchungen notwendig, um so viel wie möglich über die Materialien und deren Zustand zu lernen. Ich musste lernen, die Pigmente zu identifizieren, damit ich mir die Originalfarben für die Reparatur von schadhaften Stellen besorgen konnte. Zu Beginn genügten dazu noch die analytisch-chemischen Kenntnisse aus dem ersten Studiensemester. Zum ersten

Richard Ernst lernt in einer Malerwerkstatt in Kathmandu, Nepal, die Kunst des Grundierens eines Thangkas kennen. Aufnahme von 1997.

Richard und Magdalena Ernst im Kreis tibetischer Mönche, die am Austauschprogramm «Science meets Dharma» teilnehmen. Aufnahme um 2003 in einem Kloster in Südindien.

Mal seit dreissig Jahren konnte ich wieder eigenhändig chemische Reaktionen durchführen. «Ein Chemiker bleibt Chemiker!» betitelte ich eine Publikation, in der ich meine kunsthistorische Arbeit für die angesehene Zeitschrift *Angewandte Chemie* beschrieb.

Trotz dieser neuen Leidenschaft packten mich zuweilen auch ernsthafte Zweifel am Sinn meiner Sammelwut. «Eigentlich bin ich sehr unzufrieden mit mir selbst», notierte ich am 1. Januar 1996 in mein Tagebuch, als ich den Versuch einer grossen Bilanz machte. An der ETH war ich stark beansprucht, meine Vortragstätigkeit hatte beinahe unmenschliche Ausmasse angenommen. Der Gewinn des Nobelpreises, der mich eigentlich hätte glücklich machen sollen, lastete schwer auf meinen Schultern. Fast jede Woche war ich irgendwo auf dem Erdball an einer Tagung oder für einen Vortrag engagiert. Daneben hatte ich noch eine Forschergruppe zu führen. Doch die Zweifel nagten an mir in allen Lebensbereichen, auch hinsichtlich meiner Leidenschaft für die tibetische Kunst, die mir eigentlich als Ausgleich hätte dienen sollen. «Was habe ich erreicht in der tibetischen Kunst?», fragte ich mich an diesem Tag.

Die Antwort machte ich mir nicht einfach. Ich versuchte, das Für und Wider abzuwägen: «Die Beschäftigung mit einer aussereuropäischen Kultur bedeutet mir ausserordentlich viel. Doch heisst dies weiterhin sammeln und investieren?» Ich hätte mich gerne noch intensiver mit den Geheimnissen der Thangkas oder auch mit der Geschichte und Kultur dieses Himalayalandes beschäftigt, doch meine Anstellung an der ETH, meine Mitarbeit in verschiedenen forschungspolitischen Gremien und vor allem auch meine immer umfangreichere Vortragstätigkeit rund um den Globus liessen dies nicht zu. Sammeln war deshalb damals «die einzige Möglichkeit meiner aktiven Beschäftigung mit Tibet, für alle anderen Aktivitäten fehlt ganz einfach die Zeit», musste ich feststellen. «Also weiterhin sammeln mit grösster Zurückhaltung und Vernunft!»

Als ich 1998 regulär pensioniert wurde, hatte ich endlich Zeit, mich noch intensiver mit Thangkas zu beschäftigen. Da gab es kein Halten mehr. Ich baute mein privates Restaurationslabor zu einem regelrechten Kunstkonservierungslabor aus. Ich schaffte mir ein Stereomikroskop mit Objektiven, Polarisatoren und fotografischer Einrichtung an. Ein solches Mikroskop ist für die Untersuchung, aber auch für die Restaurierung und Ergänzung von Farbschichten unersetzlich. Ich montierte den Apparat auf eine mobile Brücke.

So konnte ich Bilder von bis zu zwei Quadratmetern Fläche unter das Mikroskop legen und untersuchen.

Als beste Methode für die Analyse von Farbpigmenten erwies sich die sogenannte Raman-Spektroskopie. Sie gründet auf den Ideen des indischen Physikers Chandrasekhara Venkata Raman – kurz C.V. Raman –, eines genialen Wissenschaftlers, der früh in die Phalanx der europäischen Geistesgrössen vorgedrungen und bereits 1930 mit dem Nobelpreis für Physik ausgezeichnet worden war. Bei der Methode tastet ein schwacher Laserstrahl das gesamte Bild ab. Raman hatte entdeckt, dass dadurch eine Streustrahlung entsteht, die sich je nach Material unterscheidet. So erhält man von jedem Farbpigment ein ganz spezifisches Spektrum. Mit entsprechenden Detektoren kann das gestreute Licht aufgefangen und analysiert werden, sodass aus dem Spektroskop ein Mikroskop wird, mit dem man die unterschiedlichen Farbpigmente auf einem Bild identifizieren kann. Ein modernes Raman-Mikroskop hat eine Auflösung von wenigen Mikrometern. Der grösste Vorteil ist jedoch, dass man die zu untersuchenden Proben nicht wie in der herkömmlichen Mikroskopie aus dem Bild herauskratzen und speziell behandeln muss. Selbst wenn man heute zur Identifikation der Pigmente nur noch minimste Proben entnehmen muss, ist das doch ein Eingriff in ein Kunstwerk.

Einige Jahre später, 2007 oder 2008, schaffte ich mir ein modernes Raman-Mikroskop an, das sich ideal für die Untersuchung in einem kleinen Labor wie dem meinen eignete. In viel Heimarbeit montierte ich auch dieses auf eine mobile Plattform. Jetzt musste ich nur noch die schadhafte Stelle eines Bildes unter das Mikroskop fahren und konnte so die entsprechenden Farbpigmente analysieren. Dies ermöglichte mir, sogar grossflächige Bilder von zwei Quadratmetern hochauflösend zu untersuchen. In der Kunstgeschichte war die Methode zum Beispiel für die Analyse von Fresken bekannt. Bei asiatischen Bildern und insbesondere bei tibetischen Thangkas wurde sie jedoch noch kaum angewendet – ich leistete hier Pionierarbeit. Dabei konnte ich auch einige Erfolge bei der Neudatierung von Thangkas feiern, die ich auch publizierte.

Die Analyse der Farbpigmente erzählt die Geschichte eines Bildes auf eine völlig neue Weise. Das Raman-Mikroskop zeigt präzise, wie eine aufgetragene Farbe zusammengesetzt ist. Bei einem Buddha zum Beispiel, der traditionellerweise immer blau dargestellt wird, sieht man, ob er aus Azurit, Indigo oder Preussischblau besteht – alles verschiedene blaue Farbstoffe mit einer eigenen Geschichte. Azurit ist ein kupferbasierter mineralischer Farbstoff, der in Tibet von alters her in den Kupferminen von Nyemo abgebaut wurde. Indigo stammte aus Indien, das in historischen Zeiten für seine Indigoherstellung genauso berühmt war wie für seine Gewürze. Preussischblau wurde erst im 18. Jahrhundert in Europa erfunden und gelangte später ebenfalls nach Tibet.

Vor einiger Zeit analysierte ich neben vielen anderen Bildern auch das Thangka mit den vier Kagyü-Meistern, das ich auf dem Kunstmarkt teuer erstanden hatte und das mir besonders am Herzen lag (Abb. S. 215). Neben den vier Meistern der Kagyü-Schule sind in zwei Reihen, etwas kleiner, sechs der wichtigsten Figuren aus dem frühen Buddhismus dargestellt, darunter Buddha im Zentrum der oberen Bildreihe und Atisha, der historische Begründer der Kagyü-Schule. Zu diesem Bild allein sind vier Forschungsarbeiten erschienen, in denen namhafte Tibetologen und Kunsthistoriker darüber brüteten. Die Bestimmung der Hauptfiguren war jedoch umstritten – jeder Forscher kam zu einem anderen Ergebnis.

Aufgrund stilistischer und kunsthistorischer Erkenntnisse vermuteten die Experten, dass das Bild im 12. oder 13. Jahrhundert gemalt worden war, gestiftet wahrscheinlich vom Abt eines bedeutenden Klosters der Kagyü-Tradition. Da die Figuren auf den Thangkas nach streng hierarchischen Regeln angeordnet sind, sollten die links dargestellten Figuren Meister und die rechts dargestellten deren Schüler sein. Die Figuren sind auf sehr subtile Weise personalisiert, zum Beispiel durch die Kopfform, die Haarfarbe oder den Bartwuchs, und geben so Hinweise auf ihre Identität. So lässt sich ein Thangka selbst ohne Inschriften fast genauso lesen wie ein geschriebener Text.

Doch bei diesem Thangka war die Identifikation der Hauptfiguren schwierig, selbst wenn sich die Sachverständigen auf zahlreiche bekannte Porträts aus der entsprechenden Zeitperiode abstützen konnten. Genauso gut hätte das Bild eine billigere Kopie neueren Datums sein können. Jetzt half nur noch eine naturwissenschaftliche Herangehensweise. Eine Möglichkeit ist die Altersbestimmung mittels der C-14-Methode. Dabei wird die Konzentration des radioaktiven Kohlenstoffisotops C 14 gemessen, das eine bekannte Halbwertszeit von rund 5730 Jahren hat. So kann auf das ungefähre Alter geschlossen werden. Um diese Methode anzuwenden, halfen mir meine Verbindungen zur ETH. Ich schickte Georges Bonani vom ETH-Institut für Teilchenphysik eine Probe der Baumwollleinwand, auf die das Bild gemalt war. Resultat: Die für das Bild verwendete Baumwolle war um 1229 geerntet worden, wobei die quantitative Analyse eine Unsicherheit von rund siebzig Jahren mit sich brachte. Dies zeigte immerhin, dass zwischen den kunsthistorisch begründeten Vermutungen und der naturwissenschaftlichen Methode kein offensichtlicher Widerspruch bestand.

Zuletzt analysierte ich die Pigmente mittels der Raman-Spektroskopie. Das Rot der Mönchskleider besteht aus Zinnober. Die kleine Buddhafigur war mit Indigo gemalt worden, ebenso andere Partien, wie die stilisierten blauen Felsen in den Sockeln. Das Grün der Sitzpolster bestand aus einer Mischung von gelbem Auripigment und rotem Zinnober. Nicht verwendet wurde dagegen das grüne Malachit. Es ist ein mineralisches Pigment auf Kupferbasis, das wie das blaue Azurit seit Urzeiten in den Kupferminen von Nyemo in Tibet gewonnen wird. Die intensive Verwendung von Indigo und das Fehlen von Malachit deuten darauf hin, dass das Thangka von einem nepalesischen Maler im Auftrag eines tibetischen Klosters gemalt wurde. Denn in Nepal war diese Farbenpalette sehr gebräuchlich. Solche Dienstleistungen der nepalesischen Malschulen waren zu dieser Zeit üblich, da die Nepalesen eine ältere Maltradition hatten als die Tibeter. Ein Rätsel war jedoch das Weiss in den Augen. Das Pigment war schlicht unbekannt. Dies war nicht ganz unerwartet und hängt mit dem Mysterium der Augen zusammen. Während die Bilder in den grossen Malschulen bis kurz vor der Vollendung oft von Schülern gemalt wurden, war es immer der Meister, der am Schluss die Augen ausfüllte. Mit diesem finalen Strich wurde das Bild sozusagen zum Leben erweckt. Doch mit einer gründlichen Raman-Analyse fand ich heraus, dass es sich bei den weissen Pigmenten um Anatas handelte, ein Pigment, das erst ab 1916 erhältlich war. Darüber, wie dieser neuzeitliche Farbstoff auf dieses uralte Bild kam, kann ich nur spekulieren. Wahrscheinlich wurden die Augen im 20. Jahrhundert mit dem synthetischen Pigment nachretuschiert.

Die naturwissenschaftlichen Methoden haben die Forschung über tibetische Kunst ohne Zweifel um eine neue Dimension bereichert. Ich bin stolz darauf, dass ich dazu einen Beitrag leisten konnte. Zuweilen hat mir das unter den klassischen Tibetologen auch Kritik eingebracht, vor allem wenn sich herausstellte, dass ein Bild viel jünger als ursprünglich angenommen war. Wenn ein Buddha zum Beispiel mit Preussischblau gemalt ist, kann man davon ausgehen, dass das Bild aus neuerer Zeit stammt. Für Sammler kann dies ganz konkret einen Wertverlust von bis zu mehreren Hunderttausend Franken bedeuten. Natürlich genügt die Pigmentanalyse für sich alleine nicht, und das Wissen der Kunsthistoriker und Tibetologen ist nach wie vor unerlässlich. Doch in Kombination mit den traditionellen Ansätzen können die Informationen der naturwissenschaftlichen Methoden entscheidend zur Wahrheitsfindung beitragen.

Eine der bedeutendsten Sammlungen tibetischer Kunst

Ich fragte mich oft, wieso ich neben meiner wissenschaftlichen Tätigkeit so viel Energie in unsere Kunstsammlung stecken konnte. Ich empfand meinen Zutritt zu dieser Welt zuerst als das Eindringen eines profanen Chemikers in eine heile Welt. Ich wurde weder Buddhist, noch bin ich religiös veranlagt, doch meine tibetischen Begegnungen haben mein Weltbild und mein Verständnis spiritueller Konzepte allmählich erweitert. Dabei kam mir wohl entgegen, dass der Buddhismus im Gegensatz zu monotheistischen Religionen nicht in einem grundsätzlichen Konflikt zur modernen Wissenschaft steht. Ein Buddhist kann sich frei jeglicher Quellen bedienen, solange sie der Vertiefung seiner Weisheit dienen, auch der rationalen Wissenschaft. Bald sah ich auch Gemeinsamkeiten. Während wir Chemiker Formeln benutzen, um Strukturen und chemische Reaktionen darzustellen, werden im spirituellen Zusammenhang Metaphern, Symbole und Rituale verwendet, um philosophische Konzepte unabhängig von einer spezifischen Sprache universell auszudrücken. Mein naturwissenschaftlicher Ansatz, der weit über die Grenzen bisheriger Kunsthistorik hinausging, steigerte meine Leidenschaft ins Unendliche. Ich hatte das gute Gefühl, dass ich so zwei urmenschliche Aktivitäten – die Wissenschaft und die Kunst – zusammenführen und mein Verständnis für beide vertiefen konnte.

Jeder Forscher braucht mehrere Standbeine, um wirklich vorwärtszukommen. Das habe ich so auch immer meinen Studentinnen und Studenten vermittelt. Ein Engagement in einem völlig anderen Bereich als dem Spezialgebiet, auf dem man erfolgreich sein möchte, erweitert nicht nur den Horizont, sondern befruchtet auch die wissenschaftliche Tätigkeit. Die einen treiben Sport, die anderen lesen oder machen Musik. Mir lag die Sammlung dieser exotischen Kunstwerke wirklich am Herzen. Es ist mir völlig klar, dass dies teilweise meiner familiären Herkunft geschuldet ist. Kunst zu sammeln, gehörte in der Winterthurer Gesellschaft zur Raison d'Être, es ist gleichsam ein untrennbarer Teil des Standesbewusstseins. Wer etwas auf sich hält, legt sich eine Sammlung an – und je kostbarer diese ist, umso höher ist das Ansehen. Die Kaufmannsfamilien der Reinharts, der Volkarts und weitere Mäzene haben prächtige Sammlungen aufgebaut, die heute noch bewundert werden. Dem wollte ich natürlich nicht nachstehen und fand in den tibetischen Kunstwerken eine aufregende neue Nische, die – zumindest in den ersten Jahrzehnten – auch erschwinglich war.

Das Sammeln ist, wie die Neugier, die Hauptmotivation eines Forschers und tief in der Natur des Menschen verankert. Hinter beiden Tätigkeiten steht das Urbedürfnis, auf der Welt seine unauslöschlichen Spuren zu hinterlassen. Wir streben nach ewigem Ruhm, wenn immer möglich durch eigene Schöpfungen. Aber nicht jeder ist ein kreativer Künstler, und die meisten Menschen müssen sich auf die Kreativität anderer ausserordentlicher Menschen stützen, um sich ein respektables Denkmal zu schaffen. So entstehen wohl die meisten Kunstsammlungen, und das gilt auch für mich. Indem ich die jahrtausendealte Kultur der Thangkas entdeckte, konnte ich meine eigene Unsterblichkeit ein Stück weit zementieren.

Mir liegt viel daran, der tibetischen Kunst und Kultur etwas zurückzugeben. Mein Wunsch wäre, diese überaus reichhaltige und geschichtsträchtige Kultur wieder aufblühen zu lassen, ihr eine Zukunft zu eröffnen, aus Dankbarkeit für das, was sie mir bedeutet. Diese Möglichkeit bot sich mir vor allem über meine Kontakte zum Tibet-Institut in Rikon im Zürcher Tösstal. Es ist das einzige offiziell vom 14. Dalai Lama geweihte spirituelle Zentrum der tibetischen Buddhisten in der Schweiz und wurde in den 1960er-Jahren nach der grossen tibetischen Flüchtlingswelle gegründet. Seit vielen Jahren bin ich jetzt schon eng mit dieser Gemeinschaft verbunden und unterstütze das Zentrum mit viel Freude. Von 2004 bis 2018 war ich Mitglied des Stiftungsrats. Das war mir eine grosse Ehre, aber auch eine Verpflichtung, weil ich hier über die Zukunft des Instituts mitberaten konnte. Zuweilen durfte ich für das Kloster Rikon auch wertvolle Thangkas analysieren, die diesem vermacht worden waren, um vom Erlös seine vielfältigen Aufgaben zu erfüllen. Besonders am Herzen lag mir der Ausgleich und Austausch von westlichem und östlichem Gedankengut, unter anderem im Programm «Science meets Dharma». Der Begriff «Dharma» bezeichnet im tibetischen Buddhismus die umfassenden Lehren Buddhas, und das Geheimnis dieses Programms soll eben gerade sein, dass sich die modernen Naturwissenschaften und die traditionsreiche Kultur des Buddhismus gegenseitig befruchten. Den Grundstein dafür legte der Dalai Lama 1998 höchstpersönlich, als er aus Anlass des dreissigjährigen Jubiläums des Tibet-Instituts in Rikon eine institutseigene Universität gründen wollte. Seither werden im Rahmen dieses Programms regelmässig Lehrer und Wissenschaftler in die Exilklöster Südindiens geschickt, wo sie die Mönche in naturwissenschaftlichem Wissen und Denken unterrichten. Doch der Austausch ist gegenseitig, wie es schon im Namen des Programms angelegt ist: Die westlichen Wissenschaftler erhalten von den Mönchen ebenso Zugang zu einer neuen Welt der Spiritualität, die sie hoffentlich wieder mehr zu sich selbst führt. So hoffe ich, dass sich auch unsere strikt rational geprägte Wissenschaft durch den Austausch befruchten lässt.

Zuletzt hatten Magdalena und ich eine Sammlung mit fast 1000 Objekten zustande gebracht. Die Sammlung Richard R. & Magdalena Ernst konnte mit Fug und Recht als eine der bedeutendsten Sammlungen tibetischer und ostasiatischer Kunst, zumindest in Europa, gelten. 2018 veräusserten wir einen Teil der schönsten Thangkas über eine grosse Auktion bei Sotheby's in New York, weil wir die sachgerechte Konservierung in unserem Wohnhaus einfach nicht mehr gewährleisten konnten. Der wunderbare Katalog war schnell ausverkauft – und auch einige Thangkas gingen zu guten Preisen weg. Doch jeder Verkauf schmerzte mich, sodass ich froh bin, dass zumindest einige meiner Lieblingsrollbilder, wie das der Yamantaka, bisher keine valablen Käufer fanden.

Vier Arhats. Das Bild zeigt die vier buddhistischen Heiligen (Arhats) Kanakavatsa, Vajriputra, Ajita und Bhadra (von oben links im Uhrzeigersinn) in einer von Flüssen durchzogenen Gebirgslandschaft mit Lotusblumen und weissen Wolken. Arhats waren ursprünglich die Gefährten Buddhas, 16 an der Zahl, die den ewigen Zyklus von Leiden und Wiedergeburt überwunden und das Nirwana erreicht haben. Oben rechts im Bild sitzt der Buddha Amitayus; er verkörpert eine der drei Erlebnisdimensionen, in denen Buddha dargestellt wird. Unten rechts präsentiert ein Gläubiger den Heiligen eine reichhaltige Früchteschale. Das Bild wurde im 19. Jahrhundert gemalt und stammt aus Tibet. Richard und Magdalena Ernst erstanden es bereits 1968 in einem Antiquitätenladen in Kathmandu.

Yamantaka. Die büffelköpfige, dunkelblaue Gottheit, behängt mit Edelsteinen und menschlichen Knochen, stellt einen Yamantaka dar, den Besieger des Todes, Richard Ernsts Lieblingssujet. Es gibt im Buddhismus mehrere Yamantakas, doch die hier dargestellte achtköpfige Gottheit Vajrabhairava ist bei Weitem die bekannteste. Eingerahmt ist die Figur von einer Vielzahl tibetischer Lamas und vielarmiger indischer Gottheiten; diese sitzen mit für sie charakteristischen Emblemen und Tiersymbolen in einer klar geordneten, hierarchischen Reihenfolge in Nischen. Auf dem Kopf des Yamantaka erscheint mit friedvoll lächelndem Gesicht die Gottheit Manjushri, auch als Gott der transzendenten Weisheit bekannt. Das im 15. Jahrhundert gemalte Bild vereint somit die Kraft des Besiegers des Todes mit der Vision unendlicher Weisheit.

Klosterleben. Dieses seltene und wichtige Thangka aus dem 18. Jahrhundert zeigt Episoden aus dem Leben des Abtes Rinchen Migyur Gyaltsen, der zu jener Zeit dem wichtigen Kloster Ngor vorstand. In einer Klosteranlage oben links vertieft sich der Abt mit zwei Hierarchen in die Lehre Buddhas, an den Wänden hängen fünf Thangkas. In einem Gebäudekomplex oben rechts kniet eine Schar Mönche vor dem Abt; in der Mitte des Bildes bringen Mönche und Laien dem geistigen Führer Geschenke – feine Seidentücher, Pelze und Sutras, buddhistische Lehrverse auf Pergament. Darunter schweift der Blick in eine Malerwerkstatt des Meisters Shuchen Tsultrim Rinchen, dessen Schüler eifrig Thangkas für den Abt malen. Nur einer der Schüler schert aus und lehnt lässig an einer Balustrade, stoisch in die Ferne blickend. Die zahlreichen Goldinschriften unter den Episoden beschreiben die Szenen in blumiger Sprache.

Takla Membar. Die etwas aufgelockerte, weniger strukturierte Bildsprache weist darauf hin, dass dieses Bild aus einem anderen Kontext stammt als die anderen Thangkas. Tatsächlich ist es ein Bild in der Bön-Tradition. Sie gilt als Vorgängerreligion des Buddhismus, die von diesem verdrängt wurde, deren Tradition jedoch in Teilen Tibets noch heute hochgehalten wird. In der Thangka-Malerei zeigen sich Ähnlichkeiten mit der buddhistischen Tradition, doch gibt es auch klare ikonografische Unterschiede: Schädelkronen, neunmal gekreuzte Schwerter, Schirme, aber auch Butterlampen und Vögel. Dieses äusserst sorgfältig ausgearbeitete Bild stammt aus dem 18. Jahrhundert und zeigt die zornige Gottheit Takla Membar, den flammenden Tigergott, mit einer Schädelkrone und flammender Haarpracht. In der rechten Hand hält er ein goldenes Chakra (Rad der Zeit) und in der linken eine Waffe aus gekreuzten Schwertern.

Kalachakra-Mandala. Im Gegensatz zu Gottheiten, Erleuchteten, Mönchen und Laien werden Mandalas relativ selten auf Thangkas dargestellt. Dieses Mandala ist der Gottheit Kalachakra geweiht und um 1570 im Kloster Ngor entstanden. Im Original ist es relativ klein (ungefähr 50 cm breit und 55 cm hoch), jedoch äusserst kunstvoll gemalt und detailliert ausgeschmückt. Mandalas gelten als Meditationshilfen für die Mönche, die bei deren Betrachtung in Gedanken von aussen nach innen wandeln, von Raum zu Raum bis zur verehrten Gottheit. Die Gottheit Kalachakra ist eine männliche Repräsentation des Rads der Zeit; sie umarmt ihre weibliche Entsprechung Vishvamata. Zusammen symbolisieren sie die Einheit von Dynamik (Kalachakra) und dem immerwährenden statischen Element (Vishvamata).

Guhyasamaja. Dieses besonders wertvolle Thangka aus dem frühen 15. Jahrhundert symbolisiert die Vereinigung gegensätzlicher Pole. Es zeigt die beiden Gottheiten der Vereinigung, den dunkelblauen, männlichen Guhyasamaja, und seine weibliche Entsprechung, die hell dargestellte Sparshavajri, in inniger Umarmung. Die Ausführung der Gottheiten auf dem leuchtend roten Hintergrund betont die Dynamik der Körperlinien besonders klar. Auch die Schattierungen heben das Körperhafte der beiden Hauptfiguren lebhaft hervor. In den Nischen auf der Seite sowie oben und unten ist wiederum eine grosse Anzahl von Gottheiten, Gefolgsleuten, Heiligen und anderen wichtigen Persönlichkeiten der buddhistischen Lebenswelt dargestellt; sämtliche Figuren sind anhand ihrer Symbole oder aus dem Kontext heraus eindeutig identifizierbar und folgen den hierarchischen Übertragungslinien der buddhistischen Tradition.

Vier Kagyü-Meister. Auf diesem uralten Bild aus dem frühen 13. Jahrhundert sind einige der prominentesten Figuren des tibetischen Buddhismus dargestellt. In der obersten Reihe in der Mitte sitzt Buddha selbst. Die Figur in der Mitte der unteren Dreierreihe ist Atisha, ein indischer Heiliger, der die Sanskritschriften ins Tibetische übersetzte und die berühmte Kagyü-Schule, eine der vier grossen Traditionen im tibetischen Buddhismus, gründete. Rechts neben ihm sitzt Milarepa, der wichtigste Dichter Tibets, dessen Werke bis heute überliefert sind; wie immer ist er in weissen Gewändern dargestellt. Die Zuordnung der Hauptfiguren ist bis heute nicht restlos geklärt. Die Hauptfigur oben links ist wohl Gampopa, einer der wichtigsten Schüler Milarepas und ein einflussreicher Meister der Kagyü-Tradition. Neben ihm sitzt sein Schüler Phagmo Drupa. Die beiden Lamas in der unteren Reihe sind noch nicht eindeutig identifiziert; es dürfte sich allerdings ebenfalls um einen Meister und seinen Schüler handeln.

Früher Lama. Das im Original fast ein Meter hohe und 72 Zentimeter breite, sehr alte und wertvolle Bild aus dem 13. Jahrhundert zeigt einen unbekannten Geistlichen aus der Zeit, als sich der Buddhismus, in einer zweiten Welle aus Indien kommend, im 10. bis 12. Jahrhundert endgültig in Tibet etablierte. Lamas wie der abgebildete Meister lebten und verkündeten den buddhistischen Pfad zur Erleuchtung. Da keine Inschriften einen Hinweis auf seinen Namen oder seine Zugehörigkeit zu einer Tradition geben, konnte seine Identität bisher nicht zweifelsfrei festgestellt werden. Dass er aber ein hoch angesehener Lehrer war, steht ausser Frage; die beiden ihn anbetenden Bodhisattvas – Anwärter auf die Buddhaschaft – zu seiner Rechten und Linken verleihen ihm sogar einen buddhaähnlichen Status. Mythische Tierwesen in den Nischen unter ihm beschützen und erhöhen seinen Sitz, fast so, als wäre dieser ein Thron im himmlischen Pantheon des Buddhismus.

Episode aus dem Jataka. Dieses Thangka aus dem 19. Jahrhundert erzählt im oberen Drittel des Bildes die Episode der Selbstaufopferung Buddhas in seiner vorgeburtlichen Inkarnation als Elefant. Buddha trifft auf eine Gruppe von Menschen, die vom Hungertod bedroht sind, und schickt sie zu einem See am Fuss einer Klippe. In Gestalt des Elefanten stürzt er sich darauf selbst von der Klippe und wird, auf dem Rücken liegend, von den Menschen umringt. Es sind die Hungernden, die sein Fleisch nun verzehren können. Die Geschichte stammt aus der Jataka-Sammlung, die vor rund 2000 Jahren in Indien entstand und Erlebnisse Buddhas erzählt, meist mit einer moralischen oder ethischen Botschaft. Die Sammlung umfasst 547 Episoden in Gedichtform; ein Teil davon, das «Jatakamala», erzählt Ereignisse aus dem früheren Leben Buddhas, in denen dieser wie hier oft auch als Tier wiedergeboren wurde.

Der achte Dalai Lama. Auf dem Bild ist die Inthronisation des achten Dalai Lama, Jampel Gyatsho, im Jahr 1762 dargestellt. Das Thangka gilt als eines der schönsten Beispiele der höfischen Malerei von Lhasa, der Hauptstadt Tibets. Der Potala-Palast ist am linken oberen Rand dargestellt, wo die Zeremonie im Detail noch einmal aufgenommen wird. Rechts neben der Hauptfigur ist klein das Geburtshaus des Dalai Lama zu sehen, und zu seinen Füssen finden sich Menschen aus allen Himmelsrichtungen ein. Sie bringen Geschenke und erweisen ihm ihre Ehrerbietung. Götter, mythische Tierfiguren und Wächter vermischen sich mit dem Volk und symbolisieren so die spirituelle und politische Doppelrolle des Dalai Lama. Über der Hauptfigur, auf Wolken sitzend, überwachen und schützen die spirituellen Lehrer und Vorgänger des neuen Oberhaupts Tibets die Szenerie.

Das Vermächtnis

> Tagebucheintrag, Montag, 1.1.1996: «08:00 aufgestanden / Gedanken zum Neuen Jahr: Eigentlich bin ich sehr unzufrieden mit mir selbst. Was habe ich in letzter Zeit erreicht? In der Arbeit? In der Öffentlichkeit? In der Familie? In der tibetischen Kunst? Trotz meiner privilegierten Stellung sind die Resultate meiner Bemühungen recht kläglich.»

Mitte 1995 begann ich, ein Tagebuch zu führen. Wenn man in der Führung eines Tagebuchs eine gewisse Disziplin entwickelt und täglich niederschreibt, was man erlebt, befreit das einen davon, sich irrelevante Details zu merken. Ich war immer mit der Gabe eines schlechten Gedächtnisses gesegnet. Vieles, was ich erlebte, verschwand alsbald in einem feinen Nebel, der die Vergangenheit schnell zudeckte. Ein Tagebuch funktioniert aber auch ein bisschen wie die Beichte in der Kirche: Das Schreiben macht den Rucksack leichter, den man in seinem Leben tragen muss, und entlastet von Schuldgefühlen.

Schon bevor ich diese abenteuerliche Reise auf dem Papier begann, wurde mir klar, dass mir das Ergebnis nicht gefallen würde. Mein Neujahrseintrag von 1996 zeigt, dass ich immer wieder unter meiner Unvollkommenheit litt und selten bereit war, meine eigenen Grenzen zu akzeptieren. Das scheint mein ewiges Schicksal zu sein. Vielleicht ist es aber auch eine der treibenden Kräfte in meinem Leben: mich zu verbessern, um es «beim nächsten Mal» besser zu machen, sofern mir das Schicksal denn eine weitere Chance gewährt.

Dieses Buch soll aber keine Moralpredigt und auch kein Lehrbuch über die Kernmagnetresonanz, mein Spezialgebiet, sein. Es ist schlicht ein Buch über das Leben, über mein eigenes Leben, über meine Suche nach der Wahrheit und dem eigenen Ich. Vieles davon ist allein für mich von Belang. Anderes mag – und das ist meine Hoffnung – auch andere Menschen auf ihrem Weg zur Selbsterkenntnis inspirieren. Es geht um die Frage, wonach wir alle suchen, was wir anstreben und wollen. Ist es Liebe? Ist es Selbstachtung? Ist es der Respekt anderer? Oder gar Weisheit? Geht es um den Sinn des Lebens oder gar eine Art von Unsterblichkeit? Oder werden wir durch die desaströse Sucht nach Reichtum, Status und Ruhm lediglich verdorben?

Ich möchte eine kurze Parabel erzählen. Sie ist in Indien angesiedelt. Ich habe schon immer die Zeitlosigkeit der uralten indischen Erzählungen bewundert. Tausende von Geschichten, die die ewigen Wahrheiten des Lebens weitertragen, sind dort entstanden. Eine besonders eindrückliche Parabel ist die «Geschichte der drei vergessenen Worte»:

«In einem kleinen Dorf, unweit von Adilabad im Norden Andhra Pradeshs, mitten in Indien, kämpfte ein Landwirt um seine karge Existenz. Bereits mit 13 Jahren war er mit einem Mädchen aus dem Nachbardorf verheiratet worden, das damals seinerseits erst elf Jahre gezählt und ihm später fünf Kinder geboren hatte. Nun hatten alle seine Kinder das gemeinsame Zuhause vor mehr als zehn Jahren verlassen, und unglücklicherweise war auch seine Frau vor drei Jahren verstorben. So blieb unser Bauer allein zurück auf seinem kleinen Stück Land, mit einer Kuh und zwei Ziegen, die ihm kaum zum Überleben reichten.

Seit seiner Jugend stellte er sich ständig Fragen über die Welt, über die Ewigkeit, über den tieferen Sinn des Lebens. Seine Nachbarn nannten ihn «den Philosophen». Er ging häufig in den berühmten Saraswati-Tempel ausserhalb von Adilabad und bat Saraswati um Erleuchtung. Zwar wusste er, dass die Göttin der Weisheit nicht auf die naiven Fragen eines einfachen Bauern antworten würde; trotzdem hoffte er, dass Saraswatis schiere Präsenz seinen Geist klären könnte.

Doch je mehr er suchte, desto weniger schien er zu verstehen, und er wurde hoffnungslos und verzweifelt. Eines Nachts verliess er sein Zuhause; er band seine Kuh und die Ziegen los und entliess die Tiere in die Freiheit. Er packte ein kleines Bündel und nahm die staubige Strasse nordwärts unter die Füsse. Er wanderte viele Tage lang und fragte die Leute nach dem Weg ins Dorf Mambhalam. Keiner hatte je von einem Dorf mit diesem Namen gehört, aber unser Bauer war sich sicher, dass er dort die Antworten auf all seine brennenden Fragen finden würde. Er ging viele Wochen lang. Er ass wenig und lebte von den Beeren, die er am Rande der staubigen Strasse oder in den kargen Wäldern fand. Er verlor allmählich an Gewicht, und um seinen schmerzenden Rücken zu entlasten, liess er einen Teil seines Gepäcks liegen. Er ging viele Monate lang, und seine Schritte wurden immer kürzer. Oft musste er sich hinsetzen, um wieder Kraft zu schöpfen, aber der Wille, sein Ziel zu erreichen, blieb ungebrochen. Immer mehr fürchtete er, dass er sterben würde, bevor er Mambhalam erreichte.

Eines Nachts war er so verzweifelt, dass er beschloss, seine Reise nicht fortzusetzen. Er setzte sich hin, um an Ort und Stelle zu sterben, anstatt vergeblich zu gehen und zu suchen und immer wieder enttäuscht zu werden. Da hörte er seltsame Stimmen in der dunklen Nacht und hatte Angst. Er fühlte sich allein und verlassen. Doch dann überwältigte ihn die Müdigkeit, und er schlief ein. In dieser Nacht träumte er von einer Begegnung mit einem sehr alten und weisen Mann, der nackt unter einem riesigen Baum meditierte. Er setzte sich neben ihn und wartete, lange, tagelang. Plötzlich öffnete der alte Weise seinen Mund, blickte seinen Besucher mit funkelnden Augen an und sagte nur drei Worte mit einer donnernden Stimme. Dann verschwand er so schnell, wie er gekommen war. Der arme Bauer erwachte und war überzeugt, dass er die Erleuchtung erfahren hatte, die er so lange gesucht hatte. Er war überglücklich. Doch leider konnte er sich nicht mehr an die drei Worte erinnern, die der alte Weise gesprochen hatte. Er dachte angestrengt nach, schlug sich gegen den Kopf, quetschte sein Gehirn aus, aber die drei Worte fielen ihm nicht mehr ein.

Am nächsten Morgen wurde ihm schmerzhaft bewusst, dass Mambhalam in ihm selbst war. Dass er nicht mehr weitersuchen, sondern in seinen eigenen Geist hineinhorchen musste. Er erkannte, dass die Suche nach sich selbst das wahre Ziel und der wahre Sinn des Lebens waren. Er erkannte, dass alles mit allem verbunden war und dass die ganze Welt eine in sich geschlossene Einheit bildete, wie es in den heiligen Schriften vor mehr als 2000 Jahren geschrieben worden war. Er lernte, seine innere Unruhe zu bändigen, ohne sie zu verdrängen, und er lernte, sie zu einer nützlichen, wegweisenden Kraft werden zu lassen. Und in diesem Prozess der Suche fand er sein Glück.

Später besuchten ihn viele Leute, um ihn um Rat zu bitten. Er wurde zu einem berühmten Meister. Oft erzählte er seinen Schülern vom ‹Traum der drei Worte›. Er ermutigte sie, ihre persönlichen drei Worte zu finden, die ihnen eine Orientierung im Leben geben würden. Er selbst starb als alter Mann, und man erinnert sich noch immer an ihn als ‹Meister der drei verborgenen Geheimnisse›. An der Stelle, wo er starb, pflanzten die Einheimischen drei Bäume. Heute sind diese drei Bäume Teil eines grossen

Waldes geworden, und niemand erinnert sich mehr daran, welches die ursprünglichen Bäume waren. Auch der Name des Weisen ist vergessen gegangen. Aber suchende Geister setzen seine Tradition fort, nicht nur in Andhra Pradesh, sondern auf der ganzen Welt.»

Ich bin seit langer Zeit auf der Suche nach «meinen drei Worten» der Erlösung. Immer und immer wieder erwog ich Hunderte von Möglichkeiten, doch keine der vielen Optionen schien es mir wert, festgeschrieben zu werden. Heute noch bin ich auf der Suche – und mittlerweile habe ich eingesehen, dass niemand die drei unsterblichen Bäume für mich pflanzen wird.

Wie die Kernmagnetresonanz wichtig für die Gesellschaft wurde

> Tagebucheintrag, 1.1.1996 (Fortsetzung): Was habe ich in letzter Zeit erreicht? In der Arbeit?

Die Frage der Relevanz meiner Forschung für die Gesellschaft hat mich tatsächlich mein ganzes Leben beschäftigt. Deshalb verliess ich nach meiner Dissertation auch die ETH und wandte mich der Industrie zu. Ich wollte irgendetwas machen, was einmal von Nutzen sein würde. Der Elfenbeinturm war mir stets ein Graus. Trotzdem zweifelte ich immer wieder an der Nützlichkeit meiner Forschung, vielleicht weil das Thema Kernmagnetresonanz in einem derart theoretischen Bereich verankert ist, dass die direkte Anwendung zum Zeitpunkt der Entdeckungen noch gar nicht abzusehen war. So hätte ich nie erwartet, dass sich daraus ein Verfahren entwickeln könnte, das nicht nur die Naturwissenschaft, sondern die Gesundheitsversorgung der Menschen weltweit revolutionieren würde.

Die Geschichte der Kernmagnetresonanz beginnt ja im eher esoterischen Bereich der Elementarteilchenphysik. Gewisse Atomkerne sind magnetisch, und wenn man sie mit Radiowellen anregt, reagieren sie und schicken ein schwaches Signal zurück, das eine bestimmte Frequenz hat: die Resonanzfrequenz. Sie lassen von sich hören, könnte man sagen. Zunächst schien es für eine breitere Gesellschaft kaum nützlich zu sein und interessierte eigentlich nur die Physiker, die damit den Aufbau von Atomen studieren konnten.

Durch reinen Zufall wurde 1950 festgestellt, dass die chemische Umgebung eine Abschirmwirkung auf die magnetischen Atomkerne hat und dass sich diese in den gemessenen NMR-Frequenzen widerspiegelt. Die Atomkerne hinterlassen so ihren «Fingerabdruck»; man könnte auch sagen, sie antworten mit ihrer charakteristischen Melodie, die präzise Hinweise auf ihre Umgebung enthält. Auf diese Weise wurde diese Methode in der Chemie und in der chemischen Industrie zu einem unverzichtbaren Analyseinstrument.

Die experimentelle Kernspinresonanz hat sich zu einem echten Hightechbereich entwickelt. Sie benötigt extrem starke und stabile Magnetfelder, denn die ausgesendeten NMR-Signale sind unglaublich schwach, und um sie zu empfangen, braucht es eine fortschrittliche Hochfrequenzelektronik. Darüber hinaus wurden komplexe Computerprogramme für die Analyse der hochinformativen Versuchsdaten unerlässlich. Die NMR hat die technologische Entwicklung wirklich herausgefordert.

Es war die mathematische Auswertung der Messung am Computer mittels Fourier-Transformation, die ich zusammen mit Wes Anderson in den 1960er-Jahren einführte, die diese technische Revolution auslöste. Dieses mathematische Analyseverfahren, das man auch von der Optik und der Akustik her kennt, wandelt ein zeitabhängiges Signal in ein Frequenzsignal um. Komplizierte Messresultate können so in einfache Frequenzspektren entwirrt werden; die Empfindlichkeit der Methode konnte um das Zehn- bis Hundertfache verbessert werden. Im Umkehrschluss erlaubt dies natürlich auch, immer schwierigere Experimente zu machen. Die gewonnene Sensitivitätsverbesserung war wegweisend für die Anwendung bei komplexen Biomolekülen und für den Einstieg in die Medizin.

Zurück an der ETH Zürich entwickelte ich zusammen mit meinen Doktoranden und Postdoktoranden sowie anderen Forschern anstelle eindimensionaler NMR-Spektren zwei- und dreidimensionale Spektren, wobei Sie hier nicht in erster Linie an räumliche Dimensionen denken dürfen, sondern an zeitliche. Mit

Richard Ernst in einem MRI-Apparat am Universitätsspital Zürich, aufgenommen am 7. März 2014. Ernst hat mit seinen Erfindungen die Grundlagen für die heute weit verbreitete Diagnosemethode geschaffen.

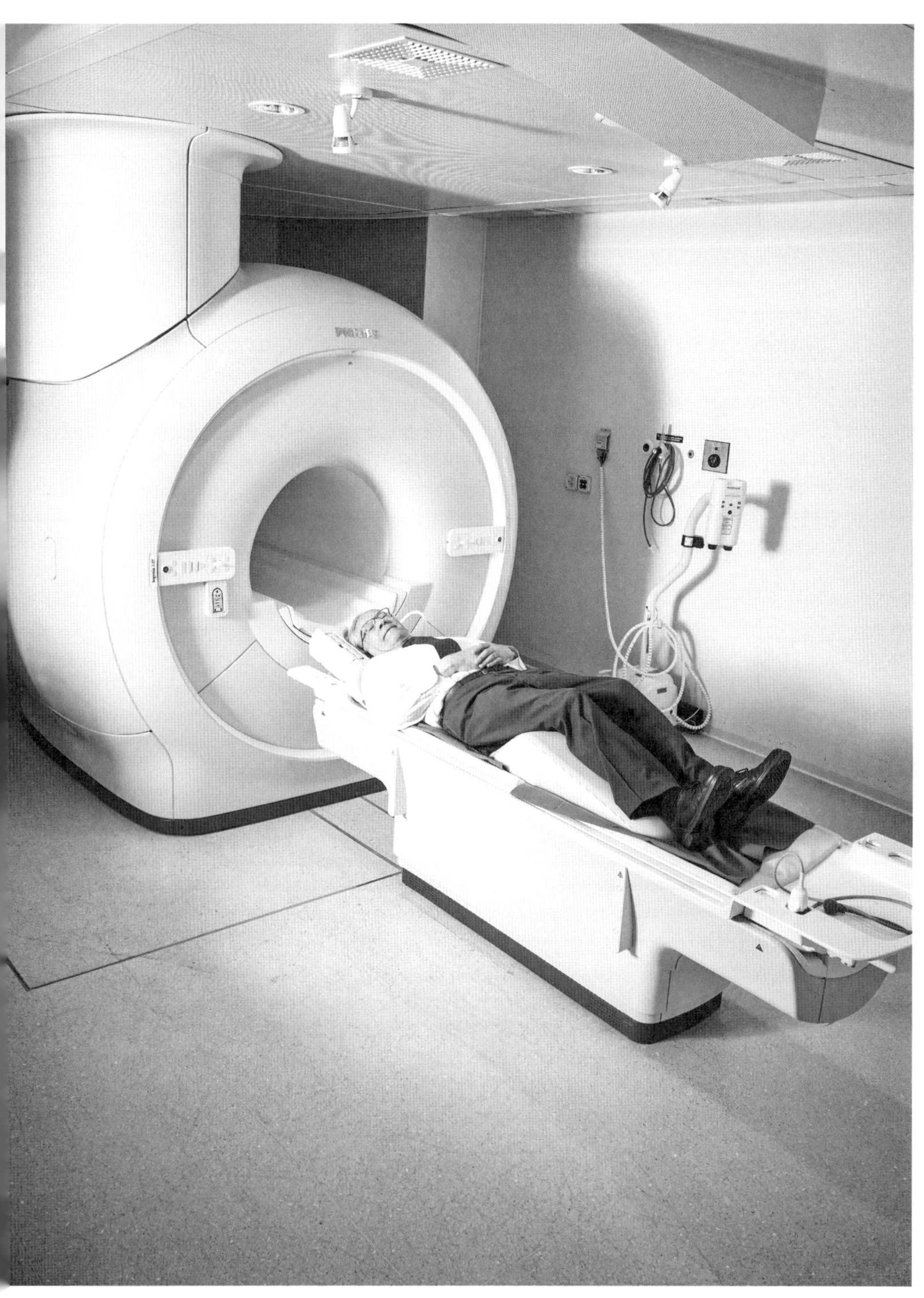

klug gewählten und zeitlich genau festgelegten Schemen, bestehend aus zwei oder drei aufeinanderfolgenden Pulsen, können die magnetischen Atomkerne so angeregt werden, dass sie am Schluss nicht nur einen simplen Ton, sondern eine vielstimmige, komplexe Melodie zurücksenden, die sehr viel mehr über sie verrät. Wir mussten nur noch lernen, diesen Melodien genau zuzuhören. Den Durchbruch ermöglichte eine Idee, die der belgische Physiker Jean Jeener auf dem Papier entwickelt hatte, in Kombination mit «unserer» Fourier-Transformation-Entwirrung der immer komplexeren Signalreihen.

Später wurde festgestellt, dass diese Erweiterung der NMR-Spektroskopie einen grossen Einfluss auf die Molekularbiologie hatte, weil damit die dreidimensionale (räumliche) Struktur biologischer Makromoleküle im selben Zustand bestimmt werden kann, in dem diese auch in der belebten Natur auftreten. Die über die molekularen Strukturen gewonnenen Erkenntnisse wurden unentbehrlich für die Untersuchung der Funktion und Interaktion biologisch relevanter Substanzen wie der Eiweisse, aber auch der Nukleinsäuren, der Träger der Erbsubstanz.

Später wendeten wir dieses Know-how auch in der tomografischen Bildgebung an und bauten dabei auf der Idee von Forschern wie Paul Lauterbur auf, der schon Anfang der 1970er-Jahre den Grundstein zur medizinischen Anwendung gelegt hatte. Doch wie in der chemischen Analyse konnten wir mit intelligenten Anregungsschemen und einer raffinierten Auswertung der Messwerte die Geschwindigkeit und Qualität der Bilder entscheidend verbessern. Die Idee war noch nicht bereit zur Anwendung, bevor sie nicht viele andere Forscher weiterentwickelt, verfeinert und auf aktuelle Fragestellungen angepasst hatten. Das erste Bild eines ganzen Kopfes wurde erst 1978 aufgenommen, die erste Ganzkörpertomografie erfolgte 1980 an der Universität Aberdeen.

Zu Beginn sprachen die Forscher und Experten noch von der NMR-Bildgebung. Doch vor der Markteinführung der Technologie wurde der Name für die medizinischen Anwendungen in die heute gebräuchlichen Begriffe Magnetresonanzbildgebung (MRI), im deutschen Sprachraum auch Magnetresonanztomografie (MRT), geändert, weil damals alles, was mit Atomkernen zu tun hatte, anrüchig schien, obwohl die Magnetresonanzmethode völlig ungefährlich ist. Die Technologie hat zwei grosse Vorteile: Sie braucht erstens keine Röntgenstrahlen, die ja schädlich sein können, weshalb beliebig viele Bilder vom Körper gemacht werden können. Und zweitens ist die Qualität der Bilder den Röntgenbildern weit überlegen. Da die Wasserstoffkerne gemessen werden, sieht man auch die sogenannten Weichteile im Körper, also Organe, Gefässe, Muskeln, Bänder, und nicht wie beim Röntgenbild nur die Knochen. Dadurch wird die Diagnose von Krankheiten zum Beispiel des Gehirns wesentlich einfacher und genauer. Sie können also praktisch alle Krankheiten, die den Körper irgendwie verändern, erkennen. Vor allem im Rahmen der Krebsdiagnose ist das Verfahren von unbestrittenem Wert.

Heute bietet die Kernmagnetresonanztechnik das leistungsfähigste und universellste Diagnosewerkzeug für Kliniker. Allein in den Schweizer Spitälern sind heute fast 200 Magnetresonanztomografen in Betrieb, mit denen jährlich über 3000 Untersuchungen pro Gerät durchgeführt werden.

Anfang der 1990er-Jahre wurde die Methode von Forschern wie Seiji Ogawa noch einmal dramatisch erweitert. Er hat das funktionelle MRI-Verfahren (fMRI) entwickelt, das eine detaillierte und dynamische Untersuchung der Hirnfunktionen ermöglicht. Wir können dem Gehirn damit sozusagen bei der Arbeit zuschauen. Heute erlaubt uns das Verfahren, viele Funktionen des Gehirns genau zu lokalisieren. So lassen sich Erkenntnisse für Psychologen gewinnen, welche die menschlichen Reaktionen und das Zusammenspiel der verschiedenen Sinne genau untersuchen können. Für zahlreiche Hirnerkrankungen wurden bereits Diagnosemarker entwickelt. In naher Zukunft ist eine deutliche Weiterentwicklung zu erwarten, die das Verständnis für das komplexeste und faszinierendste menschliche Organ verbessern wird. Auch die klinische Psychologie wird immer mehr von Untersuchungen im Magnetresonanztomografen geprägt. Die Vorgänge bei Autismus, ADHS oder anderen Krankheiten des Gehirns können so immer genauer erforscht werden.

Die drei Säulen einer verantwortungsvollen Akademie

> Tagebucheintrag, 1.1.1996 (Fortsetzung): Was habe ich erreicht? In der Öffentlichkeit? Ich predige Relevanz – und habe doch nichts erreicht.

Ein Nobelpreis verleiht einem ohne Zweifel eine Stimme, die gehört wird. Das machte mir mein Leben nicht einfacher – im Gegenteil. Da ich diese Verpflichtung sehr ernst nahm, wurde es immer hektischer. Fast jede Woche war ich irgendwo auf der Welt an einer Tagung, an einem Kongress, an einem Treffen mit wichtigen Leuten. Ich musste Vorträge halten, war als Berater gefragt, musste in Kommissionen Einsitz nehmen. Es ging mir ein bisschen wie Albert Einstein – er wurde 1921 mit dem Nobelpreis für Physik ausgezeichnet –, über den der amerikanische Autor Burton Feldman in seinem Buch «The Nobel Prize: A History of Genius, Controversy, and Prestige» folgende Anekdote erzählt: Einstein sei einmal von Reportern aufgefordert worden, eine Definition der vierten Dimension zu geben, in einem Satz die Relativitätstheorie zu erklären, seine Ansichten über die Prohibition darzulegen, die aktuelle Politik zu kommentieren und zudem zu erklären, was er von der Religion halte, sowie über seine tiefere Beziehung zur Geige Auskunft zu geben – und das alles in nicht mehr als einer Viertelstunde.

Doch was mich am meisten störte, waren die vielen Sitzungen, in denen es nur um Machtspielchen und Egoismus ging. Ich habe mit meiner Meinung nie zurückgehalten. Ich scheute mich auch nicht, die Zuhörerschaft vor den Kopf zu stossen, wenn ich mich im Recht fühlte. In Israel zum Beispiel kritisierte ich die Besatzungspolitik der Regierung. An einem Vortrag in St. Petersburg ging ich mit der egoistischen Politik der Grossmächte USA und Russland hart ins Gericht. Ich erntete nicht selten betroffenes Schweigen, einmal verliess sogar ein Teil der Hörerschaft demonstrativ den Saal, während ich noch sprach.

Ich kann die Augen einfach nicht verschliessen vor der Lage, in der wir uns auf der Erde befinden. Sie löst in mir oft Trauer und Angst aus. Auf der einen Seite sehe ich die Schönheit der Natur, die Liebenswürdigkeit vieler Menschen und die Tiefe der menschlichen Beziehungen, die unser Leben so lebenswert machen. Auf der anderen Seite entsetzen mich die Umweltzerstörung und der menschliche Egoismus. Viele Menschen, vor allem in den reichen Ländern des Westens, leben in grossem, kaum zu überbietendem Überfluss. In anderen Teilen der Erde habe ich

Richard Ernst an seinem Arbeitsplatz an der ETH Zürich kurz nach dem Gewinn des Chemie-Nobelpreises im Jahr 1991.

herzzerreissende Not und grosse Armut erlebt. Sind wir Menschen nicht dazu verpflichtet, diese Ungerechtigkeit aus der Welt zu schaffen?

Der Grund für viel Unbill liegt in unserer überbordenden Konsumgesellschaft. Unser tägliches Leben wird von Tag zu Tag hektischer. Hinter jeder Ecke lauert der Wettbewerb. Um erfolgreich zu sein, muss jeder schneller laufen. Wir Wissenschaftler müssen mehr Erfindungen machen und in immer kürzerer Zeit publizieren, um erfolgreich zu sein. Der Verbraucher wird ermutigt, mehr zu kaufen und zu konsumieren, um die industrielle Produktivität aufrechtzuerhalten. Der Begriff «Verbraucher» ist zwar eine sehr hässliche Bezeichnung, aber doch genau die richtige für die Funktion, welche die Bürger heute auszufüllen haben. Die Menschen scheinen nur noch als unaufhörlich verbrauchende schwarze Löcher zum Entleeren der Regale im Supermarkt zu dienen. Am Ende produzieren wir Müllberge und fragen uns am Abend vor dem Schlafengehen, welchen Sinn denn all diese hektischen Aktivitäten haben. Wir werden kaum eine beruhigende Antwort finden. Aber trotzdem sind wir am nächsten Morgen wieder in diesem ewigen, sinnlosen Hamsterrad der Konsumgesellschaft gefangen.

Heute fehlen humane Kräfte, die dem Leben einen tieferen Sinn geben könnten. Der einzige verbleibende Antrieb – der einzige Megatrend – ist das Geldverdienen. Tatsächlich werden alle Formen des Erfolgs letztlich in Geldeinheiten gemessen. Der Tanz um das goldene Kalb mit all seinen Exzessen ist wie kaum zuvor in der Geschichte der Menschheit Realität geworden!

Die Folge ist, dass die globale ökologische Situation immer hoffnungsloser wird. Der Raubbau an der Natur und die drohende Klimaerwärmung machen mir grosse Sorgen. Noch heute gibt es selbst unter Wissenschaftlern Unbelehrbare, die behaupten, dass die globale Erwärmung eine Erfindung ist, die angeblich auf fehlerhaften Daten basiert. Irregeführte hohe Politiker verharren auf diesem Standpunkt! Dabei kommt man, wenn man den Tatsachen ins Auge blickt, unweigerlich zum Schluss, dass der Welt grosse Gefahr droht.

Wir müssen den Raubbau an unseren endlichen, natürlichen Energiequellen wie Erdöl und spaltbarem Uran stoppen und uns auf erneuerbare Energien wie Sonnenenergie, Windkraft und Geothermie konzentrieren. Und wenn diese Massnahmen nicht reichen, um den globalen Energieverbrauch zu decken, müssen wir diesen drastisch einschränken. Doch das Problem reicht noch tiefer: Meiner Meinung nach erschöpfen wir mit dem heutigen Lebensstil nicht nur unsere natürlichen Ressourcen, sondern wir handeln auch gegen unser Gewissen und unsere menschliche Würde. Wir verlieren nicht nur unsere Lebensgrundlage, sondern auch unser moralisches Recht, den zunehmend erschöpften Planeten zu bevölkern. Wenn es so weitergeht, sind wir bald reif für eine globale Katastrophe, die das Potenzial hat, die Menschheit für immer auszulöschen.

In ihrem heutigen Zustand gleicht die Welt einem Fahrzeug, das auf einen Abgrund zufährt. Es ist ein riesiges Zweirad, eine Art Moped, auf dem wir alle Passagiere sind. Das hintere Rad ist ein kraftvolles Antriebsrad, das von einer mächtigen Industrie in Schwung gehalten wird, um maximale Gewinne zu erzielen. Auf dem Sitz haben sich die Politiker ausgebreitet. Ihre Absicht scheint einzig, die Konsumentinnen und Konsumenten bei Stimmung zu halten, damit diese nicht bei voller Fahrt abspringen. Ihnen ist es egal, in welche Richtung das Zweirad fährt, selbst wenn es auf den Abgrund zugeht. Hauptsache, die Passagiere geben möglichst viel Geld für die Produkte der Industrie aus und mehren deren Gewinne, bevor das Zweirad dort ankommt. In dieser Situation muss jemand das Lenkrad verantwortungsbewusst bedienen, um eine sichere Fahrt zu gewährleisten und zu versuchen, vor dem Abgrund das Steuer herumzureissen. Wer wäre für diese Aufgabe besser geeignet als die akademische Gemeinschaft?

Wer, wenn nicht wir Professoren, die wir in einer sehr privilegierten Situation leben, soll dies denn tun? Die meisten Mitmenschen haben diese Möglichkeit nicht oder werden, falls sie sich kritisch äussern, nicht wahrgenommen. Ich glaube deshalb, dass Forscherinnen und Forscher, ja die gesamte akademische Gemeinschaft, eine ganz besondere Verantwortung dafür haben, den Lauf der Welt positiv zu beeinflussen. Diese Verantwortung ruht auf drei Säulen:

1. Bildung ist unser Kapital; es soll ganzheitlich sein und keine Fachidioten hervorbringen

Die Förderung der Bildung ist bei Weitem die wichtigste Massnahme in einer modernen Wissensgesellschaft. Sie macht die

Menschen zu autonomen, selbstverwirklichten Wesen und kommt der ganzen Menschheit zugute, weil sie das Potenzial hat, Ungleichheiten auszugleichen, und zwar sowohl innerhalb eines Staats als auch innerhalb der Staatengemeinschaft – zum Beispiel zwischen den reichen Ländern des Nordens und den Entwicklungsländern. Sie beginnt im frühesten Alter. «Die Suche nach Wissen in jungen Jahren ist, wie wenn man einen Stein graviert», sagte der islamische Schriftgelehrte Hasan al-Basri (642–728). Je weiter entwickelt und je vernetzter eine Gesellschaft ist, umso mehr hängen ihr friedliches Zusammenleben und ihre nachhaltige Entwicklung von den Investitionen in die Bildung ab. In einer solchen Wissensgesellschaft ist das Gut «Wissen» auch die entscheidende Grundlage für den allgemeinen Wohlstand. Deshalb gehört es zur grundlegenden Verantwortung eines Staats wie auch der internationalen Gemeinschaft, ihren Bürgerinnen und Bürgern eine ausreichende Bildung zu ermöglichen. Ich würde sogar behaupten, dass Bildung die wichtigste Aufgabe eines Staats ist.

Bildung ist mehr als nur Ausbildung. Allzu oft konzentrieren sich Schulen, und insbesondere auch die Hochschulen, fast ausschliesslich auf die «Ausbildung», also die Vermittlung von Fähigkeiten, die nur zu einem eng umgrenzten Beruf führen. Sprachen, Naturwissenschaften und Mathematik, aber auch handwerkliche oder sogar musische Fähigkeiten werden nur mit dem Ziel vermittelt, aus den Zöglingen fähige Berufsleute zu machen – gut geschmierte Zahnrädchen im komplexen Räderwerk der Gesellschaft.

Ich verstehe Bildung umfassender, im wortwörtlichen Sinn. Im Gegensatz zur «Ausbildung» formt eine ganzheitliche «Bildung» auch die Persönlichkeit und den Charakter. Ich spreche von einer humanistischen Bildung auf der Basis der Aufklärung, wie sie zum Beispiel der grosse deutsche Naturforscher Alexander von Humboldt forderte. Sie will nicht nur Buchwissen, sondern vor allem auch bleibende Werte vermitteln. Eine solche Bildung wäre nicht auf den westlichen Kulturkreis beschränkt, denn die Werte, die dabei vermittelt werden, sind im Kern in allen Religionen und Philosophien dieselben, auch wenn sie in anderen Worten ausgedrückt

Richard Ernst hält eine Rede anlässlich der Verleihung des renommierten israelischen Wolf-Preises. Er erhielt ihn 1991, kurz vor dem Nobelpreis.

werden. Nur eine solche Bildung bringt kritische Persönlichkeiten hervor, die in der Lage sind, die Situation, in der wir uns befinden, richtig zu beurteilen.

Viele Hochschulen beschränken sich heute leider auf die Vermittlung von Fakten und hoch spezialisiertem Detailwissen, das für eine wissenschaftliche Karriere unverzichtbar erscheint. Sie bieten nichts weiter als eine Fachausbildung. Wie sollen so zukünftige Entscheidungsträger herangezogen werden, die über das Schicksal der Welt bestimmen? Die Aufgaben, die diese Absolventinnen und Absolventen erwarten, bedingen eine viel umfassendere Schulung, in der ethische Prinzipien und gesellschaftliche Verantwortung Raum einnehmen müssen.

Auf globaler Ebene ist die Bildung von Frauen vielleicht das wichtigste Thema. Was getan wird, um das Schicksal der Frauen zu verbessern, kommt allen zugute. Frauen sind die Säulen der Familie und damit der Gesellschaft. Wenn sie die ihnen zustehende Anerkennung, mehr Mittel und mehr Freiheit erhalten, verbessert sich die Situation im Land! Ich denke, es ist auch eine Verpflichtung der akademischen Gemeinschaft, die Rollen der verschiedenen Familienmitglieder zu überdenken, um Fairness zu gewährleisten.

Dies führt mich zur nächsten Säule der akademischen Verantwortung – nämlich zu den Universitäten und deren Verantwortung als Institutionen für das Wohlergehen der Gesellschaft.

2. Universitäten und Hochschulen stehen in der Verantwortung

Unsere öffentlichen Hochschulen können nur eine Mission haben: die Zukunft der Weltgemeinschaft vorauszudenken und in eine positive Richtung zu lenken. Politik und Wirtschaft sind zu sehr befangen in ihren kurzfristigen Feedbackzyklen, die von der Wiederwahl oder dem Return on Investment bestimmt werden, um dies zu gewährleisten. Mein Vertrauen in Politiker und Ökonomen ist in den letzten Jahren drastisch gesunken. Die Universitäten dagegen können und sollten sich einen visionären Geist erlauben und sich Ziele setzen, die über den Alltagsbetrieb hinausgehen und die der globalen Lebensgemeinschaft zugutekommen.

Indiens Freiheitsikone Mahatma Gandhi hat einen unvergesslichen Satz geprägt, der mich immer sehr beeindruckt hat: «Wir müssen selbst die Veränderung sein, die wir sehen wollen!» Das sind kurze, aber kraftvolle Worte, die nicht einfach zu beherzigen sind. Es ist so viel einfacher, anderen «gute» Ratschläge zu erteilen, als die eigene Einstellung und Denkweise zu ändern. Was bedeutet das konkret für unsere Hochschulen?

Unsere akademischen Institutionen sollten (wieder) Kulturzentren werden, die in die ganze Gesellschaft ausstrahlen – dies jedoch nicht in einem elitären Sinn. Lassen Sie uns also diese Elfenbeintürme aufbrechen und gesellschaftliche Verantwortung übernehmen! Dazu müssen zuerst die Barrieren innerhalb der Universitäten niedergerissen werden. Wir alle wissen, dass Technologie und Wissenschaft allein nicht ausreichen, um die grossen globalen Probleme zu lösen. Denn oftmals stehen einer Lösung eines Problems nicht nur technische Hürden im Weg, sondern auch politische, ethische oder kulturelle. Um diese zu verstehen, brauchen wir die Geistes- und Sozialwissenschaften. Lassen Sie uns also die Grenzen zwischen den Natur-, Geistes- und Sozialwissenschaften an unseren Universitäten überwinden. Vielleicht eröffnet dies den Weg zur wahren Weisheit.

An den Universitäten müssen wir wieder lernen, wie man träumt, wie man eine ideale Welt erfindet und wie man Visionen umsetzt. Wir haben die Verantwortung, uns zu allen relevanten Themen so frei und so kritisch wie möglich zu äussern. Die Einflussnahme von Politik und Wirtschaft muss auf ein Minimum beschränkt werden.

Auch wenn wir es manchmal vergessen: Wir werden von der Öffentlichkeit dafür bezahlt, uns frei und kritisch zu äussern, und dank unserer Stellung können wir es uns leisten, auch wenn uns engstirnige Politiker und skrupellose Interessenvertreter der Wirtschaft manchmal Steine in den Weg legen. Der ehemalige deutsche Bundespräsident Roman Herzog sprach 1997 in einer Rede anlässlich des 200. Geburtstags des Schriftstellers Heinrich Heine der inneren Freiheit der Intellektuellen das Wort. «Ohne kritischen Einspruch», sagte Herzog, «ohne das Engagement unbequemer Denker verkümmert die Gesellschaft.» Wir brauchen den Stachel im Fleisch der Wohlgenährten, wir brauchen kritische Geister, die anderer Meinung sind, wir brauchen freche, aufmüpfige Denker und solche, die frei von Interessenbindungen mutige Fragen stellen. Diese Denker und Frager sind wir, die Forscherinnen und Forscher, die Lehrerinnen und Lehrer, die Studentinnen und Studenten an den Hochschulen!

Natürlich birgt auch eine solche Hochschule die Gefahr in sich, zu einem Elfenbeinturm zu verkommen. Forschung kann abgehoben und weltfremd werden, wenn sich die wissenschaftlichen Kontakte auf allzu enge Fachkreise beschränken. Man erkennt dies allzu oft an der Sprache in den wissenschaftlichen Publikationen. Gerade in den Geisteswissenschaften vernebeln Fachbegriffe und unnötig komplizierte Gedankengänge allzu oft die klare Aussage. Deshalb ist es so wichtig, dass Wissenschaftlerinnen und Wissenschaftler auf Phasen der Bildung und Forschung an den Hochschulen Phasen praktischer, ausseruniversitärer Tätigkeit folgen lassen. Die Zusammenarbeit mit öffentlichen Einrichtungen, aber auch mit der Industrie ist für die Universitäten unerlässlich, um in Resonanz mit der Gesellschaft zu sein.

Die Industrie ist nicht per se böse oder ausbeuterisch. Sie erfüllt einen wichtigen Zweck und ist oft die einzige gesellschaftliche Kraft, der es gelingt, wissenschaftliche Erkenntnisse in Produkte umzuwandeln, die der ganzen Gesellschaft von Nutzen sind. Lehrer und Professoren sollten deshalb mindestens ein Jahr lang in einem praktischen Umfeld ausserhalb der Universität verbringen. Ingenieure und Naturwissenschaftler aus der Industrie wiederum müssten regelmässig an die Universität zurückkehren, um neues Wissen zu tanken und die Lehrveranstaltungen durch praxisnahe Beispiele zu bereichern.

Multidisziplinäre Ausbildung ist ein Muss für diejenigen, die an der Grenze der Wissenschaft arbeiten wollen. Zwar ist disziplinäres Detailwissen, zumindest auf dem eigenen Gebiet, unerlässlich. Allrounder ohne Tiefe erreichen wenig oder gar nichts. Man kann die Situation folgendermassen zusammenfassen: Die Fokussierung ist für das Verständnis unerlässlich, während die

Richard Ernsts NMR-Familie, 1992. Nach dem Nobelpreis lud Richard Ernst alle aktuellen und ehemaligen Mitarbeiterinnen und Mitarbeiter zu einem mehrtägigen Treffen ein. Richard Ernst ist als 2. von links sitzend erkennbar, direkt hinter ihm stehend, als 1. von links, Alexander Wokaun.

Nach seiner Emeritierung 1998 wiederholte Richard Ernst das Forschertreffen auf dem Monte Verità. Neben dem gesellschaftlichen Beisammensein pflegten die Forscherinnen und Forscher viele fachliche und interdisziplinäre Diskussionen.

Erweiterung der Perspektive für die Erkenntnis der Zusammenhänge notwendig ist.

Der Austausch muss natürlich weit über die Mauern der Universität, aber auch über alle Landes- und Kontinentalgrenzen hinweg stattfinden. Die Wissenschaft ist zwar schon seit Jahrhunderten international geprägt, doch bislang werden die Entwicklungsländer noch viel zu wenig miteinbezogen. Ausgerechnet in diesen Regionen zeigen sich die problematischen Aspekte unserer materialistischen Gesellschaft besonders deutlich. Die wichtigen Weichenstellungen für die Zukunft der Menschheit finden zweifellos in Entwicklungsländern statt. Nur wer die Probleme dieser Staaten erfahren und begriffen hat, kann sich realistische Gedanken über eine nachhaltige globale Zukunft machen. Ein reger Austausch mit Forschern und Akademikern aus Entwicklungsländern ist deshalb unabdingbar. Doch dabei gilt es zu verhindern, unsere westlichen Modelle gedankenlos auf die Länder des Südens zu projizieren, denn vieles, was bei uns glänzt, hat andernorts kaum Relevanz und kann nicht als Vorbild dienen. Tragfähige Konzepte für eine zukünftige Welt sollten wir gemeinsam mit den Denkern aus Entwicklungsländern erarbeiten.

Eine letzte wichtige Verantwortung der Universitäten liegt in der Weitergabe des Wissens an die Gesellschaft. Hochschullehrer und Forscher müssen ihre rationalen wissenschaftlichen Erkenntnisse, aber auch ihre kritische Meinung weltweit kundtun. Nur so lässt sich der destruktive Einfluss falscher Propheten und engstirniger Interessengruppen eindämmen. Nur so gelingt es, einem gefährlichen Fundamentalismus den Wind aus den Segeln zu nehmen. Es gibt viele Formen von Fundamentalismus. Sie reichen von den fundamentalistischen christlichen Gruppierungen, die wissenschaftliche Erkenntnisse wie die Evolution rundherum ablehnen und vor allem in den USA erschreckend viel Zulauf haben, über die jüdische Orthodoxie und die hinduistische Intoleranz bis zu den islamistischen Fundamentalisten mit ihrer zerstörerischen Gewaltphilosophie. Alle sind mir ein Graus, weil sie die kritische, rationale Haltung durch den Glauben an vereinfachte, unbewiesene und starre Dogmen ersetzen. Ich halte jegliche Form von Fundamentalismus für «eingefrorene Unwissenheit», und es ist eine der Hauptaufgaben der Bildung, diese starre Unwissenheit «wegzuschmelzen» und in den Menschen ein tieferes Verständnis zu wecken. Dann hat der Fundamentalismus keinen Platz mehr. Das wahre Ziel der universitären Bildung und der Bildung ganz allgemein ist es, einem kritischen Geist, gepaart mit Wissen, Weisheit und Toleranz, das Wort zu reden, aber ohne Toleranz gegenüber Intoleranz!

Die dritte und vielleicht wichtigste Säule sind die Forscherinnen und Forscher an den Hochschulen und Institutionen, wo das Grundlagen- und Ingenieurswissen produziert wird:

3. Forscher und Forscherinnen sollen relevante Forschung machen und dürfen sich der Öffentlichkeit nicht entziehen

Wir Forschende sind keine Luxuspflänzchen, die von der Gesellschaft zu deren Vergnügen herangezogen werden. Oder mit den Worten des afghanischen Sufimeisters Nawab Jan-Fishan Khan ausgedrückt: «Die Kerze ist nicht dazu da, um sich selbst zu erleuchten.» Jeder Akademiker hat eine Mission und eine Aufgabe innerhalb der menschlichen Gesellschaft, und diese rechtfertigt erst die hohen öffentlichen Ausgaben an die Universitäten. Wir besitzen mehr Macht, als wir denken, um den Kurs der zukünftigen globalen Entwicklung zu beeinflussen. Wenn die Universitäten, wie oben gefordert, zu leuchtenden Kulturzentren und Inkubatoren eines kritischen, zukunftsgerichteten Denkens werden sollen, liegt es vor allem an deren Angestellten, die Zukunft vorauszudenken. Viele von uns haben eine privilegierte Stelle, sind gut bezahlt und können machen, was sie wollen. Doch dies bedeutet auch, dass wir unsere Verantwortung wahrnehmen müssen.

Erstens sollten die Forscherinnen und Forscher an Themen arbeiten, die – zumindest langfristig – auch gesellschaftlich von Nutzen sind. Manche werden nun einwenden, dass die Grundlagenforschung nur frei ist, wenn sie nicht auf ein Ziel hinsteuert und dass daraus automatisch sinnvolle Anwendungen entstehen können. Das ist meiner Meinung nach jedoch eine schlechte Ausrede, um sich der Forderung nach relevanter Forschung zu entziehen, zumindest wenn diese mit öffentlichen Geldern finanziert wird. Alle Forscherinnen und Forscher stehen vor der Aufgabe, über die langfristigen Folgen ihrer Arbeit nachzudenken und diese in ihre Planung zu integrieren.

Allerdings erfordert der Anspruch auf Nützlichkeit seitens der Gesellschaft eine genügend grosszügige und weitsichtige

Interpretation. Nicht nur industriell verwertbare Resultate haben Relevanz, sondern auch die Wissensmehrung als kulturelle Leistung. Neuartige Erkenntnisse bilden nicht nur die Grundlage für neue technologische Entwicklungen, sondern sie bereichern auch das Leben einer wissbegierigen, kulturbeflissenen Bevölkerung.

Zweitens sollten sich Forscher und Wissenschaftler auf zwei Ebenen gleichzeitig engagieren. Die erste Ebene ist unsere ursprüngliche Aufgabe, nämlich so tief wie möglich in die Geheimnisse der Natur einzudringen und das Wissen zu erwerben, das für die Lösung mancher Probleme unverzichtbar ist. Diese Arbeit orientiert sich an den Regeln der Grundlagenforschung. Aber darüber hinaus sollten wir uns auch auf einer höheren gesellschaftlichen und globalen Ebene engagieren. Dazu müssen wir eine weitere Perspektive einnehmen und unsere Forschung im gesellschaftlichen Kontext zu verstehen suchen. Auf dieser oberen Ebene werden gesellschaftliche Aspekte und damit auch ethische Bedenken hoch relevant. Dies betrifft heute sehr viele Bereiche, von der Energieforschung über die Sozialwissenschaften bis zur Gentechnologie.

Der deutsche Philosoph Hans Jonas hat es geschafft, ethische Prinzipien so neutral auszudrücken, dass sie auch für Wissenschaftler leicht zu akzeptieren sind. In seiner Abhandlung «Das Prinzip Verantwortung: Versuch einer Ethik für die technologische Zivilisation» hat er bereits 1979 die «vorausgedachte Gefahr» als Kompass für die ethische Anwendung wissenschaftlicher Ergebnisse vorgeschlagen. Daraus formuliert er die zwingende Verantwortung eines Forschers: «Handle so, dass die Folgen deines Handelns mit der Beständigkeit des echten menschlichen Lebens auf der Erde vereinbar sind.» Eigentlich die ultimative Definition von Nachhaltigkeit! Dabei sind wir aufgefordert, unseren Nachkommen die gleichen Chancen zuzugestehen, die wir selbst hatten. Wir dürfen keine nicht erneuerbaren Ressourcen mehr nutzen. Dass unsere Lebensweise diesem Imperativ zutiefst widerspricht, ist offensichtlich. Wir leben auf Kosten anderer Nationen und zukünftiger Generationen.

Der gesellschaftliche und ethische Diskurs sollte auch in einer naturwissenschaftlichen Hochschule völlig selbstverständlich in

Richard Ernst suchte in der Wissenschaft der physikalischen Chemie nach dem, was die Natur im Innersten zusammenhält.

das Curriculum integriert werden. Dazu braucht es keine speziellen Kurse oder ausgelagerten Programme. Ich würde sogar behaupten, dass wir nicht einmal spezialisierte Ethikprofessoren brauchen. Es kann nicht sein, dass die Ethik solcherart an andere delegiert wird. Alles, was nötig wäre, ist die Berufung von Professorinnen und Professoren, sei es in den Natur- oder Geisteswissenschaften, mit einer Vision von globaler Verantwortung und dem Wunsch, gesellschaftliche und ethische Aspekte auch in Vorlesungen über Naturwissenschaften zu integrieren. Interdisziplinäre Diskussionsgruppen oder Sommerschulen, in denen Dozierende und Studierende gemeinsam solche Fragen ins Zentrum stellen und diskutieren, wären eine weitere Möglichkeit.

Drittens ist es ganz entscheidend, dass Forscherinnen und Forscher endlich Kontakt mit der Öffentlichkeit aufnehmen. Jeder Forscher soll in der Lage sein, die Relevanz seiner Projekte für Aussenstehende überzeugend und verständlich darzulegen. Nur wenn wir dieser Herausforderung gewachsen sind, werden wir auch weiterhin von der Gesellschaft mit Verständnis getragen und finanziert. Es erstaunt mich immer wieder, wie wenig die Bevölkerung, die Presse und die Politiker über die Ziele und Resultate der Forschung wissen. Schuld daran haben vor allem die Forschenden selbst: Wir stehen in einer Bringschuld. Doch viele von uns scheuen den direkten Kontakt mit der Öffentlichkeit, weil dies zu viel Zeit kostet und weil der persönliche, direkte Nutzen daraus gering scheint. Doch längerfristig ist ein solcher Graben zwischen Forschung und Öffentlichkeit verhängnisvoll. Er tangiert die Bereitschaft der Gesellschaft, die Forschung zu unterstützen, und verhindert dadurch die Lösung überlebenswichtiger Zukunftsprobleme. Wir brauchen die Unterstützung der gesamten Gesellschaft. Forscher müssen kommunikativ aktiver werden, sowohl gegenüber der Bevölkerung durch Vorträge, Diskussionen und via die Presse wie auch insbesondere gegenüber Politikern. Kommunikation ist entscheidend für die Zukunft der Forschung und noch wichtiger für die Zukunft der Gesellschaft.

Mein Credo der akademischen Verantwortung ist eigentlich einfach. Wir sind dazu verpflichtet, verantwortungsbewusste und innovative Führungskräfte mit einer langfristigen Vision auszubilden, die bereit sind, der Gesellschaft zu dienen. Wir bilden zukünftige Wegbereiter der Gesellschaft aus. Der französische Renaissance-Dichter und Arzt François Rabelais schrieb in seinem umstrittenen, aber einflussreichen Romanzyklus «Gargantua und Pantagruel»: «Science sans conscience n'est que ruine de l'âme.» (Wissenschaft ohne Gewissen ruiniert die Seele.) Das war zu Beginn des 16. Jahrhunderts, als die Wissenschaft in Europa gerade aus dem Dornröschenschlaf des Mittelalters erwachte und sich von der unsichtbaren, aber mächtigen göttlichen Hand, die nach damaligem Glauben alles Wissen schuf, zu lösen begann.

Der dreibeinige Wissenschaftler

> Tagebucheintrag, 1.1.1996 (Fortsetzung): Was ich fühle, ist eine Leere. Eine kreative Leere?

Natürlich sind auch wir Wissenschaftler nur Menschen, obwohl wir unsere Gefühle oft unterdrücken müssen, wenn es darum geht, im Labor harte Knochenarbeit zu leisten und objektive Fakten zu finden. Wenn wir allerdings eine neue Idee fassen, ein Konzept entwickeln oder einen Ansatz für ein Problem suchen, mit dem wir konfrontiert sind, erhält Emotionalität eine enorme Bedeutung als Quelle von Inspiration und Intuition. Ich bin überzeugt, dass ein Wissenschaftler, der Erfahrungen in gegensätzlichen Feldern gemacht hat, mehr Intuition in seine Arbeit einbringen kann. Ein Fachidiot wird kaum je eine weltbewegende Entdeckung machen.

Deshalb war es mir immer wichtig, mein Leben auf mehrere Standbeine zu stellen – nicht nur auf die Forschung. Für mich waren vor allem die Künste wichtig: die tibetische Malkunst einerseits – davon habe ich im vorhergehenden Kapitel erzählt – und die klassische Musik andererseits. Die Künste bringen Welten hervor, in denen die ganze Bandbreite menschlicher Werte enthalten sind, von der kalten Wissenschaft über absurde Träumereien bis hin zu überwältigenden Emotionen, die nicht in Worte gefasst werden können. Seit meiner frühen Kindheit spielte in meinem Leben die Musik diese Rolle. Tatsächlich war es der musikalische Ausdruck tiefster menschlicher Gefühle, der mir half, aus der Isolation des Heranwachsenden auszubrechen und später auch die Klausur des hart arbeitenden, oft verzweifelten Wissenschaftlers auszuhalten. Zum Glück teilt meine Frau Magdalena diese Leidenschaft mit mir. Wir beide haben eine ausserordentliche Freude an klassischer

Musik, sie zu hören oder gar aktiv zu spielen. Meine Frau sang in Chören und spielte Geige, ich lernte schon als Kind, Cello zu spielen. Später komponierte ich auch kleinere Stücke – und wurde ein leidenschaftlicher Konzertgänger.

Bald interessierte ich mich für die zeitgenössische experimentelle Musik. Ich war fasziniert von Charles Ives und seinen unkonventionellen musikalischen Ausdrucksformen, von Elliott Carter, von John Cage und George Antheil. Ich bin überzeugt, dass die Musik für viele Wissenschaftler, die sich in ihren tiefen Schacht verkrochen haben, in den kein Sonnenlicht eindringt, einen Ausweg darstellen kann, um wieder mit sich selbst in Berührung zu kommen. In den durchdachtesten Kompositionen trifft die abstrakte Raffinesse der Wissenschaft auf ultimative Emotionalität.

Vor nicht einmal fünf Jahren, am 30. Mai 2015, hatte ich die Gelegenheit, im Musikkollegium Winterthur im Rahmen der Reihe «Musik für einen Gast» mein eigenes Konzert, gespielt vom Orchester des Musikkollegiums, zu gestalten. Schon als ich ein Jahr zuvor angefragt worden war, war mir klar, dass ich ein Programm zu Ehren von Johann Sebastian Bach vorschlagen würde. Kein Musikfreund kommt an ihm vorbei. Er ist der unsichtbare und immer präsente Gast, wenn wir uns klassischer Musik widmen; mit seiner musikalischen Tiefe und Breite ist er ein unvergleichlicher Meister dieser Sparte. Ich wählte für dieses Konzert ausserdem einige Werke späterer Komponisten aus, die in irgendeiner Weise Bezug auf Bach nehmen und so seinem Genie den verdienten Tribut zollen.

Ich liess «mein» Konzert mit dem Stück «Ricercar a 6» von Anton Webern beginnen, seinem «Opus 1». Webern war ein Wiener Komponist und ein Vertreter des musikalischen Expressionismus der Jahrhundertwende um 1900. In diesem Stück nahm Webern ein Teil aus Johann Sebastian Bachs «Musikalischen Opfern» auf und instrumentierte es sechsstimmig für Orchester. Darauf liess ich Bachs «Drittes Brandenburgisches Konzert» mit dem absichtlich fehlenden zweiten Satz folgen, ein Stück, dessen ausgewogen schwingende Dynamik mich immer wieder mitreisst. Ich hatte mir jahrelang Gedanken darüber gemacht, was Bach mit der Auslassung des zweiten Satzes beabsichtigt hatte. Hatte er erwartet, dass spätere Musiker das Fehlende mit eigenen Improvisationen füllen würden, oder hatte er bewusst eine Lücke in die Partitur eingefügt, um den Kontrast zu den beiden schnellen Sätzen zu betonen? Nun, ich nahm Bachs Angebot an und liess anstelle des fehlenden zweiten Satzes ein Werk des amerikanischen Komponisten Charles Ives, der einer meiner Lieblingskomponisten ist, spielen: sein von einigen überraschenden musikalischen Experimenten geprägtes Stück «The Unanswered Question». Es ist wie Bachs «Brandenburgisches» in G-Dur geschrieben und passte deshalb hervorragend. Diese Kombination, die das Winterthurer Orchester für mich spielte, war so wohl eine Weltpremiere, denn oft wird an dieser Stelle ein weiteres kleines Stück von Bach eingefügt. Das war mir natürlich zu konventionell.

Nach der Pause interpretierte das Orchester zusammen mit dem brillanten Pianisten Karl-Andreas Kolly das kraftvolle, barocke «Concerto für Klavier und Blasinstrumente» von Igor Strawinsky. Der Komponist hatte sein Werk fast achtzig Jahre früher am selben Ort in Winterthur aufgeführt, mit seinem Sohn Soulima Stravinsky am Klavier. Ich war schon früh von diesem Werk fasziniert gewesen und hatte es mir 1949 auf Schallplatte zur Konfirmation gewünscht. Das «Concerto» lebt von einer mitreissenden Dynamik, die immer wieder durch einen Rhythmuswechsel unterbrochen wird, wie in einem Zahnrad mit einem fehlenden Zahn. Als glänzenden Höhepunkt hatte ich am Schluss ein grosses Werk von Johannes Brahms programmiert: den letzten Satz von dessen «Vierten Symphonie». Der Satz lehnt sich an Bachs Kantate «Nach Dir, Herr, verlanget mir!» an und ist ein kompositorisches Meisterwerk. Das Konzert war ein grosser Erfolg, und ich erhielt viele positive Reaktionen. Ich war wirklich glücklich, dass ich mich in diesem Rahmen durch meine Musik noch einmal so hatte ausdrücken dürfen.

Mein Leben war eine harte Reise voller emotionaler Höhen und Tiefen. Vielleicht gilt das für jeden halbwegs empfindsamen Menschen, aber ich denke, dass ich in dieser Hinsicht ziemlich exzessiv bin. Ich fühlte mich oft von einem Extrem ins andere geworfen, und immer, wenn ich auf einem Höhepunkt angelangt war, drohte auf der anderen Seite schon wieder der Absturz ins Bodenlose. Doch das Leben ist wie ein grosser Kreis. Wie eine winzige Welle, die sich nach dem Wurf eines Steins in einem ruhigen Weiher bildet. Sie breitet sich langsam aus und ebbt wieder ab, verschwindet ganz. Es ist unmöglich zu bemerken, wohin ihre Energie gegangen ist und ob sie zum Ursprung neuer Wellen wird oder ob sie einzigartig ist in ihrem Auf- und Abschwellen. Auch ich erinnere mich nicht, wie ich gekommen bin, und ich werde wahrscheinlich nicht merken, wann ich im Begriff bin, zu gehen. Mein Leben ist mehr und mehr wie Schlafwandeln. Manchmal wache ich auf und weiss nicht mehr, wie und wo ich eingeschlafen bin. Es ist wie ein langsamer Aufbruch, nicht schmerzhaft, nicht beängstigend, einzig erfüllt vom Wunsch, meine ewige Ruhe zu finden.

Nachwort von Prof. Alexander Wokaun

Die Kernresonanz machte in den Jahren seit 1970 eine stürmische Entwicklung durch. Ihr beispielloser Höhenflug umfasste nicht nur die chemische Analytik, sondern auch die Strukturaufklärung grosser, biologisch wichtiger Makromoleküle. Festkörper wurden der Untersuchung zugänglich, und mit dem bildgebenden Verfahren der Kernspintomografie, dem MRI, zog sie in die Medizin ein und wurde für den Alltag der Spitäler und radiologischen Praxen zum unentbehrlichen Diagnostikwerkzeug. Die Forscherpersönlichkeit von Richard Ernst hat wichtige Grundsteine dafür gelegt und wesentliche Beiträge zu dieser Entwicklung geleistet. Deshalb ist es eine grosse Freude, die vorliegende Autobiografie in Händen zu halten.

Persönlich begegnete ich Richard Ernst zum ersten Mal während meines Chemiestudiums an der ETH Zürich, und so, wie er es in seinen Erinnerungen beschreibt, hörte auch ich Vorlesungen bei den Professoren der physikalischen Chemie, namentlich bei Hans Heinrich Günthard und Hans Primas. Richard Ernsts eigene Vorlesungen über Messtechnik und die Grundlagen der kernmagnetischen Resonanz, seine Persönlichkeit und die lebhafte Art seines Vortrags beeindruckten mich derart, dass ich im Frühjahr 1974 bei ihm um ein Thema für meine Diplomarbeit vorsprach.

Im Herbst desselben Jahres erhielt ich die Chance, als Doktorand in Richard Ernsts Gruppe einzutreten. In dieser Zeit lernte ich ihn nicht nur als eminenten Wissenschaftler, sondern auch als Doktorvater, Mentor und väterlichen Ratgeber kennen. Mit seinem bedingungslosen Einsatz für die Wissenschaft setzte er für sich selbst die höchsten Massstäbe und war damit allen Gruppenmitgliedern ein Vorbild, ohne sie zu überfordern. Oft habe ich erlebt, dass wir nachmittags ein wissenschaftliches Problem diskutierten und er am nächsten Morgen mit einer in seiner sauberen Handschrift formulierten Lösung zurückkam, die er am späten Abend oder in der Nacht ausgearbeitet hatte. Unser montägliches Gruppenseminar war ein anderes Beispiel – hatte sich ein Doktorand verhindert erklärt, sprang Richard Ernst ein und referierte selbst über das aktuelle Thema.

Äusserst spannend waren diese Jahre zwischen 1974 und 1978 – in dieser Zeit wurden mit der zweidimensionalen Spektroskopie die Grundlagen dafür gelegt, dass diese Technologie ihre heute überragende Bedeutung in Chemie, Biologie und Medizin erhalten hat. In den Nachbarlabors arbeiteten meine Kollegen aus der

Gruppe an der Erhöhung der Empfindlichkeit von MRI-Verfahren, und ich erlebte die Erwartungen und den Durchbruch der Bildgebung mit, während meine eigene Dissertation einen anderen Aspekt der mehrdimensionalen Spektroskopie betraf. Für mich war es ein wichtiger Meilenstein, als ich die Arbeit mit der Doktorprüfung abschliessen konnte.

Ein zweites Mal bewährte sich Richard Ernst als Mentor, als er mir riet, mir während meines Postdoc-Aufenthalts in den USA noch eine andere experimentelle Methodik anzueignen. So fand ich meinen Weg in die Laserspektroskopie, die dann in den Jahren von 1982 bis 1986 auch Grundlage meiner Habilitation in einem anderen Team an der ETH Zürich bildete. Auch in dieser Zeit blieb der Kontakt mit Richard Ernst – dank der Arbeit an unserem gemeinsamen Buch – immer lebendig und aufrecht.

Als ich im Jahr 1991 – damals schon an der Universität Bayreuth tätig – die Nachricht von der Verleihung des Nobelpreises an Richard Ernst erhielt, bedeutete das nicht nur für die Forschergemeinschaft, sondern besonders auch für mich eine riesige Freude. Gerne erinnere ich mich auch an eine Seminarwoche im Tessin, zu der Richard Ernst anschliessend alle seine ehemaligen Doktorierenden und Mitarbeitenden einlud, um mit ihnen auf die Entwicklungen der entscheidenden Jahre zurückzublicken. Gleichzeitig war es erstaunlich zu erfahren, wie viele unterschiedliche Berufswege die Absolventen der Gruppe gewählt hatten – auch dies ein Zeichen dafür, wie fundiert und breit abgestützt uns Richard Ernst auf den Einstieg ins Berufsleben vorbereitet hatte. Auch er selbst stiess in andere Dimensionen des Lebens vor, darunter in die klassische Musik und vor allem auch in die tibetische Kunst. Auf diesem Gebiet entwickelte er sich zu einem profunden Kenner der Mythologie und Symbolik der Wandteppichmalereien, der tibetischen Thangkas.

Mit dem Nobelpreis begann eine neue Periode in Richard Ernsts Schaffen. Diese durch seine herausragenden Leistungen mehr als verdiente Auszeichnung betrachtete er eher als Verpflichtung, die Ausstrahlung des Preises für ein Thema zu nutzen, das ihm schon immer am Herzen gelegen war. Mit unermüdlicher Energie widmete er sich in Schriften und Vorträgen der Verantwortung des Wissenschaftlers in der Gesellschaft und der Wichtigkeit des Reflektierens über Sinn und Konsequenzen des eigenen Schaffens. Mit einer intensiven Reisetätigkeit, die seine Grenzen der physischen Belastbarkeit berührte, trug er diese Ideen an internationalen Tagungen und bei Einladungen an Forschungsinstitutionen auf allen Kontinenten vor. Er setzte sich im universitären System der Schweiz vehement dafür ein, administrative Belastungen klein zu halten und die Freiheit der Wissenschaftler für die Entwicklung neuer, kreativer Ideen zu bewahren. Gleichzeitig nahm er seine Aufgaben in der Selbstverwaltung der Hochschule sowie als Berater für zahlreiche Gremien sehr ernst und erfüllte sie mit gleicher Sorgfalt wie die wissenschaftliche Arbeit. Nach seiner Emeritierung widmete er sich auch vermehrt seinen kunsthistorischen Interessen, analysierte die in den Thangkas verwendeten Pigmente, engte Ort und Zeit von deren Entstehung ein und eignete sich die Fähigkeit an, als Restaurator denjenigen Gemälden, die durch die Alterung schadhaft und stumpf geworden waren, ihre ursprüngliche Ausstrahlung zurückzugeben.

Dass sich Richard Ernst nun entschlossen hat, die Stationen seines Lebenswegs in der vorliegenden Autobiografie niederzulegen, bedeutet ein Geschenk, auf das die Wissenschaft schon lange gewartet hat. Ich bin überzeugt, dass die lebhaften, von ihm selbst erzählten Memoiren die Lesenden fesseln und begeistern werden, wünsche dem Buch eine begeisterte Aufnahme und Richard Ernst persönlich alles Gute – ad multos annos!

November 2019

Anhang

Lebensdaten

1933
Richard Robert Ernst wird am 14. August als Sohn des Robert Ernst und der Irma Ernst-Brunner in Winterthur geboren.

1934
Geburt von Schwester Verena am 9. Oktober.

1937
Geburt von Schwester Lisabet am 15. Juli.

1940–1946
Besuch der Primarschule im Schulhaus Inneres Lind in Winterthur.

1944
Isidor I. Rabi erhält den Nobelpreis für Physik für die Entdeckung des magnetischen Moments von Atomkernen.

1946–1952
Besuch der Kantonsschule Im Lee in Winterthur.

1951
Ferienpraktikum in der Holzverzuckerung AG in Ems (heute: Ems-Chemie).

1952
Richard Ernst legt die eidgenössische Matura ab. Felix Bloch und Edward Purcell erhalten den Physik-Nobelpreis für die Entdeckung der Kernmagnetresonanz.

1952–1956
Studium an der Abteilung für Chemie der ETH Zürich.

1955
Industriepraktikum in der wissenschaftlichen Abteilung des Farbendepartements der Ciba AG bei Heinrich Zollinger; erste Publikation in der wissenschaftlichen Fachzeitschrift *Helvetica Chimica Acta*.

1955
Vater Robert Ernst stirbt am 2. August 63-jährig in Bad Nauheim.

1956
Richard Ernst schliesst sein Studium als Dipl. Ingenieur-Chemiker ETH Zürich ab.

1956/57
Offiziersausbildung.

1957–1961
Dissertation am Laboratorium für Physikalische Chemie der ETH Zürich bei Hans Primas und Hans Heinrich Günthard.

1962
Einreichung der Dissertation «I. Kernresonanz-Spektroskopie mit stochastischen Hochfrequenzfeldern; II. zur Konstruktion eines optimalen Kernresonanz-Messkopfes». Sie wird von der ETH Zürich mit der Silbermedaille und einer Preisprämie von 1000 Franken ausgezeichnet. Erlangung des Doktors der technischen Wissenschaften, ETH Zürich.

1962/63
Wissenschaftlicher Mitarbeiter am Laboratorium für Physikalische Chemie der ETH Zürich.

1963
Heirat von Richard Ernst und Magdalena Kielholz in der Kirche Oberwinterthur am 5. Oktober.

1963–1968
Übersiedlung in die USA; Richard Ernst arbeitet als Wissenschaftler in der Instrument Division der Firma Varian Associates in Palo Alto, Kalifornien.

1964
Richard Ernst und Weston Anderson gelingt die Erfindung der Puls-Fourier-Transformation-NMR. Geburt von Tochter Anna Magdalena am 26. September.

1967
Geburt von Tochter Katharina Elisabeth am 26. Mai.

1968
Rückkehr in die Schweiz; Asienreise durch Japan, Kambodscha, Thailand, Nepal und Indien; erste Berührung mit tibetischen Rollbildern (Thangkas).

1968–1970
Richard Ernst wird Privatdozent für physikalische Chemie und Forschungsgruppenleiter an der ETH Zürich; Weiterentwicklung der Fourier-Transformation.

1969
Richard Ernst wird der Ruzicka-Preis der ETH Zürich verliehen.

1970
Nervenzusammenbruch und Kuraufenthalt im Tessin im März/April.

1970–1972
Assistenzprofessur an der ETH Zürich.

1971
Jean Jeener präsentiert an der Ampère-Sommerschule die Grundidee eines 2-D-Experiments.

1972
Geburt von Sohn Hans-Martin Walter am 9. Dezember.

1972–1976
Ausserordentliche Professur an der ETH Zürich.

1974
Richard Ernst entwickelt die 2-D-NMR-Spektroskopie mit Fourier-Transformation.

1976–1998
Ordentliche Professur an der ETH Zürich; Richard Ernst entwickelt die 2-D-NMR-Spektroskopie, Computeranalysen und die

Fourier-NMR-Tomografie für medizinische Anwendungen weiter; Erforschung und Entwicklung verschiedener weiterer NMR-Methoden.

1976
Beginn der Zusammenarbeit mit Kurt Wüthrich und dessen Gruppe.

1978
Bezug des neuen Einfamilienhauses in Winterthur.

1983
Richard Ernst wird die Goldmedaille der Society of Magnetic Resonance in Medicine, San Francisco, verliehen.

1985
Verleihung des Ehrendoktortitels der ETH Lausanne.

1986
Marcel-Benoist-Preis der Schweizerischen Eidgenossenschaft; Ende der Zusammenarbeit mit der Gruppe Wüthrich.

1988
R.-B.-Woodward-Gastprofessur für Chemie an der Universität Harvard in Cambridge, Massachusetts.

1988–2000
Mitglied im Komitee der Marcel-Benoist-Stiftung.

1989
Richard Ernst werden die John-Gamble-Kirkwood-Medaille der Universität Yale in New Haven, Connecticut, und der New-Haven-Sektion der American Chemical Society verliehen.

1989–2007
Vizepräsident des Verwaltungsrats von Bruker BioSpin AG (früher: Bruker-Spectrospin), Fällanden.

1990
Am 25. Ampère-Kongress in Stuttgart wird Richard Ernst mit dem Ampère-Preis ausgezeichnet.

1990–1994
Präsident der Forschungskommission der ETH Zürich.

1991
Richard Ernst erhält den Wolf-Preis für Chemie, Jerusalem, den Louisa-Gross-Horwitz-Preis für Biochemie und Biologie der Universität Columbia, New York, sowie den Nobelpreis für Chemie, Stockholm.

1994
Richard Ernst wird der Ehrendoktortitel der Medizinischen Fakultät der Universität Zürich verliehen.

1997–2002
Mitglied des Schweizerischen Wissenschafts- und Technologierats.

1998
Emeritierung.

1998–2006
Mitglied des Hochschulrats der Technischen Universität München.

2002
Kurt Wüthrich erhält den Chemie-Nobelpreis für seine NMR-Forschung an Biomolekülen.

2003
Paul C. Lauterbur und Sir Peter Mansfield werden für ihre Arbeiten zur Entwicklung der MRI-Bildgebung mit dem Nobelpreis für Medizin ausgezeichnet.

2004–2018
Mitglied des Stiftungsrats des Tibet-Instituts Rikon.

2006
Mutter Irma Ernst-Brunner stirbt am 21. Mai im Alter von 97 Jahren.

2009
Richard Ernst wird Ehrendoktor der Philosophisch-Historischen Fakultät der Universität Bern. Damit hält er insgesamt 17 Ehrendoktorate.

Glossar

Im Sinne einer besseren Verständlichkeit sind die Begriffe inhaltlich geordnet.

Atom

Atome sind die Grundbausteine der Materie. Jedes Atom gehört zu einem bestimmten chemischen Element. Es gibt 92 natürliche Elemente und mindestens 24 künstlich hergestellte Elemente, die im Periodensystem der Elemente systematisch angeordnet sind. Die Atome der verschiedenen Elemente unterscheiden sich in ihrem Aufbau.

Atommodell

Es gibt verschiedene Modelle des Aufbaus eines Atoms. Sie gehen jedoch alle davon aus, dass ein Atom aus einem Kern besteht, der je nach Element aus einer unterschiedlichen Zahl von positiv geladenen Protonen und neutralen Neutronen zusammengesetzt ist sowie aus negativ geladenen Elektronen, die sich um den Kern bewegen. Für die Kernmagnetresonanzmethode entscheidend ist der Kern des Atoms.

Molekül

Sind mehrere Atome durch chemische Verbindungen fest miteinander verknüpft, so spricht man von einem Molekül. Das Molekül von Ethanol (Alkohol) besteht zum Beispiel aus zwei Kohlenstoff-, sechs Wasserstoff- sowie einem Sauerstoffatom (siehe Abb. 1). Die Art der Bindungen zwischen den Atomen und ihre räumliche Anordnung im Molekül bezeichnet der Chemiker als Struktur des Moleküls. Sie bedingt die chemische Umgebung der einzelnen Atome innerhalb des Moleküls, die sich zum Beispiel bei einem an ein Sauerstoffatom gebundenen Wasserstoffatom anders darstellt als bei einem an ein Kohlenstoffatom gebundenen.

Abb. 1: Das Molekül

Ein Molekül besteht aus Atomen verschiedener Elemente, die über chemische Bindungen verbunden sind.

Beispiel:
Modell des Ethanol-Moleküls (umgangssprachlich: Alkohol)

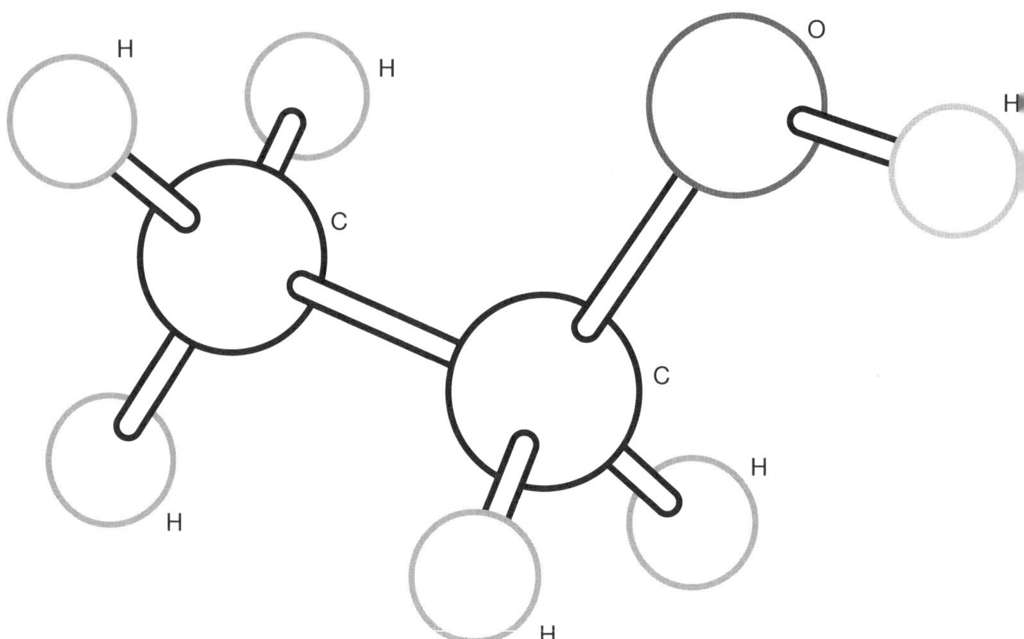

Ethanol besteht aus:
1 Sauerstoffatom (O, dunkelgrau)
2 Kohlenstoffatomen (C, schwarz)
6 Wasserstoffatomen (H, weiss)

Strukturformel: CH_3-CH_2-OH

Kernspin

Der Kernspin bezeichnet den Drehimpuls aufgrund der Eigenrotation des Atomkerns (to spin = sich drehen); die Kerne drehen sich also um sich selbst. Einen Kernspin haben alle Kerne ausser jene mit einer geraden Anzahl von Protonen und einer geraden Anzahl von Neutronen. Für die Kernmagnetresonanz besonders geeignet ist der Kern des Wasserstoffatoms (H), der nur aus einem Proton besteht.

Magnetisches Moment

Besitzt ein Kern einen Kernspin, folgt aus der Eigenrotation der elektrischen Ladung ein magnetisches Moment. Ein solcher Kern verhält sich dann wie ein kleiner Magnet mit zwei entgegengesetzten magnetischen Polen, der von Magnetfeldern und elektromagnetischen Wellen beeinflusst wird.

Frequenz

Als Frequenz wird die Häufigkeit pro Zeiteinheit bezeichnet, mit der eine Welle schwingt oder sich eine Kreiselbewegung dreht, das heisst, wie schnell eine sich wiederholende Welle oder eine Kreiselbewegung wieder am gleichen Punkt anlangt. Die Grundeinheit für eine Frequenz nennt man Hertz, wobei 1 Hertz einer Umdrehung oder Wiederholung pro Sekunde entspricht.

Präzession

Legt man ein äusseres Magnetfeld an, richtet sich das magnetische Moment des Kerns wie eine Kompassnadel entlang der Achse dieses Magnetfelds aus und kreiselt um die Achse des Magnetfelds. Diese Kreiselbewegung wird Präzessionsbewegung genannt. Die Geschwindigkeit der Kreiselbewegung des magnetischen Atomkerns hat eine bestimmte Frequenz, die sogenannte Larmorfrequenz. Sie ist abhängig von der Grösse des angelegten Magnetfelds, den Eigenschaften des Kerns und der chemischen Umgebung des Kerns. Für Protonen beträgt die Larmorfrequenz bei einer Magnetfeldstärke von 1,5 Tesla genau 63,9 Megahertz. Im Erdmagnetfeld (ungefähr 30 Mikro-Tesla am Äquator und 60 Mikro-Tesla an den Polen) hingegen liegt die Larmorfrequenz eines Protons in der Grössenordnung von 1 bis 2,5 Kilohertz. Zum Vergleich: UKW-Radiosender arbeiten mit rund 100 Megahertz.

Radiowellen

Radiowellen sind elektromagnetische Wellen. Sie lassen sich mit Wechselstrom herstellen und haben eine bestimmte Wellenlänge und Frequenz (und damit Energie). Bei der Kernmagnetresonanzmethode werden Radiowellen im UKW-Bereich kontinuierlich oder in kurzen Pulsen auf die Probe eingestrahlt und treten in Wechselwirkung mit den Kernspins.

Anregung

Bei der Einstrahlung von Radiowellen auf eine chemische Substanz absorbieren die magnetischen Kernspins deren Energie, das heisst, sie werden angeregt.

Resonanzfrequenz

Bei der Anregung absorbieren die kreiselnden magnetischen Kernspins nur Radiowellen einer ganz bestimmten Frequenz, die man Resonanzfrequenz nennt. Sie entspricht exakt der Larmorfrequenz (siehe Präzession) und ist wie jene abhängig vom äusseren Magnetfeld, der chemischen Umgebung und den Eigenschaften des gemessenen Kerns. Gemäss den Regeln der Quantenchemie werden die Kernspins bei Erreichen der Resonanzfrequenz auf ein höheres Energieniveau gehoben.

NMR

Kernmagnetresonanz (engl. Nuclear Magnetic Resonance, NMR) bezeichnet die Reaktion magnetischer Kernspins auf die Einstrahlung hochfrequenter Radiowellen. In der chemischen Analytik gilt NMR als eine der besten Methoden zur Strukturermittlung von Molekülen. Für die Kernmagnetresonanz besonders geeignet ist der Kern des Wasserstoffatoms (H). NMR-Experimente können aber auch zur Untersuchung der Kerne anderer geeigneter Elemente mit Kernspin durchgeführt werden.

NMR-Spektrometer

Apparat zur Messung eines NMR-Spektrums. Das Herzstück eines NMR-Spektrometers ist der Magnet mit dem Probenkopf sowie einem Radiowellensender und -empfänger, der auf den Bereich der Resonanzfrequenz des zu untersuchenden Kerns eingestellt wird. Vor- und nachgeschaltet sind verschiedene elektrotechnische Hilfsgeräte wie Vorverstärker, Verstärker und Modulatoren. Ein Computer dient der Steuerung des Experiments und der Auswertung der Messresultate.

NMR-Experiment

Die Magnete des NMR-Spektrometers sorgen für ein starkes und stabiles Magnetfeld. Die zu untersuchende chemische Substanz wird in einem speziellen Probenröhrchen in den Probenkopf zwischen die Polschuhe des Magneten eingeführt. Das starke Magnetfeld hat zur Folge, dass sich die Kernspins, zum Beispiel der Wasserstoffatome, des Moleküls parallel (oder antiparallel) zum Magnetfeld ausrichten und mit ihrer Larmorfrequenz um die Achse des Magnetfelds kreiseln (siehe Abb. 2). Dann werden über einen Sender Radiowellen auf die Probe geschickt. Erreichen die Radiowellen die Resonanzfrequenz der Kernspins, so werden diese angeregt. Nach Abschalten der Anregung fallen die angeregten Kernspins in den ursprünglichen Zustand zurück und geben die aufgenommene Energie wieder in Form von Radiowellen derselben Frequenz ab. Dabei lösen (induzieren) die Kernspins ein

Abb. 2: Das NMR-Experiment

Wie die Kernmagnetresonanzmethode funktioniert.

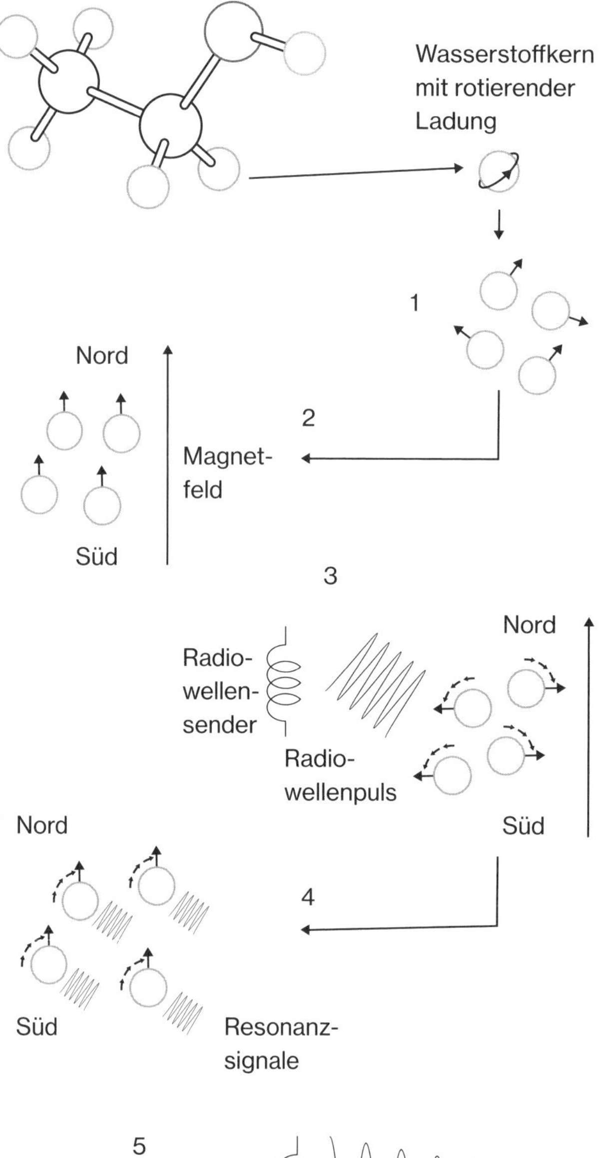

Der Kern eines jeden Wasserstoffatoms hat ein magnetisches Moment (Kernspin), ähnlich wie ein kleiner Stabmagnet.

1 Ohne Magnetfeld sind die Kernspins zufällig orientiert.

2 Legt man ein Magnetfeld an, richten sich die Kernspins entlang dieses Magnetfeldes aus und kreiseln mit einer bestimmten Frequenz um die Magnetfeldachse.

3 Mit einem gezielten Radiowellenpuls werden die gerichteten Kernspins bei der Resonanzfrequenz ausgelenkt.

4 Nach Abschalten des Pulses fallen sie in die Magnetfeld-Richtung zurück. Dabei geben sie die aufgenommene Energie als elektromagnetisches Signal wieder ab.

5
Empfänger-spule

5 Ein geeigneter Empfänger zeichnet das Signal auf.

elektrisches Signal in der Empfängerspule aus, das aufgezeichnet wird. Gemessen wird also wieder eine elektromagnetische Welle über einen bestimmten Zeitraum; man spricht von einer zeitabhängigen elektromagnetischen Wellenfunktion. Die Wellenfunktion besitzt eine Frequenz, die genau der Resonanzfrequenz des gemessenen Kerns entspricht.

NMR-Spektrum

Das NMR-Spektrum (siehe Abb. 4, auch «Frequenzspektrum» genannt) ist die grafische Darstellung der verschiedenen Resonanzfrequenzen der gemessenen Kernspins eines Moleküls.

Chemische Verschiebung

Im NMR-Experiment wird das lokale Magnetfeld eines Wasserstoffkerns durch die elektromagnetischen Eigenschaften der Nachbaratome im Molekül beeinflusst, insbesondere durch jene der chemisch gebundenen Nachbaratome. Diese «chemische Umgebung» (siehe Abb. 4) der Kernspins verändert so die Resonanzfrequenz des baren Kerns. Anders formuliert: Es gibt in einem Molekül aus NMR-Sicht verschiedene Typen von Kernspins, abhängig davon, wie diese darin eingebunden sind. Dadurch werden die gemessenen Frequenzen minim nach oben oder nach unten verschoben, je nachdem, welche elektrochemischen Eigenschaften das Nachbaratom besitzt. Diesen Effekt nennt man «chemische Verschiebung». Sie führt dazu, dass sich die verschieden gebundenen Wasserstoffatome innerhalb eines Moleküls anhand ihrer Resonanzfrequenzen unterscheiden und zuordnen lassen, und dient so der Strukturermittlung des gesamten Moleküls.

Fourier-Transformation

Die Fourier-Transformation (FT) ist eine mathematische Operation, welche die Frequenz der zeitabhängigen elektromagnetischen Wellenfunktion ermittelt (siehe Abb. 3). Da die NMR-Messung im Normalfall aus der Überlagerung einer Vielzahl von Schwingungen mit unterschiedlichen Resonanzfrequenzen besteht, die von den unterschiedlichen Typen von Wasserstoffkernen innerhalb eines Moleküls herrühren, können diese mithilfe der FT herausgefiltert und in einem Frequenzspektrum dargestellt werden. Die Umrechnung im NMR-Bereich ist jedoch so kompliziert, dass sie nur mit leistungsfähigen Computern durchgeführt werden kann. Eine Analogie veranschaulicht den grossen Vorteil der FT: Stellen Sie sich vor, Sie müssten im Kopf eine komplizierte Rechenaufgabe mit römischen Zahlen lösen. Das wäre langwierig und mühsam. Übersetzt man die römischen jedoch in die bei uns gängigen arabischen Zahlen, lässt sich die Aufgabe einfach lösen. Die Übersetzung des römischen in das analoge, arabische Zahlensystem entspricht in diesem Vergleich der FT.

Puls-FT-NMR-Methode

Man unterscheidet die kontinuierliche und die Puls-FT-NMR-Methode. Bei der kontinuierlichen NMR-Methode werden die Frequenzen der auf die Probe gesandten Radiowellen langsam verändert, um die Resonanzfrequenzen der verschiedenen Kernspins nacheinander zu treffen. Bei der Puls-FT-NMR-Methode dagegen wird ein starker breitbandiger Radiowellenpuls auf die Probe geschickt, sodass die Resonanzfrequenzen aller Wasserstoffkerne im Molekül gleichzeitig getroffen und gemessen werden können. Daraus resultiert ein komplexes Signalgemisch, das mithilfe der Fourier-Transformation entwirrt und so in ein einfach interpretierbares NMR-Spektrum umgeformt werden kann. Der Vorteil der Puls-FT-NMR-Methode ist, dass sie um bis zu 1000-mal schneller ist als die alte Methode. In modernen NMR-Geräten wird nur noch die Puls-FT-NMR-Methode verwendet.

Rauschen

Im Prinzip ist das Rauschen in der Akustik wie in der Elektronik dasselbe: Es ist ein Wellengemisch aus elektromagnetischen oder anderen Wellen mit vielen verschiedenen Frequenzen. Von «weissem Rauschen» spricht man, wenn sämtliche Frequenzen einer bestimmten Bandbreite darin enthalten sind oder empfangen werden.

Abb. 3: Die Fourier-Transformation

Wie aus einem diffusen Wellensignal ein scharfes Frequenzspektrum wird.

Beispiel: Fourier-Transformation im NMR-Experiment

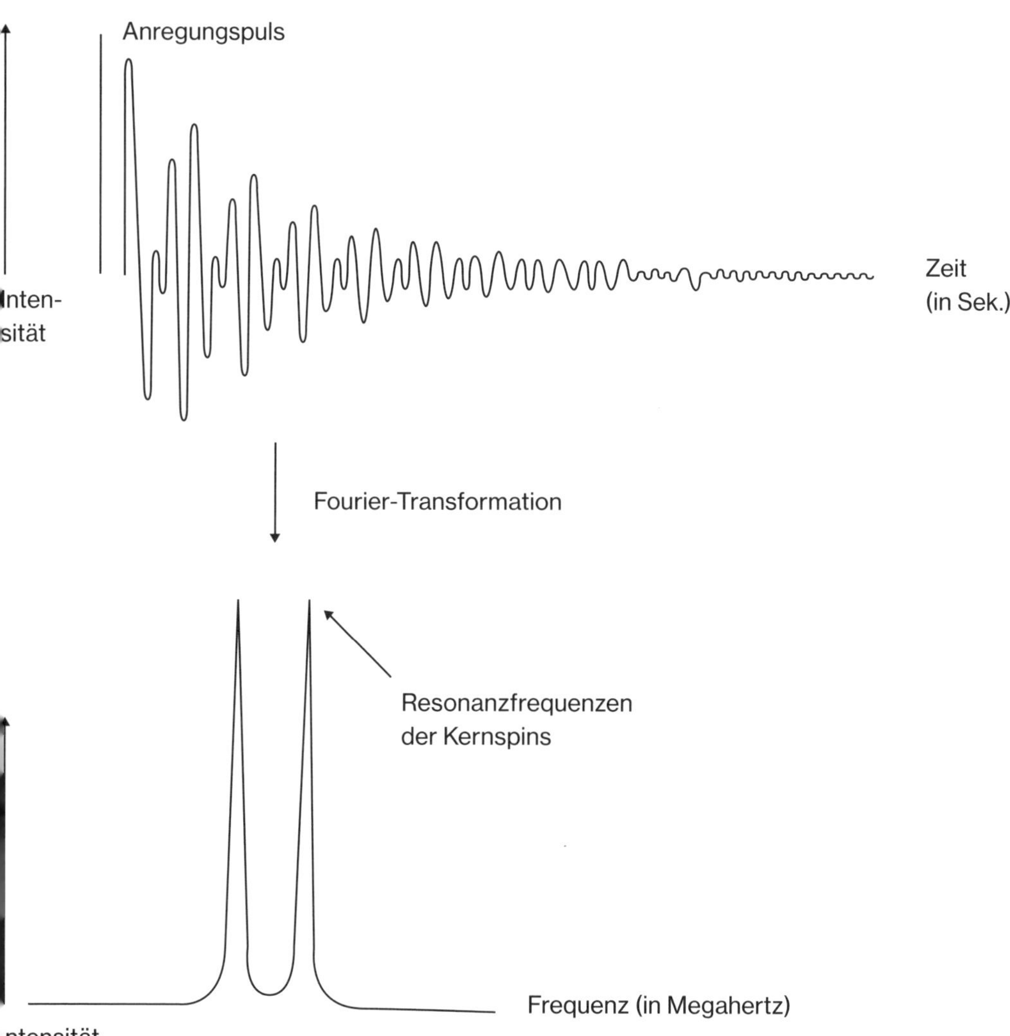

Das gemessene elektromagnetische Signal, eine Wellenfunktion, ist aus den Signalen aller angeregten Wasserstoffkerne zusammengesetzt. Mittels Fourier-Transformation können die Resonanzfrequenzen der verschiedenen Kerne herausgefiltert und auf einer Frequenzskala aufgetragen werden.

Da bei der NMR Vorgänge im subatomaren Bereich mit sehr geringen Signalintensitäten gemessen werden, kann bereits ein allgegenwärtiges Hintergrundrauschen das Signal stören.

Signal-Rauschen-Verhältnis

Das Verhältnis zwischen Signal und Rauschen ist ein Mass für die Empfindlichkeit eines NMR-Geräts. Die Empfindlichkeit der Messung hängt von der Reinheit der Probe, von der Stärke und der Stabilität des Magnetfelds und von der eingesetzten Auswertung der Signale ab. Um optimale Bedingungen zu gewährleisten, werden verschiedene technische Verfahren angewandt. So lässt man das Probenröhrchen schnell rotieren, damit die Probe möglichst homogen abgebildet wird. Das Magnetfeld wird stabilisiert, und systembedingte Schwankungen können mit geeigneten Programmen nachträglich korrigiert werden. Zudem kann ein Experiment mit einer zu messenden Substanz beliebig oft wiederholt werden; als Resultat wird dann der Mittelwert aller Experimente errechnet. Dadurch kann das Signal-Rauschen-Verhältnis optimiert werden. Diese entscheidende Verbesserung wird durch die Anwendung der Puls-FT-Methode erreicht.

2-D-NMR

Die zweidimensionale NMR-Methode ist eine Erweiterung des Verfahrens für die Strukturermittlung von sehr grossen Molekülen, die aus fünfzig oder sehr viel mehr Atomen bestehen, zum Beispiel von natürlichen Proteinen oder DNA. Diese Moleküle haben viele verschiedene Typen von Wasserstoffatomen (mit unterschiedlicher chemischer Umgebung), die zu einem sehr komplexen NMR-Spektrum mit vielen überlagerten Resonanzfrequenzen führen. Eine einfache NMR-Messung reicht deshalb nicht mehr. Bei der 2-D-NMR-Methode werden die Wasserstoffatome eines Moleküls zwei Mal in Folge mit einem Radiowellenpuls angeregt. Die Resonanzfrequenz der Wasserstoffatome, die nach diesen Pulsen gemessen wird, fällt dabei inAbhängigkeit ihrer Lage im Molekül und ihrer chemischen Umgebung je nach Zeitabstand zwischen den beiden Pulsen unterschiedlich aus. Die

Abb. 4: Das NMR-Spektrum

Wo die Hinweise auf die Struktur des Moleküls versteckt sind.

Beispiel:
Hochaufgelöstes NMR-Spektrum von Ethanol (Messung der Wasserstoffkerne)

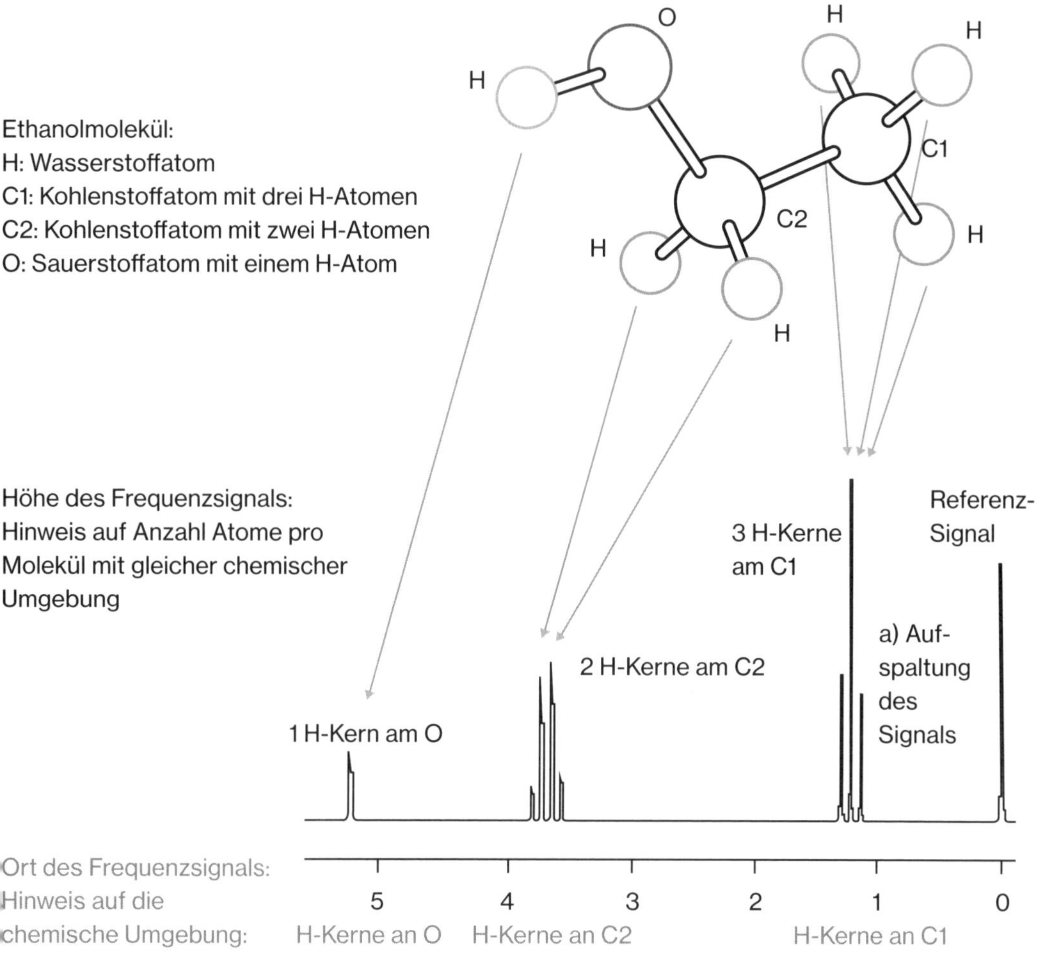

a) Aufspaltungsregel der Frequenzsignale:
Hinweis auf Anzahl benachbarter H-Kerne, die nicht am gleichen C gebunden sind.

Triplett-Signal: Jeder H-Kern an C1 interagiert mit je 2 H-Kernen an C2.
Quadruplett-Signal: Jeder H-Kern an C2 interagiert mit je 3 H-Kernen an C1.
Singlett-Signal: H-Kern an O hat keine Interaktion mit anderen H-Kernen.

beiden Dimensionen beziehen sich dabei auf den zeitlichen Abstand zwischen den Radiowellenpulsen, der in einem solchen Experiment gezielt variiert wird. Der Vorteil ist, dass sich die chemischen und räumlichen Unterschiede zwischen den einzelnen Wasserstoffatomen durch die doppelte Anregung sozusagen verstärken und die verschiedenen Atome und ihre räumlichen und chemischen Beziehungen zueinander besser erkennbar werden.

Mehrdimensionale NMR-Experimente

Mit drei oder mehr gezielt nacheinander eingestrahlten Radiowellenpulsen (Pulssequenzen) lässt sich die 2-D-NMR-Methode zu verschiedenen Varianten erweitern oder in drei und mehr Dimensionen ausbauen.

MRI

MRI ist die Abkürzung für Magnetic Resonance Imaging. Auf Deutsch wird das Verfahren als Magnetresonanztomografie bezeichnet (Tomografie für Schnittbild- oder Schichtbildverfahren, MRT). Dieses bildgebende Verfahren der Medizin beruht auf demselben Grundprinzip wie die NMR-Methode in der chemischen Analyse. Auch im MRI-Apparat werden die Kernspins von Wasserstoffatomen in einem Magnetfeld ausgerichtet und mit Radiowellen angeregt. Im Körper werden dabei vor allem die Wasserstoffatome des Wassers angeregt. Um jedoch ein dreidimensionales Bild zu erhalten, braucht es einen raffinierten Trick: Zusätzlich zu einem Basismagnetfeld wird nacheinander entlang jeder der drei räumlichen Achsen ein leicht ansteigendes Magnetfeld angelegt, ein sogenannter Gradient. Weil Wasserstoffkerne im tieferen Magnetfeld Signale bei einer tieferen Resonanzfrequenz abgeben als Kerne im höheren Magnetfeld, lässt sich das gemessene Signal im Körper exakt verorten. Für eine MRI-Aufnahme wird eine Schnittebene nach der anderen gemessen und die Ergebnisse in einem nachfolgenden Schritt rechnerisch zu einem dreidimensionalen Bild zusammengesetzt. Verschiedene technische Vorgehensweisen und Optimierungen, für die auch Nobelpreise vergeben wurden, machen das Verfahren heute schnell und zuverlässig.

Gewebedifferenzierung

Drei Parameter eines Gewebes bestimmen seine Helligkeit im MRI-Bild und damit den Bildkontrast: 1. die Dichte der Wasserstoffkerne, 2. die Zeit, die vergeht, bevor die Kernspins nach einem Puls wieder anregbar sind, und 3. die Zeit, in der das Signal nach einer Anregung wieder abklingt. Alle drei Faktoren sind von Gewebe zu Gewebe verschieden, und genau darin liegt das diagnostische Potenzial der MRI-Methode. Bei der Messung können die Parameter so eingestellt werden, dass die unterschiedlichen Eigenschaften mehr oder weniger stark zum Ausdruck kommen und die Organe deutlich erkennbar werden. So können zum Beispiel die weisse oder die graue Hirnsubstanz, Muskeln, Knorpel oder sogar Tumore und andere Gewebe aufgrund ihrer charakteristischen Merkmale bereits ohne Kontrastmittel unterschieden werden.

Funktionelles MRI (fMRI)

Die fMRI-Methode ist eine Weiterentwicklung der MRI-Methode, die vor allem in der Hirnforschung ungeahnte Fortschritte ermöglicht hat. Den Grundstein legte Anfang der 1990er-Jahre der japanische Forscher Seiji Ogawa. Im Gegensatz zur MRI-Methode werden bei der fMRI-Methode nicht Gewebe und Organe erfasst, sondern der Blutfluss im Gehirn. Denn eine erhöhte Hirnaktivität steigert den Sauerstoffbedarf in der entsprechenden Region. Den Sauerstofftransport im Blut besorgt das Hämoglobin, ein eisenhaltiges Protein, das in der Lunge mit Sauerstoff beladen wird. In aktiven Hirnregionen verändert sich das Verhältnis von sauerstofftragendem zu unbeladenem Hämoglobin im Vergleich zu inaktiven Hirnregionen. Dieser Unterschied lässt sich messen, da beladenes Hämoglobin andere magnetische Eigenschaften als entladenes hat. Man nennt dies den sogenannten BOLD-Effekt (Blood-Oxygen-Level-Dependent). Dieses Verhältnis wirkt sich auf die Kernspinsignale in der Umgebung der Gefässe in aktiveren Hirnregionen aus, die effektiv gemessen werden.

Dank

Dieses Buch wäre nicht möglich geworden ohne die Unterstützung und Anteilnahme zahlloser Menschen, die meinen Lebensweg über lang oder kurz begleitet oder diesen irgendwann gekreuzt haben. Sie alle sind mir auf die eine oder andere Art sehr wertvoll geworden und ans Herz gewachsen.

Zuerst einmal danke ich meiner Frau Magdalena, die mich ein Leben lang geduldig begleitet hat, und meinen Kindern Anna, Katharina und Hans-Martin, denen meine Liebe und Fürsorge gilt. Dann danke ich meinen Schwestern Verena und Lisabet, meiner Mutter Irma Ernst-Brunner und auch meinem Vater Robert Ernst, zu dem ich ein schwieriges Vater-Sohn-Verhältnis hatte, aber ohne den ich mit Sicherheit nicht das geworden wäre, was ich bin.

Zudem möchte ich mich bei Roswith Tauber und ihrer Familie bedanken; sie haben mein Leben in jungen Jahren bereichert und sind mir immer freundschaftlich verbunden geblieben.

Ganz speziell möchte ich mich bei Alexander Wokaun bedanken, der sich selbstlos und grosszügig dazu bereit erklärt hat, diese Autobiografie wissenschaftlich zu begutachten und dort korrigierend einzugreifen, wo mir manchmal meine dem Alter geschuldete Abnahme der Geisteskraft ein Schnippchen geschlagen hat.

Einen grossen Dank möchte ich Irène Müller aussprechen, die mir weit über meine Pensionierung hinaus als treue Sekretärin bis heute tatkräftig beigestanden hat, Ordnung in meine ausufernden Unterlagen gebracht und meine manchmal herausfordernden Launen geduldig ertragen hat.

Im Speziellen möchte ich mich auch bei der ETH Zürich als Institution sowie beim Laboratorium für Physikalische Chemie (LPC) und seinen Mitarbeitern dafür bedanken, dass sie zu meiner wissenschaftlichen Heimat geworden sind. Ein Dank geht auch an alle meine Lehrer und Kollegen dafür, dass sie ihre Ideen und Ansichten mit mir geteilt haben – ohne ihre Unterstützung hätte ich niemals die Leistungen erbringen können, die mir gelungen sind, namentlich: Hans Heinrich Günthard und Hans Primas und meine Kollegen während der Zeit meiner Dissertation; Weston Anderson, ehemals Leiter der wissenschaftlichen Abteilung der Firma Varian Associates in Palo Alto, sowie meine damaligen Kollegen im Labor im Stanford Industrial Park; Felix Bloch, der sein überaus umfangreiches Wissen grosszügig mit mir teilte; Jean

Jeener, dessen revolutionäre Ideen meiner Arbeit in schwierigen Zeiten neuen Schwung gaben; mein ETH-Kollege und Mitforscher Kurt Wüthrich, mit dem mich eine zehnjährige äusserst fruchtbare Zusammenarbeit verband; die Gruppe um Horst Kessler sowie natürlich die Forscherinnen und Forscher meiner Gruppe an der ETH Zürich, ohne die unsere Erfolge völlig unmöglich gewesen wären, hier in alphabetischer Reihenfolge: Walter Aue, Gabriele Aebli, Peter Bachmann, Marc Baldus, Enrico Bartholdi, Thomas Baumann, Martin Blackledge, Geoffrey Bodenhausen, Serge Boentges, Lukas Braunschweiler, Rafael Brüschweiler, Tobias Bremi, Jacques Briand, Peter Brunner, Bernhard Brutscher, Douglas Burum, Pablo Caravatti, Mark L. Chu, Herman Cho, Christopher Counsell, Matthias Ernst (nicht mit dem Autor verwandt), Alexandra Frei, Zhehong Gan, Claudius Gemperle, Federico Graf, Christian Griesinger, Ron Haberkorn, Sabine Hediger, Eric Hoffmann, Alfred Höhener, Yongren Huang, Gunnar Jeschke, Jiri Karhan, Herbert Kogler, Roland Kreis, Anil Kumar, Hongbiao Le, Tilo Levante, Malcolm Levitt, Stephan Lienin, Max Linder, Slobodan Macura, Zoltan Màdi, Andrew A. Maudsley, Mark McCoy, Beat H. Meier, Beat U. Meier, Rolf Meyer, Luciano Müller, Norbert Müller, Marcel Müri, Kuniaki Nagayama, Annalisa Pastore, Jeffrey W. Peng, Susanne Pfenniger, Christian Radloff, Mark Rance, David Redwine, Michael Reinhold, Günther Rist, Pierre Robyr, Thierry Schaffhauser, Stefan Schäublin, Christof Scheurer, Martin Schick-Pauli, Jürgen M. Schmidt, Paul Schosseler, Christian Schönenberger, Thomas Schulte-Herbrüggen, Arthur Schweiger, Jochen Sebbach, Gustavo Sierra, Nikolai R. Srynnikov, Scott Smith, Ole W. Sørensen, Armin Stöckli, Suzana Straus, Dieter Suter, Albert M. Thomas, Marco Tomaselli, Marcel Utz, René Verel, Thomas Wacker, Rico Wiedenbruch, Michael Willer, Dieter Welti, Ping Xu, Shanmin Zhang. Mein Dank gilt auch den tüchtigen Mitarbeitern der elektronischen und mechanischen Werkstätten am Institut für Physikalische Chemie, die unsere oft unmöglich erscheinenden Ideen für NMR-Experimente immer wieder bravourös und tatkräftig unterstützten.

Nicht zuletzt möchte ich mich auch bei den Mitarbeitern der Firma Bruker-Spectrospin für einen jahrelangen, erspriesslichen Austausch bedanken, namentlich bei Tony Keller und Günther Laukien, die das Unternehmen mit viel Umsicht und visionären Strategien führten.

Einen ausserordentlichen Dank möchte ich auch meinen Freunden und Bekannten aussprechen, die mich auf meinen Wegen ausserhalb der Wissenschaft begleitet haben, als da wären: die Leitung und Mitarbeiter des Musikkollegiums Winterthur, namentlich auch dessen verstorbenem Mäzen und Förderer Werner Reinhart, sowie Maja Ingold, Nationalrätin aus Winterthur und Förderin des Musikkollegium Winterthurs, das ich ebenfalls jahrelang gerne unterstützt habe. Ebenso geht mein wärmster Dank an meine Bekannten und Freunde des Tibet-Instituts in Rikon, namentlich an dessen Gründer Jacques Kuhn, aber auch an Rudolf Högger sowie an den langjährigen Geschäftsleiter Philipp Hepp.

Alle, die ich an dieser Stelle vergessen habe, namentlich zu erwähnen, möchte ich um Nachsicht bitten. Ihre Nichterwähnung hat nichts mit ihrer Bedeutung und meiner Dankbarkeit zu tun, sondern ist allein dem langsamen und unerbittlichen Schwinden meiner Erinnerungskraft geschuldet.

Bildnachweis

S. 88:
Division of Work and Industry, National Museum of American History, Smithsonian Institution

S. 96 oben:
Wikimedia Commons

S. 120:
ETH-Bibliothek Zürich, Bildarchiv

S. 137 unten:
2D-H'NMR-Cosy-Spektrum, aufgenommen von Prof. C. Griesinger

S. 167 oben:
Felix Aeberli © StAAG/RBA13-RC02114-1_1

S. 167 unten:
Felix Aeberli © StAAG/RBA13-RC02114-1_4

S. 171 oben:
Felix Aeberli © StAAG/RBA13-RC02114-1_14

S. 172 unten:
Felix Aeberli © StAAG/RBA13-RC02114-1_7

S. 203, 205, 207, 209, 211, 213, 215, 217, 219, 221:
Photograph Courtesy of Sotheby's, Inc.© 2018

S. 229:
Keystone-SDA/Rene Ruis

S. 266, 270, 273, 275:
© Simone Farner, Zürich

Alle übrigen Bilder:
Privatarchiv Richard Ernst

Der Verlag Hier und Jetzt wird vom Bundesamt für Kultur mit einem Strukturbeitrag für die Jahre 2016–2020 unterstützt.

Dieses Buch ist nach den aktuellen Rechtschreibregeln verfasst. Quellenzitate werden jedoch in originaler Schreibweise wiedergegeben. Hinzufügungen sind in [eckigen Klammern] eingeschlossen, Auslassungen mit [...] gekennzeichnet.

Umschlagbild:
Richard Ernst in seinem NMR-Labor bei der Firma Varian Associates in Palo Alto, Kalifornien, 1965.

Lektorat:
Kathrin Berger, Zürich

Gestaltung und Satz:
Simone Farner, Naima Schalcher, Zürich

Bildbearbeitung:
Benjamin Roffler, Hier und Jetzt

Druck und Bindung:
Kösel GmbH, Altusried-Krugzell

2. Auflage 2020

www.hierundjetzt.ch
ISBN Druckausgabe 978-3-03919-501-5
ISBN E-Book 978-3-03919-960-0